装备科技译著出版基金

下一代无线通信使能技术

Enabling Technologies for Next Generation Wireless Communications

[沙特] 穆罕默德·奥斯曼 (Mohammed Usman)
[印度] 穆赫德·瓦吉德 (Mohd Wajid)   主编
[印度] 穆赫德·迪尔沙德·安萨里 (Mohd Dilshad Ansari)

朱 磊 程凯欣 王文宇 译

国防工业出版社

·北京·

著作权合同登记　图字:01-2024-2209号

图书在版编目(CIP)数据

下一代无线通信使能技术/(沙特)穆罕默德·奥斯曼(Mohammed Usman),(印)穆赫德·瓦吉德(Mohd Wajid),(印)穆赫德·迪尔沙德·安萨里(Mohd Dilshad Ansari)主编;朱磊,程凯欣,王文宇译.—北京:国防工业出版社,2025.1.—ISBN 978-7-118-13452-0

Ⅰ.TN92

中国国家版本馆CIP数据核字第2024ZE1427号

Enabling Technologies for Next Generation Wireless Communications
1st Edition/by Mohammed, Usman, Mohd, Wajid, Mohd Dilshad, Ansari/ISBN:9780367689643
Copyright © 2020 by CRC Press.
Authorized translation from English language edition published by CRC Press, part of Taylor & Francis Group LLC; All rights reserved;本书原版由Taylor & Francis出版集团旗下,CRC出版公司出版,并经其授权翻译出版.版权所有,侵权必究.
National Defense Industry Press is authorized to publish and distribute exclusively the Chinese (Simplified Characters) language edition. This edition is authorized for sale throughout Mainland of China. No part of the publication may be reproduced or distributed by any means, or stored in a database or retrieval system, without the prior written permission of the publisher. 本书中文简体翻译版授权由国防工业出版社独家出版,并限在中国大陆地区销售.未经出版者书面许可,不得以任何方式复制或发行本书的任何部分.
Copies of this book sold without a Taylor & Francis sticker on the cover are unauthorized and illegal. 本书封面贴有Taylor & Francis公司防伪标签,无标签者不得销售.

※

国防工业出版社出版发行
(北京市海淀区紫竹院南路23号　邮政编码100048)
三河市天利华印刷装订有限公司印刷
新华书店经销
*
开本710×1000　1/16　印张17¼　字数290千字
2025年1月第1版第1次印刷　印数1—2000册　定价128.00元

(本书如有印装错误,我社负责调换)

国防书店:(010)88540777　书店传真:(010)88540776
发行业务:(010)88540717　发行传真:(010)88540762

译者序

本书是一部介绍无线通信系统新兴发展趋势、关键使能技术及其相关应用范例的专著。本书作者穆罕默德·奥斯曼(Mohammed Usman)、穆赫德·瓦吉德(Mohd Wajid)和穆赫德·迪尔沙德·安萨里(Mohd Dilshad Ansari)在无线通信领域拥有多年的科研经验,取得多项学术科研成果。他们组织30余名相关领域的学者参与编写各章节,侧重于汇集各种使能技术发展的信息,全面、广泛和系统地介绍下一代无线通信的各种新兴使能技术,强调了下一代无线系统的需求、现有技术在满足这些需求方面的局限性以及开发全新技术的必要性。本书涉及的主题包括频谱问题、网络规划、信号处理、信道建模、天线设计、信道编码、安全性以及人工智能等方面的应用。

信息技术的发展,特别是近10年来5G(6G)、低轨卫星网络、大数据模型等先进技术的飞速进步,在为社会发展注入强劲动力的同时,也为行业应用带来了生机。这其中,军事领域的应用更是生机勃勃。自5G商业化以来,其军事应用一度成为热点问题,但由于其技术体制的固有特点,短期内很难在功率控制、覆盖范围、抗干扰等方面取得实质性、规模化实战应用。如何将5G技术带来的eMBB、mMTC、uRLLC应用"增益"广泛注入到军用领域,改造商用5G系统、发展6G军用模式等,都是正在实践的技术演进路线。本书介绍的无线通信使能技术是下一代无线通信具有高带宽、大容量、低时延优势的基础,这些优势在商用和军事通信领域也有巨大的应用价值。5G的技术体制已成型,6G的技术框架也已基本明晰,与此相比,下一代无线通信使能技术提出的毫米波和太赫兹频段等高阶频谱利用技术、可见光通信技术、大规模MIMO技术、超密集小蜂窝网络技术、网络切片技术、全过程各环节引入AI

算法等，都可以从更体系的框架、更基础的层次、更全面的设计上，为下一代适合军事场景等复杂应用场景中无线通信网络的设计与构建提供全新视角和技术路线支撑。

本书的翻译和出版可以为更多学者提供未来无线通信系统中的各种关键使能技术研究进展和发展方向的参考，帮助他们更好地在所研究问题中借鉴、应用和探索未来无线通信系统中的关键使能技术。

感谢俞璐副教授、何首帅博士、陈昱帆博士在本书翻译过程中给予的支持和帮助，本书各位译者均长期从事通信相关专业的教学科研及工程实践工作，具有丰富的理论、实践经验。然而本书包含了无线通信中多领域综述，受个人知识和理解能力所限，译文对多领域专业词汇的翻译不尽准确，敬请各位读者多加指正，以期后续逐步完善。

译者
2024 年 1 月

前 言

无线通信系统自问世以来，取得了突飞猛进的发展。初代（1G）无线系统仅能满足语音通话需求，对移动性的支持有限。如今，第五代（5G）系统已实现了移动宽带，为终端用户提供大量的应用和业务。移动无线通信系统的演变和发展之所以成为可能，在于其底层技术满足了每一代无线系统的需求和要求，能够向终端用户或客户提供实用业务和应用。这些使能技术跨越诸多领域及方向，如信号处理、通信原理、信息论、天线设计、频谱管理、信道建模、人工智能与安全等，每一项使能技术都属于不同但又相互关联的专业。本书介绍了未来无线系统背景下这些使能技术应用的最新进展。此外，终端用户只会购买对自身有用的业务服务，不会为技术本身买单，因此，需通过新的商业模式、应用和业务服务来实现这些不断发展的无线通信系统的商业化，从而创收。本书介绍一些重要的使能技术（这些技术将成为下一代无线系统的关键组成部分），以及当今4G/5G系统中的一些关键技术。希望本书能够为广大研究人员、技术人员、开发人员、工程师、政策决策者以及研究生提供有关无线系统新兴趋势、使能技术及其不断发展的应用范式的最新信息。

穆罕默德·奥斯曼（Mohammed Usman）
穆赫德·瓦吉德（Mohd Wajid）
穆赫德·迪尔沙德·安萨里（Mohd Dilshad Ansari）

编者简介

穆罕默德·奥斯曼(Mohammed Usman)博士,现任沙特阿拉伯艾卜哈哈立德国王大学电气工程系助理教授。奥斯曼博士于2002年获得印度马德拉斯大学电子与通信工程学士学位,于2003年获得英国格拉斯哥思克莱德大学通信、控制和数字信号处理理学硕士学位,并于2008年获得博士学位,发表了题为《无线通信中喷泉码应用研究》的毕业论文。他是美国国际电气和电子工程师协会(Institute of Electrical and Electronics Engineers,IEEE)和英国工程技术学会(Institution of Engineering and Technology,IET)的资深会员,并担任IEEE/施普林格国际会议的组委会成员/技术程序委员会主席(TPC Chair)。他曾出版过多本著作,主要研究方向包括数学建模、信号处理、人工智能技术在生物医学领域的应用,以及下一代无线系统及其应用。

穆赫德·瓦吉德(Mohd Wajid)博士,现任印度阿里格尔穆斯林大学(Aligarh Muslim University,AMU)电子工程系助理教授。瓦吉德博士拥有阿里格尔穆斯林大学技术学士学位(电子学)和印度海得拉巴国际信息技术学院的技术硕士学位(超大规模集成电路与嵌入式系统)。此外,他还获得了印度德里印度理工学院信号处理博士学位。瓦吉德博士是IEEE资深会员。他在入职阿里格尔穆斯林大学前,就职于Jaypee信息技术大学、德州仪器(Texas Instruments)公司、赛灵思印度技术服务私人有限公司(Xilinx India Technology Services Private Limited)和蓝星有限公司(BlueStar Limited)。

穆赫德·迪尔沙德·安萨里（Mohd Dilshad Ansari）博士，现任印度海得拉巴奇卡·穆尼亚帕·雷迪大学（CMR 大学）工程技术学院计算机科学与工程系助理教授。安萨里博士于 2009 年获得印度北方邦技术大学信息技术学位，并分别于 2011 年和 2018 年获得 Jaypee 信息技术大学（印度北部喜马偕尔邦索兰地区瓦克纳哈特）计算机科学与工程技术硕士与博士学位。安萨里博士拥有超过 8 年的学术研究经验，在多个国际期刊（SCIE/Scopus）和国际会议（IEEE/施普林格）上发表论文超过 45 篇。他是 IEEE、UACEE 和 IACSIT 等多个技术/专业协会的会员，曾是多个知名期刊和会议的编辑/评审委员会兼技术程序委员会委员。目前，他还担任多个知名期刊和 IEEE/施普林格会议期间组织专题分会的特约编辑。安萨里博士的主要研究方向包括数字与模糊图像处理、机器学习、物联网和云计算。

编写人员

阿什·穆罕默德·阿巴斯(Ash Mohammad Abbas)
印度阿里格尔穆斯林大学计算机工程系

穆罕默德·莎阿南(M. Shah Alam)
沙特阿拉伯利雅得工程学院电气工程系

S. 阿里夫·阿里(S. Arif Ali)
印度阿里格尔穆斯林大学电子工程系

S. J. 阿里(S. J. Ali)
沙特阿拉伯艾卜哈哈立德国王大学计算机工程系

梅赫布·乌尔·阿门(Mehboob-ul-Amin)
印度斯利那加克什米尔大学电子与仪器技术系

坦泽拉·阿什拉夫(Tanzeela Ashraf)
印度斯利那加克什米尔大学电子与仪器技术系

穆罕默德·纳西姆·法鲁克(Mohammed Nasim Faruq)
孟加拉国达卡南北大学电气与计算机工程系

古尔约特·辛格·加巴(Gurjot Singh Gaba)
印度旁遮普拉夫里科技大学无线通信系

巴斯克·古普塔(Bhasker Gupta)
印度旁遮普昌迪加尔工程技术学院电子与通信工程系

V. P. 塔法萨尔·伊亚斯(T. Ijyas V. P.)
沙特阿拉伯艾卜哈哈立德国王大学电气工程系

阿西夫·阿拉姆·乔伊(Asif Alam Joy)
孟加拉国达卡南北大学电气与计算机工程系

拉维什·坎萨尔(Lavish Kansal)
印度旁遮普拉夫里科技大学电子与通信工程系

萨达夫·阿贾兹·汗(Sadaf Ajaz Khan)
印度斯利那加克什米尔大学电子与仪器技术系

苏米特·昆杜(Sumit Kundu)
印度杜尔加布尔国家技术学院电子与通信工程系

M. 雷兹瓦努尔·马哈茂德(M. Rezwanul Mahmood)
孟加拉国达卡南北大学电气与计算机工程系

穆罕默德·阿卜杜勒·马丁(Mohammad Abdul Matin)
孟加拉国达卡南北大学电气与计算机工程系

普里扬卡·米什拉(Priyanka Mishra)
印度北方邦诺伊达国际大学电子与通信工程系

穆罕默德·穆尼尔(Mohamed Mounir)
埃及开罗El-Gazeera高等工程技术学院通信和电子系

M. 姆泽切(M. Mzyece)
南非约翰内斯堡金山大学工商管理研究生院(金山商学院)

C. E. 恩格内斯(C. E. Ngene)
南非约翰内斯堡大学奥克兰公园金斯威校区电气与电子工程科学系

穆尼尔·帕拉扬加特(M. Parayangat)
沙特阿拉伯艾卜哈哈立德国王大学电气工程系

哈姆扎·阿里·阿卜杜勒·拉赫曼·卡西姆(Hamzah Ali Abdul Rahman Qasem)
印度阿里格尔穆斯林大学计算机工程系

桑杰·达罗伊(Sanjay Dhar Roy)
印度杜尔加布尔国家技术学院电子与通信工程系

穆罕默德·祖拜尔·沙米姆(M. Z. Shamim)
沙特阿拉伯艾卜哈哈立德国王大学人工智能中心

阿坎克沙·夏尔马(Akanksha Sharma)
印度旁遮普拉夫里科技大学电子与通信工程系

沙希布山·夏尔马(Shashibhushan Sharma)
印度杜尔加布尔国家技术学院电子与通信工程系

贾韦·艾哈迈德·谢赫(Javaid A. Sheikh)
印度斯利那加克什米尔大学电子与仪器技术系

甘希亚姆·辛格(Ghanshyam Singh)
南非约翰内斯堡大学奥克兰公园金斯威校区电气与电子工程科学系

普拉巴特·塔库尔(Prabhat Thakur)
南非约翰内斯堡大学奥克兰公园金斯威校区电气与电子工程科学系

穆罕默德·奥斯曼(M. Usman)
沙特阿拉伯艾卜哈哈立德国王大学电气工程系

穆赫德·瓦吉德(M. Wajid)
印度阿里格尔穆斯林大学电子工程系

目 录

第1章 无线通信技术的发展调查与展望 ········· 001
- 1.1 引言 ········· 001
- 1.2 无线系统的历史背景和发展 ········· 002
- 1.3 下一代无线系统的应用场景 ········· 005
- 1.4 下一代无线系统的要求 ········· 006
- 1.5 对5G与B5G的需求 ········· 007
- 1.6 下一代无线系统的使能技术 ········· 007
  - 1.6.1 频谱 ········· 007
  - 1.6.2 毫米波和太赫兹频带 ········· 008
  - 1.6.3 可见光通信 ········· 008
  - 1.6.4 大规模MIMO ········· 009
  - 1.6.5 超密集小蜂窝网络 ········· 009
  - 1.6.6 网络切片 ········· 010
  - 1.6.7 人工智能 ········· 010
- 1.7 小结 ········· 011
- 参考文献 ········· 011

第2章 下一代无线通信的使能技术与使能商业模式 ········· 013
- 2.1 引言 ········· 013
- 2.2 主要贡献及相关著作 ········· 015
- 2.3 无线通信的使能技术与使能商业模式 ········· 016
- 2.4 各代无线通信的使能技术和使能商业模式 ········· 017
- 2.5 下一代无线通信的使能技术与使能商业模式评估 ········· 021
- 2.6 下一代无线通信的使能技术与使能商业模式的整合框架 ········· 024
- 2.7 小结 ········· 026
- 参考文献 ········· 028

第3章 万物互联的使能技术 ……………………………………… 032
3.1 引言 …………………………………………………………… 032
3.2 IoE 的使能技术 ……………………………………………… 034
3.2.1 云计算 …………………………………………… 034
3.2.2 雾计算 …………………………………………… 034
3.2.3 边缘计算 ………………………………………… 035
3.2.4 机器到机器 ……………………………………… 035
3.2.5 机器学习 ………………………………………… 035
3.3 IoE 领域的数据管理和安全 ………………………………… 036
3.4 IoE 的系统管理和保护 ……………………………………… 036
3.5 IoE 的应用 …………………………………………………… 037
3.5.1 医疗 ……………………………………………… 037
3.5.2 电力 ……………………………………………… 037
3.5.3 教育系统 ………………………………………… 038
3.5.4 智能环境 ………………………………………… 038
3.6 万物互联在发展中国家的实现 ……………………………… 038
3.7 小结 …………………………………………………………… 039
参考文献 …………………………………………………………… 039

第4章 VL-NOMA 通信系统中的功率分配技术 ……………… 044
4.1 引言 …………………………………………………………… 044
4.2 相关研究 ……………………………………………………… 045
4.2.1 可见光通信 ……………………………………… 045
4.2.2 NOMA 技术 ……………………………………… 046
4.2.3 VL-NOMA 通信系统 …………………………… 047
4.3 问题描述及潜在贡献 ………………………………………… 048
4.4 VL-NOMA 通信系统的系统模型 …………………………… 048
4.5 VL-NOMA 通信系统中采用解码顺序的功率分配法 ……… 049
4.6 VL-NOMA 通信系统中的传统功率分配法 ………………… 053
4.7 VL-NOMA 通信系统中的逆向功率分配法 ………………… 055
4.8 VL-NOMA 通信系统中的自适应功率分配法 ……………… 056
4.9 VL-NOMA 通信系统中的增益率功率分配法 ……………… 059

4.10 VL-NOMA 通信系统中 GRPA 法的用户数据速率 ……………… 061
4.11 VL-NOMA 通信系统中的联合功率分配法 …………………… 062
4.12 VL-NOMA 通信系统中的最优功率分配法 …………………… 065
4.13 各功率分配法的比较分析 ………………………………………… 066
4.14 小结 ……………………………………………………………… 068
参考文献 …………………………………………………………… 069

第 5 章 多天线系统——大规模 MIMO …………………………… 077

5.1 引言 ……………………………………………………………… 077
5.2 大规模 MIMO 的上下行链路 …………………………………… 079
5.3 频谱效率 ………………………………………………………… 080
5.4 区域吞吐量 ……………………………………………………… 082
5.5 预编码 …………………………………………………………… 083
　　5.5.1 单蜂窝预编码方法 ………………………………………… 083
　　5.5.2 多蜂窝场景下行链路预编码方法 ………………………… 085
5.6 混合预编码 ……………………………………………………… 088
5.7 基于线性预编码和检测的大规模 MIMO ……………………… 089
5.8 能量效率 ………………………………………………………… 092
参考文献 …………………………………………………………… 093

第 6 章 MIMO-OFDM 系统中的信道估计技术 …………………… 097

6.1 引言 ……………………………………………………………… 097
6.2 传统 MIMO ……………………………………………………… 098
6.3 大规模 MIMO …………………………………………………… 099
6.4 信道估计法 ……………………………………………………… 101
　　6.4.1 最小二乘估计 …………………………………………… 102
　　6.4.2 最大似然估计 …………………………………………… 103
　　6.4.3 MMSE 信道估计 ………………………………………… 104
　　6.4.4 基于导频或训练的信道估计 …………………………… 107
　　6.4.5 盲信道估计 ……………………………………………… 107
　　6.4.6 半盲信道估计 …………………………………………… 107
6.5 现有估算方法的优点和局限性 ………………………………… 108
6.6 小结 ……………………………………………………………… 109
参考文献 …………………………………………………………… 109

第7章 WSN 的定位协议 ··· 113

7.1 引言 ··· 113
7.2 定位方法分类 ··· 114
7.3 基于测距的定位 ··· 116
7.4 无需测距定位 ··· 118
7.5 基于锚节点的定位 ··· 120
7.6 无锚节点定位 ··· 123
7.7 定向定位 ··· 125
7.8 小结 ··· 127
参考文献 ··· 127

第8章 分布式智能网络:5G、AI 与 IoT 的融合 ··· 132

8.1 引言 ··· 132
8.2 5G 和人工智能物联网的全球影响 ··· 134
8.3 对下一代分布式智能无线网络的需求 ··· 135
8.4 5G 和人工智能物联网系统的使能技术用例 ··· 136
    8.4.1 工业 4.0 ··· 136
    8.4.2 运输和物流 ··· 136
    8.4.3 医疗 5.0 ··· 137
    8.4.4 安保与安全 ··· 138
    8.4.5 娱乐和零售 ··· 138
    8.4.6 智慧城市 ··· 139
8.5 小结 ··· 140
参考文献 ··· 140

第9章 5G 天线设计挑战:评估未来方向 ··· 143

9.1 引言 ··· 143
9.2 天线设计流程 ··· 145
9.3 天线与无线电收发机集成电路的集成 ··· 146
    9.3.1 封装天线 ··· 146
    9.3.2 片上天线 ··· 146
9.4 多波束天线方向图及其表征 ··· 147

9.4.1	天线方向图表征	147
9.5	5G通信中的天线设计挑战	152
9.5.1	高增益阵列	153
9.5.2	波束赋形与波束调向	154
9.5.3	大规模MIMO	155
9.5.4	具有后向兼容性的多频段	156
9.5.5	紧凑性	157
9.5.6	分集性能——MIMO	158
9.5.7	天线布局	160
9.5.8	天线环境	160
9.6	5G通信中的辐射暴露	161
9.6.1	比吸收率	162
9.6.2	功率密度	162
9.6.3	天线测量	163
9.7	小结	164
参考文献		164

第10章　面向5G认知无线电的新型波束赋形设计 … 168

10.1	引言	168
10.2	认知无线电规避能源危机	170
10.2.1	认知无线电架构	171
10.3	波束赋形简介	171
10.3.1	波束赋形系统方法	172
10.3.2	波束赋形信号	172
10.3.3	波束赋形技术类型	173
10.3.4	IEEE 802.11Ad波束赋形协议	174
10.4	系统模型	174
10.5	最优化问题	176
10.6	最优解框架	177
10.7	仿真结果	178
10.8	小结	182
参考文献		183

第11章 基于 MIMO – OFDM 系统的图像传输分析 ……… 185

- 11.1 引言 ……… 185
- 11.2 MIMO 系统 ……… 186
  - 11.2.1 空间复用 ……… 187
  - 11.2.2 波束赋形 ……… 187
  - 11.2.3 空间分集 ……… 188
- 11.3 仿真结果 ……… 190
  - 11.3.1 波束赋形 ……… 190
  - 11.3.2 最大比合并 ……… 193
  - 11.3.3 选择合并 ……… 193
- 11.4 小结 ……… 197
- 参考文献 ……… 198

第12章 双向无线通信系统的物理层安全 ……… 200

- 12.1 引言 ……… 200
- 12.2 双向通信系统物理层的保密性 ……… 203
  - 12.2.1 具有多个不可信放大转发继电器的双向通信系统的系统模型 ……… 203
  - 12.2.2 具有不可信放大转发继电器情况下的保密中断概率计算 ……… 207
  - 12.2.3 带放大转发继电器的双向通信系统基于保密中断概率的数值结果 ……… 210
- 12.3 外部窃听下双向通信系统物理层的保密性 ……… 213
  - 12.3.1 带解码转发继电器的双向通信系统的系统模型 ……… 213
  - 12.3.2 具有解码转发继电器和最佳源功率和继电器功率分数的情况下的保密中断概率计算 ……… 216
  - 12.3.3 基于保密中断概率和最佳值计算的数值结果 ……… 218
- 12.4 小结 ……… 223
- 参考文献 ……… 224

第13章 面向5G认知无线电的仿生算法设计 ……… 226

- 13.1 引言 ……… 226

13.2 认知无线电 ………………………………………………… 228
13.3 遗传算法简介 ………………………………………………… 229
    13.3.1 遗传算法术语 ………………………………………… 230
    13.3.2 遗传算法的分类 ……………………………………… 230
    13.3.3 算法概述 ……………………………………………… 231
    13.3.4 适应度值 ……………………………………………… 232
    13.3.5 突变 …………………………………………………… 232
    13.3.6 交叉 …………………………………………………… 233
13.4 系统模型 ……………………………………………………… 233
13.5 最优化问题 …………………………………………………… 235
13.6 最优解框架 …………………………………………………… 235
13.7 结果与讨论 …………………………………………………… 236
13.8 结论与未来研究方向 ………………………………………… 241
参考文献 ……………………………………………………………… 241

第14章 准正交和旋转准正交空时分组码系统性能评估 ……… 243

14.1 引言 …………………………………………………………… 243
14.2 复用增益及其与分集的关系 ………………………………… 245
14.3 系统模型 ……………………………………………………… 247
    14.3.1 球面解码器的 K-Best 算法 ………………………… 248
    14.3.2 旋转准 Ostbc 信道的容量 …………………………… 251
    14.3.3 R-Qostbc 的解码 ……………………………………… 251
14.4 结果与讨论 …………………………………………………… 253
14.5 小结 …………………………………………………………… 256
参考文献 ……………………………………………………………… 256

第 1 章

无线通信技术的发展调查与展望

穆罕默德·奥斯曼(M. Usman)
穆赫德·瓦吉德(M. Wajid)

1.1 引　言

过去十年里,通信网络和系统迅速发展。自通信技术面世以来,其应用范围和实用性发生了巨大变化——从基础的语音通信到短文本通信、高速互联网连接,再到多媒体应用。这一发展的核心在于从以载波为中心的方法转向以用户为中心的方法。下一代无线系统是一种异构系统,将由多种既相互竞争又相互补充的技术组成,为终端用户提供实时沉浸式体验,并可应用于更广泛的领域。为此,下一代通信系统必须满足严格的要求,如高速(10Gb/s)、亚毫秒级延迟和高密度连接设备,同时确保终端用户获得高质量体验(quality of experience, QoE)。

下一代无线系统将结合多种通信技术[如毫米波(mmwave)通信技术、太赫兹(Tera Hertz, THz)通信技术、可见光通信(visible light communication, VLC)技术等]以及现有系统的演进版本。这些技术和系统有望互为补充、相互配合。目前,一些无线系统正发展成为满足下一代通信系统要求的备选技术,这些通信系统不仅需提供传统意义上的连接,还需为迅速兴起的物联网(internet of things, IoT)领域提供连接。为满足下一代通信系统需求,需采用多种不同的技术。这些技术涉及信号处理、编码理论、频谱管理、多天线系统[多输入多输出(multiple-input multiple-output,MIMO)和大规模 MIMO 系统]、云计算、人工智能、机器学习或深度学习和安全等诸多领域,其将成为未来无线系统的使能技术。

1.2 无线系统的历史背景和发展

移动和无线通信系统自推出以来,其用户数量急剧增长。第一代模拟移动系统为北欧移动电话(nordic mobile telephone,NMT),之后出现了首个数字蜂窝网络——高级移动电话业务(advanced mobile phone service,AMPS)。全球移动通信系统(global system for mobile,GSM)于 1991 年推出,1998 年移动用户人数增至 1 亿,2002 年达到 10 亿,2005 年达到 20 亿。到 2007 年底,移动用户数超过 30 亿,网络覆盖率达到世界人口的 80% 以上。因此,移动通信被认为是能够弥合世界各国之间所谓数字鸿沟的使能技术(Usman,2015 年)。移动电话和大量平价数据业务出现后,2000 年推出了通用分组无线业务(general packet radio service,GPRS)等分组交换系统,2001 年推出了宽带码分多址(wideband code division multiple access,WCDMA)等 3G 系统。这些系统的推出,促使移动用户人数增长。第三代合作伙伴计划(third generation partnership project,3GPP)系列标准提供了一条清晰、经济、高效的发展路线,这条路线从 GSM 基本语音业务和 GPRS 数据业务,逐渐发展到基于增强型数据速率 GSM 演进技术(enhanced data rates for GSM evolution,EDGE)和 WCDMA 高速分组接入(high speed packet access,HSPA)技术的真正移动宽带业务。

基于时分多址(time division multiple access,TDMA)的第二代(2G)系统,除了可提供传统语音通信外,还可提供低速率数据业务。GSM 是最受欢迎的 2G 系统,占全球活跃数字移动用户市场份额的 81.2%。除了日本使用第二代系统个人数字蜂窝(personal digital cellular,PDC)以外,全球大部分地区都在使用 GSM。GPRS 作为 GSM 的分组交换解决方案,可实现单位时隙高达 20kb/s 的数据速率,同时有利于下行链路的每位用户使用多个时隙,因此颇具吸引力。在通过多媒体和实时流量实现始终连接、无处不在的互联网理念方面,GPRS 是重要的演进环节。继 GPRS 之后的是 EDGE,其数据速率是 GPRS 的 3 倍。EDGE 利用高阶调制与链路自适应(link adaptation,LA)和增量冗余(incremental redundancy,IR)相结合,提高数据速率(Usman,2015 年)。无线通信系统发展飞快,几十年前最先进的第一、二代系统似乎已被淘汰。

在移动通信系统不断发展壮大的同时,孕育了多媒体应用的互联网也在以惊人的速度发展。无线系统和互联网的融合成为实现移动数据通信的必要条件,并催生出新的业务(如基于位置的业务)。但是,此类业务在固定网络中的作用不大。3G 系统,即通用移动通信系统(universal mobile telecommunication system,UMTS),首次尝试实现这种融合。宽带连接帮助互联网以更高的效用系数提供更丰富的体验。许多发达国家依靠固网提供宽带业务,但新兴市场则跳过这一步,直接采用了新的移动宽带技术。HSPA 是 UMTS 的升级版,也是迄今为止提供移动宽带业务最成功的技术。2012 年,全球约有 9 亿移动宽带用户,其中超过 70% 的用户使用 HSPA 网络(Ericsson,2007 年)。HSPA 的优势在于,可以使用现有 GSM 网络进行构建,并对已安装 WCDMA 的网络进行软件升级。CDMA EV – DO(evolution – data Only)系统是在 CDMA – 2000 的基础上发展起来的移动宽带系统。此外,IEEE 802.16e 移动全球微波接入互操作性(worldwide interoperability for microwave access,WiMAX)技术也提供移动宽带业务。HSPA 和移动 WiMAX 都使用了类似技术,以满足移动宽带系统的某些标准要求——高数据速率、低延迟、良好的服务质量(quality of service,QoS)、有效覆盖率和大容量。HSPA 和移动 WiMAX 在某些方面(如峰值数据速率和频谱效率)的性能不相上下,但 HSPA 在覆盖范围上却更胜一等。因此,相比于 HSPA,移动 WiMAX 并无太大的技术优势,HSPA 无疑成为移动宽带业务的明确选择(Ericsson,2009 年)。压缩移动宽带的业务成本是一大难题,要想解决,势必要有效利用现有资源。频谱是无线通信中一种稀缺且昂贵的资源,鉴于其内在特性,无线信道也是无线网络中最具挑战性的部分。

移动宽带的出现增加了业务的多样性。所述业务包括高分辨率多媒体内容的广播或多播、实时流媒体、虚拟现实、在线多人游戏、云实时业务和物联网等,其中一些业务在数据速率、延迟、用户密度和移动性方面对无线通信系统提出了严格要求,以满足终端用户对 QoS 和 QoE 的需求。为此,人们在 3G 和 4G 之间发明了一种过渡性的中间网络,即 HSPA + ,或称 3.5G/3.75G。HSPA + 是对现有 3G 网络的增量升级,是实现 4G 速度的洄游路径。

3G 的平均实际下载速率约为 2 ~ 3Mb/s,而 HSPA + 的平均下载速度约为 6Mb/s,两者的上传速度分别为 0.4Mb/s 和 3Mb/s(《How Fast Is 4G?》,2020 年)。当然,这种速度因运营商而异。3G UMTS 的底层技术是用于下行链路和上行链路传输的 WCDMA 和频分双工(frequency division duplexing,FDD)技术。HSPA + 也基于 WCDMA 技术,但还使用了其他技术,如采用波束赋形技术的 16 进制正交振幅调制(quadrature amplitude modulation,QAM)和 64 进制正交振幅调制、MIMO 技术等。而且，HSPA + 在 WCDMA 技术的基础上进行了改进，以支持双载波（双蜂窝）的实施（Rysavy，2006 年）。

虽然 HSPA + 提供了明显高于 3G 的数据传输速率，但是面临人们对无线宽带、低延迟和兆级吞吐量的日益增长的需求，无线运营商仍有动力不断开发新的技术。提出的解决方案便是 LTE（3GPP 长期演进技术）。LTE 作为继 3G 之后的下一代网络，需满足先进国际移动通信（international mobile telecommunications – advanced，IMT – Advanced）的规范要求，这样才有资格发展为 4G 技术。LTE 能够满足下一代网络的多项核心要求：

(1) 采用宽带无线新接入技术，下载速率至少 100Mb/s，上传速率至少 50Mb/s，延迟小于 10ms。

(2) 即使在高移动性的情况下（乘坐速度高达 350km/h 的汽车和火车时），也能实现上述数据速率。

(3) 实现技术与网络的融合。

(4) 技术转向全 IP（互联网协议）。

(5) 在静止和步行状态下，用户的下载数据速率可达 1Gb/s。

(6) 支持设备到设备（device – to – device，D2D）或机器到机器（machine – to – machine，M2M）通信，其中发送端和接收端均处于移动状态（包括相对移动）。

正交频分多址（orthogonal frequency division multiple access，OFDMA）和 MIMO 技术是推动"Beyond – 3G"网络实现目标的两大关键使能技术，两大技术相结合，提高了无线网络的频谱效率（spectral efficiency，SE）和容量（Nortel Networks，2008 年）。

虽然有几家运营商将 HSPA + 标榜为 4G，但 HSPA + 充其量只能称为 3.75G。2009 年，4G LTE 首次推出，以 OFDMA 为底层技术，完全基于 IP。4G LTE 的实际下载速率和上传速率分别为 20Mb/s 和 10Mb/s。我们可能会注意到这样一个趋势，即各代无线系统的下载和上传速率之间是不对称的，随着新一代无线系统的发展，速率之间的差距变得越来越小。虽然 4G LTE 不符合 IMT – Advanced 的要求，但基于其他因素，2010 年达成一项共识，仍将 LTE 视为 4G。

部分关键技术有助于 4G 实现性能指标，包括 MIMO – OFDM、频域均衡技术、发射/接收和空间分集、基于波束赋形技术的智能天线、支持 IPv6 的高阶和自适应调制编码方案、支持多种无线标准的软件定义无线电（software – defined radio，SDR）、多用户 MIMO（MU – MIMO）技术等。初版 LTE 在下行和上行链路上均支持 2×2 MIMO，后来的版本扩展到支持 4×4 MIMO（下行链路）。用户设备(user equipment,UE)上的天线数量因设备尺寸而受限。为充分利用 MIMO 的部分优点,天线之间需要间隔半个波长。LTE 的主要频带集中在 1.8GHz、2.1GHz、2.6GHz。在这些频带范围的频率下,天线间的半波长间隔应设置为 5~8cm 不等,以确保信号的空间分离效果良好。

虽然 LTE 的性能相比 3G-HSPA 有显著提升,但仍不符合 IMT-A 的要求。2011 年发布了 LTE 的增强版 LTE-Advanced(LTE-A),其性能接近 IMT-A 要求。但是,在实际的 LTE-A 部署中,其下载速率和上传速率分别为 42Mb/s 和 25Mb/s,仍达不到 IMT-A 的要求。LTE-A 采用 8×8 MIMO 下行链路、4×4 MIMO 上行链路、载波聚合和高达 256 QAM 的高阶调制,对 LTE 进行了改进。LTE-A 还支持由宏蜂窝、微微蜂窝和飞蜂窝配置组成的异构网络。但是,LTE-A 仍具有局限性(对于未来应用类型),即延迟高(平均为 50ms,最佳情况下为 5~10ms)和用户密度低(每平方千米 2000 台设备)。表 1.1 总结了不同无线系统的性能指标(《4G LTE Advanced》,2020 年)。注意,表中所列指标为最佳情况下的指标,优于实际情况下的指标。

表 1.1　不同无线系统的性能指标(最佳情况下)

性能指标	WCDMA(UMTS)	HSPA	HSPA+	LTE	LTE-A
最大下行数据速率	384kb/s	14Mb/s	28Mb/s	100Mb/s	1Gb/s
最大上行数据速率	128kb/s	5.7Mb/s	11Mb/s	50Mb/s	500Mb/s
延迟	150ms	100ms	50ms	10ms	<5ms
接入技术	CDMA	CDMA	CDMA	OFDMA	OFDMA

从上述讨论可以清楚看出,有许多不同种类的使能技术在不断满足无线系统的性能要求、为终端用户提供各种不同应用支持方面发挥着重要作用。

1.3　下一代无线系统的应用场景

4G 技术的性能指标不足以支持基于虚拟现实(virtual reality,VR)的沉浸式体验、实时业务、自动驾驶、网联汽车、IoT、电子健康、视频监控、云应用和数据分析、智能城市、智能家居、智能工厂(工业 4.0)、智能办公室和"万物"智能等未来应用。为满足未来应用的需求,需改善当前无线系统,利用突破性的新技术解决下一代无线系统的需求、限制、挑战和应用等问题,从而为 5G 与 B5G (Beyond 5G)(图 1.1)的发展做好准备。

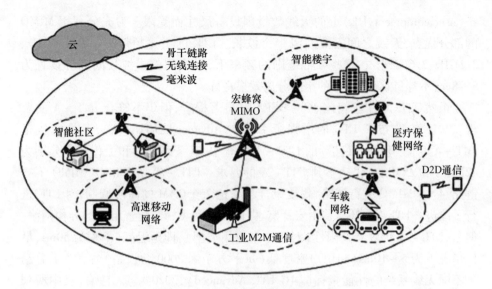

图1.1 下一代无线通信的应用场景

1.4 下一代无线系统的要求

为支持未来应用，国际电信联盟（international telecommunications union，ITU）对5G提出了极高的要求：实现单蜂窝20Gb/s，单用户1Gb/s，亚毫秒级延迟，且每平方千米服务设备数量达到100万台以上（《The Forces of 5G – The Next Generation of Wireless Technology Is Ready for Take – Off》，2018年）。以理解性能指标须达到上述要求的原因，可结合下列延迟要求相关示例进行分析。

人类在驾驶过程中从发现危险到踩下刹车踏板的反应时间是1s，一辆时速100km的汽车可在这段时间内行驶约28m。对于自动驾驶汽车来说，这个时间已经来不及了。而如果自动驾驶汽车分析数据的延迟时间能够缩短为1ms，其反应速度是人类的1000倍，从发现危险到刹车，这一过程的距离不到1cm。对于这类应用，延迟要求是亚毫秒级，而非最佳情况下的指标。目前的5G部署声称已实现了1Gb/s的下载速率，但在典型实际场景中，平均下载速率和上传速率分别为200Mb/s和100Mb/s。现实中的平均延迟为21~26ms，但预计未来将低于1ms（《How Fast Is 4G?》，2020年）。终端用户可能不需要此类功能，因为4G网络足以满足终端用户的大多数应用需求，如流媒体、视频会议和在线游戏等。5G的真正价值体现在自动化、智能城市、物联网应用等方面。从5G到6G的演进则需要满足更严格的要求，如（NTT – Docomo，2020年）：

(1) 极高的容量——100Gb/s 以上。
(2) 极低的延迟——端到端延迟始终小于 1ms(不仅限于最佳情况下)。
(3) 极高的设备密度——每平方米 1000 万台设备,基于位置的服务精确到厘米级。
(4) 极广的覆盖范围——陆地、天空(最高 1 万米的高度)、海洋(距离海岸 200n mile),在任何位置均可达到 Gb/s 级的数据速率。
(5) 极高的可靠性——有保证的服务质量与高安全水平。
(6) 极低的能耗——设备的电池寿命长,甚至无须充电。
(7) 极低的成本——平价的终端用户设备以及网络组件。

1.5 对 5G 与 B5G 的需求

5G 一直备受争议,特别是在电磁辐射会引起健康危害方面。反对 5G 的团体认为,5G 覆盖区域内的动物种群会因此消失。虽然存在一些关于无线系统电磁辐射对健康带来不利影响的研究,但目前尚无确凿科学证据足以阻碍 5G 网络的推出。

全球新冠肺炎疫情的暴发及其导致的各种灾难性后果,竟促使 5G 网络在全球范围内快速推出。受疫情影响,人们不得不在家办公,在线教育和在线学习已成为常态,网上购物明显增多,且在许多地方,网购甚至是购买基本生活必需品的唯一方式,远程医疗越来越受到关注。随着全球多个地区实施封锁,人们通过视频会议与家人和朋友保持联系,并通过上网寻求休闲娱乐。这一切致使全球数据流量需求呈数量级增长,使现有 4G 网络容量达到饱和状态,因此,未来更有必要使 5G(及 B5G)在容量和设备密度方面的表现均优于 4G。

1.6 下一代无线系统的使能技术

为满足 5G 与 Beyond 5G 网络的需求,需多种不同技术相互协作。除 4G 或其高级版本所使用的技术外,以下技术也正在探索开发中,其中某些技术已被选作未来无线系统的备选方案。

1.6.1 频谱

频谱是一种稀缺且昂贵的资源。现有地面无线系统使用的频率通常不超过 6GHz。根据法律规定,地面无线系统指非天基商业卫星通信系统附带的任何地面无线通信系统或设备,以及使用该系统或设备提供的任何业务。为免生疑问,地面无线系统具体包括与空中接口或与以下任何地面无线通信系统相关标准/协议兼容的任何设备:IS-95(CDMA)、IS-136(US TDMA)、GSM、WCDMA、CDMA2000、CDMA EVDO、iDEN 系统、GPRS、UMTS、WiMax、LTE、IEEE 802.xx(包括802.16 和802.11)、基于 OFDM/OFDMA 的蜂窝通信系统、包括 P25、DMR、dPMR 和 TETRA 在内的陆地移动无线电以及这些系统的未来代系或演进版本(*Definition of Terrestrial Wireless System*(*S*),2020 年)。

大量 6GHz 以上的频谱空置,主要原因在于技术能力不足。因此,频谱的稀缺主要是由于现有技术的限制所致,包括在这些频率上处理信号的电子设备、天线等的限制。5G 及 Beyond 5G 网络要求必须使用更高的频率,以适应高阶 MIMO 配置——大规模 MIMO(远高于 4G 网络中支持的 8×8 MIMO)。与 LTE-A 中支持的 20MHz 相比,这类网络支持高达 20GHz 的宽信道带宽,可改善波束赋形以减少干扰,并支持多种类型的天线阵列——如线性、平面、球形和任意偏振的圆柱形阵列(Gyasi-Agyei,2020 年)。

1.6.2 毫米波和太赫兹频带

下一代无线通信系统计划使用毫米波和太赫兹频带,其中毫米波频带的频率(即 30~300GHz)波长为 1~10mm,太赫兹频带最高可达 10THz,因其波长通常小于 1mm,因此亦称为亚毫米频带。对于最初发布的 5G 技术和即将发布的版本,国际电信联盟标准化的毫米波频谱从 24.25GHz 扩展到 52.6GHz。太赫兹频率可能会用于 6G 网络,预计将在 2030 年前投用。美国联邦通信委员会建议的频带范围为 95GHz~3THz,目前正在探索能否实现 100Gb/s 以上的数据速率(NTT-Docomo,2020 年)。自 4G 起,无线接入技术(radio access technologies,RAT)一直基于 OFDM,其性能已接近香农极限。下一代无线系统需要开发完全不同、创新的无线接入技术。然而,迄今为止,对于 6G 无线接入技术尚无明确定义。

1.6.3 可见光通信

为实现未来无线系统对高数据速率、高带宽、高安全性、低延迟和低干扰的要求,5G 和 Beyond 5G 系统也计划采用可见电磁波谱。该频带(790~430THz,波长 380~750nm)下的通信称为可见光通信。随着高速(快速响应)LED 和光电探测器领域固态技术的发展,发光二极管(light-emitting diode,LED)取代了家庭、办公室和其他场所照明用的荧光灯,这一发展使得照明基础设施同时也可作为通信基础设施。可见光通信还解决了与射频(radio frequencies, RF)相关的健康危害问题。多个研究团队正致力于研发用于可见光通信的通信协议和技术(usman、al-rayif,2018年)。高速原型可见光通信系统已经过验证。可见光通信系统亦称为光保真(light fidelity,LiFi)系统,这一术语由 LiFi 研究领域的先驱、爱丁堡大学的哈拉尔德·哈斯提出。由于光线不能穿透砖墙和金属等不透明物体,因此 LiFi 信号无法传播到发射机所在房间之外。这一特性使可见光通信尤其适用于机舱、医院、军事区等场合的通信,因为在这些场合,防止飞行电子系统和医疗设备等遭受无线电干扰、维护系统安全至关重要。可见光通信的另一大优势是可以在非授权频带运行(Khan,2017年)。

1.6.4 大规模 MIMO

尽管多年来,多天线技术已日臻成熟,并已纳入支持高达 8×8 MIMO 配置的 4G 网络,但大规模 MIMO 使用的天线数量非常之多,高达数百甚至数千。天线数量多具有以下优势:

(1)容量增益:信道容量与天线数量(发射和接收天线数量中的较小者)成正比,称为多路复用增益,通过每根天线传输不同数据流来实现。

(2)分集增益:相同的数据流以正交或近似正交的方式,在每根发射天线上传输。该技术利用多径衰落的优势,提高了接收信号的可靠性。当接收和发射天线数量较大时,分集增益随天线数量的增加而提高。当然,与在 MIMO 系统中一样,大规模 MIMO 在复用增益和分集增益之间也存在取舍问题。

(3)改进的波束赋形:设置大量天线可将传输信号引导至空间中非常狭窄的区域,称为笔形波束赋形,可减轻干扰的影响。

大规模 MIMO 还有其他一些优势,如能量效率高、延迟低、抗故意干扰能力强等。但是,大规模 MIMO 也暴露出了小规模 MIMO 系统不存在的一些新问题(*Massive MIMO:News, Commentary, Myth-Busting*,2020年)。由于移动设备的空间有限,要实现大规模 MIMO,就必须缩小天线尺寸,以使单个设备能容纳下大量天线。天线尺寸需与波长(或波长的一部分)成比例,以实现有效辐射,因此小天线尺寸还可作为高频带(如毫米波和太赫兹频带)通信的补充。

1.6.5 超密集小蜂窝网络

下一代无线系统计划采用高频带(如毫米波和太赫兹)。相比现有 4G 及前几代系统中使用的较低频率,该频带的自由空间损耗较高,还受到大气吸收以及墙壁和厚树叶阻塞的影响,因此其衰减或路径损耗较大。受上述因素影响,高频带的有效范围限制在1km左右,考虑到实际网络中的典型功率密度,实际部署的范围甚至更小(100～400m)。因此,在这些频率下部署运行网络,需要超密集小型蜂窝网络。重要的是,5G的初期部署会与现有宏蜂窝4G网络共存数年,因此需加以精心设计。虽然某些地方可能会出现独立的毫米波小型蜂窝,但至少在5G推出的最初几年,大多数5G毫米波小型蜂窝将覆盖现有4G宏蜂窝。5G小型蜂窝将满足更高的容量要求,而4G宏蜂窝将满足覆盖和移动性要求(Athanasiadou等,2020年)。因此,仔细规划5G网络部署,以最大限度地提高效率和降低成本,这一点非常重要。

1.6.6 网络切片

5G和Beyond 5G的另一个重要特征是网络切片。该技术可实现虚拟化,从而优化各种应用程序和业务对物理资源的利用。因此,各用户/业务/应用仅获得其所需物理资源,即可最大限度提高能量效率、降低成本。根据各用户/业务/应用的需求分配资源后,所有用户/业务/应用均可在同一物理硬件上运行。换言之,网络切片是将多个虚拟网络多路复用到同一个物理网络上,其中每个虚拟网络都满足业务或应用的端到端需求(Foukas等,2017年;Zhang等,2017年)。这一做法将早期和现有无线网络中"一刀切"概念,转变为了根据每个业务/应用的需求量身定制的范例。

1.6.7 人工智能

人工智能(artificial intelligence,AI)在过去十年中已相当成熟,并将为现有棘手问题提供有效解决方案。AI将是下一代无线系统的重要技术组成部分,有望解决Beyond 5G网络发展过程中的诸多预期问题。按照设计,这类网络将支持大量连接设备,而相关设备会产生大量数据(主要为非结构化数据)。未来网络的架构更为密集,每个基站站点拥有大量天线(大规模MIMO),因此,使用传统方法进行信道建模、移动性管理、物理资源利用优化等任务会极为困难。机器学习(machine learning,ML)和深度学习(deep learning,DL)等AI技术,能够通过动态的方式适应不同场景,并实时预测网络和用户的行为,以高效、可靠地处理相关任务。各种网络设置与需确定和优化的参数之间,预计将呈高度非线性关系。根据终端用户/应用/业务的要求,利用复杂的AI算法,可实时同步优化配置这些设置。AI在Beyond 5G网络中的用例包括信道建模、信道感知、信道估计、大规模MIMO信号处理、网络配置、管理和优化以及网络切片设计等(Wang等,2020年)。

1.7 小　　结

本章介绍了无线系统从初代系统到现有 4G/5G 系统的演进过程,并讨论了未来向 Beyond 5G 演进的进展。本章阐明了各代无线系统的需求、特性、应用,以及一直以来和当前作为使能技术的底层技术。当前无线系统和下一代无线系统均需大量不同的技术相互协作,以满足网络需求。本章虽然概述了某些重要特性、需求和使能技术,但所列清单尚不完善。下一代无线系统将是多种不同技术相互协作的复杂组合。因此,要在一本书(更不用说一章)中阐明所有上述技术,既不可能也不合理。

以下各章节将在某些受限背景下,讨论下一代无线系统的某些使能技术、应用等。

参考文献

4G LTE Advanced. 2020. Electronics Notes.

Athanasiadou, Georgia E. , Panagiotis Fytampanis, Dimitra A. Zarbouti, George V. Tsoulos, Panagiotis K. Gkonis, and Dimitra I. Kaklamani. 2020. "Radio Network Planning towards 5g mmWave Standalone Small – Cell Architectures." *Electronics(Switzerland)* 9:1 – 10.

Definition of Terrestrial Wireless System(S). 2020. *Law Insider.*

Ericsson. 2007. "Long Term Evolution(LTE):An Introduction." *Ericsson Whitepaper.*

Ericsson. 2009. "Technical Overview and Performance of HSPA and Mobile WiMAX." *Ericsson Whitepaper.*

Foukas, Xenofon, Georgios Patounas, Ahmed Elmokashfi, and Mahesh K. Marina. 2017. "Network Slicing in 5G:Survey and Challenges." *IEEE Communications Magazine* 55(5):94 – 100.

Gyasi – Agyei, Amoakoh. 2020. *Wireless Internet of Things – Principles and Practice.* Singapore:World Scientific.

How Fast Is 4G? 2020. 4G. Co. UK.

Khan, Latif Ullah. 2017. "Visible Light Communication:Applications, Architecture, Standardization and Research Challenges." *Digital Communications and Networks* 3(2):78 – 88.

Massive MIMO:News, Commentary, Myth – Busting. 2020. FP7 Project MAMMOET.

Nortel Networks. 2008. "Long – Term Evolution(LTE):The Vision beyond 3G." Nortel Networks White Paper.

NTT – Docomo. 2020. "White Paper – 5G Evolution and 6G."

Rysavy, Peter. 2006. "Mobile Broadband – EDGE, HSPA and LTE."

The Forces of 5G – "The Next Generation of Wireless Technology Is Ready for Take – Off." 2018. *The Economist*.

Usman, Mohammed. 2015. *Fountain Codes for Mobile Wireless Channels*. Saarbrücken: LAP Lambert Academic Publishing.

Usman, Mohammed, and Mohammed Ibrahim Al – Rayif. 2018. "Threshold Detection for Visible Light Communication Using Parametric Distribution Fitting." *International Journal of Numerical Modelling: Electronic Networks, Devices and Fields* 31(3): 1 – 10.

Wang, Cheng Xiang, Marco Di Renzo, Slawomir Stańczak, Sen Wang, and Erik G. Larsson. 2020. "Artificial Intelligence Enabled Wireless Networking for 5G and Beyond: Recent Advances and Future Challenges." *IEEE Wireless Communications* 27(1): 16 – 23.

Zhang, Haijun, Na Liu, Xiaoli Chu, Keping Long, Abdol Hamid Aghvami, and Victor C. M. Leung. 2017. "Network Slicing Based 5G and Future Mobile Networks: Mobility, Resource Management, and Challenges." *IEEE Communications Magazine* 55(8): 138 – 145.

第 2 章

下一代无线通信的使能技术与使能商业模式

M. 姆泽切(M. Mzyece)

2.1 引 言

本章讨论了下一代无线通信的使能技术与使能商业模式之间的联系。商业模式定义了组织机制和流程的显性或隐性架构与设计,所述机制和流程旨在用于创建、交付和获取价值(Teece,2010 年)。所有商业模式的本质都是价值定位:能够为特定客户群提供有价值的产品和服务(Osterwalder,Pigneur,2010 年)。每一种价值定位都是指定客户从组织所供特定产品和服务中获得的一组特定效益。商业模式创新是以新的方式创造、交付和获取价值,创新之处可体现在如何产生效益、如何向客户提供效益、如何将效益变现,或如何构建并使用资源来帮助客户产生效益、提供效益或使效益变现等方面(Afuah,2018 年)。

通常情况下,对电信和无线通信的研究几乎都集中在技术相关问题上,对商业模式相关问题的深入讨论相对较少。例如,Huurdeman(2003 年)全面概述了 1750—2000 年期间的全球电信产业,深入探讨各种关键技术、历史和政策问题,并阐述全球电信产业的悠久历史。虽然商业模式与以市场为导向的行业紧密关联,但他却很少谈及这段历史的商业模式。同样,Molisch(2011 年)从某些特定技术方面,对无线通信进行了巧妙研究,但他同样几乎未曾考虑各技术细节与无线通信商业模式之间的关联。上述两项研究只是该领域已出版技术著作中比较著名的代表。本章并非要对这两部优秀作品提出批评。毕竟,任何一项旨在确保可行性和有用性的研究工作都不能在特定范围内具有普适性。出于可操作性和实用性考虑,有必要界定研究范围。

多个经典的真实案例表明研究使能技术和使能商业模式的重要性。在 PC 时代,IBM 于 20 世纪 80 年代初采用并设计了开放式架构的个人电脑,对计算机行业的商业和战略发展产生了深远影响(Greenstein,1998 年)。在互联网时代(20 世纪 90 年代中后期),谷歌和早期搜索引擎以赞助搜索的商业模式为基础发展壮大(Jansen,Mullen,2008 年)。在智能手机时代(2007 年以后),苹果(iPhone)技术体系基于"剃须刀 + 刀片"这一商业模式迅速崛起,即通过相对低利润"刀片"(音乐、移动应用和其他数字内容)的需求,推动高利润"剃须刀"(iPhone)的销售和使用(Ovans,2015 年)。

在无线通信领域,预付费(即付即用)的商业模式是在现实生活中体现这一现象的最佳示例,该模式占全球无线用户的 50% 以上,在大多数非洲国家以及意大利等世界其他地区的用户中还曾占到过 90% 以上(Conroy,Hill,2009 年;Layton,2014 年)。相比之下,由于缺乏可行的商业模式,无线应用协议(WAP)(Mzyece,2001 年)等前景可观的无线通信技术却以失败告终。

无线通信技术和商业发展突显了商业模式和商业创新在所有无线通信代系中发挥的关键作用。2G 时代的预付费商业模式利用新兴技术,满足了 1G 无线通信后付费(基于合同的)商业模式无法满足的客户需求。随后,3G 和 4G 时代出现了支持 VoIP(IP 承载语音)、OTT(over – the – top)等新业务的新商业模式,这些新模式以技术创新为基础,并与互联网等数据通信网络相融合。5G 及 B5G 无线通信技术不断发展,将继续推动基于新商业模式的新兴业务和未来业务向前发展。

为此,本章旨在探讨下一代无线通信的使能技术与使能商业模式之间的关联和相互影响。2.2 节概述了本章的主要贡献,并将其与先前相关文献著作中的贡献进行对比。2.3 节给出了无线通信的使能技术和使能商业模式的定义,并研究了二者之间的重要关系。2.4 节重点介绍了前几代(1G ~ 3G)、当代(4G)和新一代(5G)无线通信的使能技术和使能商业模式。2.5 节重点介绍下一代(B5G)无线通信的使能技术和使能商业模式。2.6 节提出了下一代无线通信的使能技术和使能商业模式的整合框架。最后,2.7 节结论梳理了本章的主要成果,提出相关建议,并强调了未来可能关注的研究领域。

2.2 主要贡献及相关著作

本小节结合文献中的其他相关著作阐述了本章的三大主要贡献,具体如下:

(1)整体分析各代无线通信使能技术和使能商业模式的特定方面;

(2)整体分析下一代无线通信使能技术和使能商业模式的一般方面;

(3)提出下一代无线通信使能技术与使能商业模式的整合框架。

第一大主要贡献是,对各代无线通信中使能技术和使能商业模式在特定方面的关联和相互影响进行了分析。如 2.1 节所述,明确探讨无线技术和商业模式之间关联的研究少之又少。Camponovo 和 Pigneur(2003 年)分析了 21 世纪初无线通信行业的商业模式。作者确定了该行业的业务特点(移动性、网络效应和专有资产),并将行业中的主次要参与者分为五大主要类别:技术提供商(设备和网络设备供应商)、服务提供商(内容、应用和支付服务供应商)、网络提供商[包括移动网络运营商(mobile network operators,MNO)和互联网服务提供商(internet service providers,ISP)]、法规相关参与者(政府、监管机构和标准化组织)以及用户(企业、企业团体、消费者和消费者团体)。他们对某些主要类别的分析,在较高层面上仍具有一定有效性,但随着时间推移,各类别中的确切角色和各角色的参与者可能已发生改变。此外,一些新的类别也随之出现,且目前的部分参与者还可被归入多个类别。例如,在某些场景中,谷歌同时属于技术提供商、服务提供商和网络提供商。约在同一时期(21 世纪初),Li 和 Whalley(2002 年)分析了电信行业的新兴商业模式,但与本章相比,其关注范围远超无线通信,对根本技术特征的关注较少。虽然该研究所强调的当时电信行业的某些主要特征已发生根本性变化,但其分析仍很有见地。例如,移动门户已不像 21 世纪初那么重要。Dhar 和 Varshney(2011 年)研究了无线通信的某个具体用例及其相关商业模式(即基于位置的业务),但这种商业模式对其他用例以及前几代和后几代无线通信技术的普遍适用性较为有限。Yaghoubi 等(2018 年)和 Ahokangas 等(2019 年)分别评估了 5G 传输网络和 5G 微运营商的各种可选商业模式场景的可行性,但并未涉及无线通信的其他各种应用场景或其他代系。

第二大主要贡献是,对下一代无线通信中使能技术和使能商业模式在一般性方面的关联和相互影响进行了分析。尽管有关 6G 的研究报道越来越多(Dang 等,2020 年;David 等,2019 年;Giordani 等,2020 年;Rappaport 等,2019 年;Yuan 等,2020 年),但需注意,由于 6G 的实质性研究和标准化工作才刚刚起步，这些论著中所呈现的许多具体技术细节必然具有高度推测性。此外，有研究人员认为5G可能是传统意义（即在给定时间点或时期内实现的一系列大规模技术进步）上的最后一代无线通信（Dohler，2018年）。因此，本章将重点阐述下一代无线通信的使能技术和使能商业模式最有可能的一般性方面，其中包括各种异构无线技术（Bosch等，2020年）、人工智能和机器学习（AI/ML）（Wang等，2020年）、数字平台（Cusumano等，2020年）以及数字商业模式（Cusumano等，2020年；Hanafizadeh等，2019年；Li，2020年；Veit等，2014年；Verhoef、Bijmolt，2019年）等。

第三大主要贡献是，提出了下一代无线通信的使能技术与使能商业模式的整合框架。本节所提出的框架包含六大关键技术要素：技术创造（Arthur，2007年）、技术架构和模块化（Baldwin、Clark，2006年；Clark，2018年）、技术S曲线（Scillitoe，2013年）、技术周期（Anderson、Tushman，1990年）、技术标准化（Biddle，2017年）和技术盈利能力（Teece，2018年）。技术研究中往往会忽略这六大要素在商业上的影响。该框架针对这六大关键技术要素又提出了第七个要素——商业模式创新（Afuah，2018年；Osterwalder、Pigneur，2010年；Skog等，2018年；Taran等，2016年）。本节提出的框架与现有框架有很大不同。例如，本节框架与精益创业框架（Blank，2013年）不同，后者将商业模式假设（商业模式画布）、客户开发和敏捷产品/业务开发的迭代过程应用于一般业务场景；而本节框架则将六大关键技术相关要素和商业模式创新要素整体应用于下一代无线通信。虽然Glisic（2016年）通过博弈论，对高级无线网络在商业上的某些方面进行了建模，但使用博弈论建模必然会限制相关业务场景研究的范围和深度（MacKenzie、DaSilva，2006年）。相比之下，本节框架则并无此类限制。

2.3 无线通信的使能技术与使能商业模式

何为无线通信领域的"使能技术"和"使能商业模式"？要理解这两个术语的概念，需要先从其共同的词语"使能"（enabling）入手。一般情况下，该词可作为名词（表示名称）、形容词（描述）或以词根"enable"的形式作为动词（表示动作）。"enable"一词有多重含义，具体包括："授权；使充分或熟练；使能胜任或有能力；为某一目标或目的提供必要的手段或机会；使成为可能；使有效；使运作"（OED Online，2020年）。所以，这些含义在本章的语境中均广泛适用。

但更具体地说，"使能技术"和"使能商业模式"只是无线通信分别在技术上和商业上发挥作用的两个方面，这两方面在无线通信中必不可少、相辅相成。

无线通信的使能技术是各种技术原理、技术方法、资源、组件、设备、子系统、系统和标准,可使无线通信在技术上可行,而无线通信的使能商业模式则描述了各组织如何单独和共同使用这些使能技术及其他组织资源,在特定商业环境和生态系统中为客户创造、实现和获取价值。GSM 的成功开发和部署,为有关无线通信中使能技术和使能商业模式之间共生关系的研究提供了极佳案例(Temple,2010 年)。

2.4 各代无线通信的使能技术和使能商业模式

表 2.1 比较了各代无线通信的使能技术和使能商业模式(从第一代(1G)无线通信到第五代(5G)无线通信)。

从表 2.1 可得出几大重要推论。第一,无线通信的业务和技术特点(如数据速率、延迟和频谱分配)的代系发展与相应使能技术的特点密切相关。在各代系无线网络发展过程中,最大的技术转变是数字技术和全 IP 网络得以实施,反之也推动了高质量 IP 业务的发展,以及互联网和其他基于 IP 网络的融合。在新兴的 5G 无线通信中,这一趋势继续存在,因此,基于 IP 的异构数字化网络将成为 5G 无线通信中的关键使能技术。新的 5G 使能技术包括软件定义无线电和软件定义网络(software-defined networking,SDN)、网络切片以及网络编排和自动化。在这种高度互联、基于 IP 的网络中,各大形式的数据属于最重要的资源。因此,5G 使能技术必须支持大量具有不同服务质量特征、QoS 指标和 QoE 要求的通用案例和特定用例。这一要求对网络管理而言是一项相当大的挑战。值得注意的是,业务接入设备一代代更迭,从笨重的车载电话和庞大的第一代手持电话,到目前各种外形、尺寸和规格的一系列 5G 无线设备。

第二,在过去的四五十年里,随着无线通信业务、技术特点和使能技术的发展日益成熟,其使能商业模式也愈加成熟。在1G 时代(20 世纪70 年代和80 年代),无线通信仅用于提供语音或传真等固网电信类业务的移动接入,此时采用基于合同订阅的后付费商业模式便已足够(而且,该模式在大多数情况下是唯一可能且可用的模式)。从 20 世纪 90 年代开始,推出 2G 无线通信(尤其是基于 GSM/GPRS/EDGE 标准的无线通信),基于"即付即用"订阅的预付费商业模式应运而生,在全球范围内取得了巨大成功。在当下 5G 无线通信时代,多种不同的商业模式并存,其中有些模式沿袭自 4G 和更早期的无线时代,有些模式刚刚兴起或处于试验阶段,包括新的数字平台商业模式(Cusumano 等,2020 年)。因此,总体而言,随着时间的推移,无线通信的使能商业模式将愈加复杂、多样。

表 2.1 各代无线通信使能技术和商业模式的对比

代系（年代代表）	业务与设备	数据速率	延迟	频谱分配	使能技术	使能商业模式
1G（20世纪70年代至80年代）	- 语音业务 - 传真 - 车载电话和大号手持电话	- 2.4kb/s	- 仅TACS切换延迟就高达400ms	- 450MHz/800MHz/900MHz	- TACS、AMPS、NMT、C450 - 信元、频率复用 - 模拟技术 - FDMA	- 技术驱动（如贝尔实验室） - 合同/许可（供应商） - 后付费订阅/移动网络运营商
2G（20世纪90年代）	- 语音业务 - 短信（SMS） - 增值业务（VAS） - 手持电话	- 不超过9.6kb/s（GSM）、171.3kb/s（GPRS,8个时隙）、473.6kb/s（EDGE,8个时隙）	- 300~1000ms	- 450MHz/800MHz/900MHz - 1.8GHz/1.9GHz	- GSM/GPRS/EDGE、IS 95、D-AMPS、PDC - 信元、频率复用 - 数字技术 - FDMA、TDMA、CDMA - 网络虚拟化	- 政治和商业驱动（例如，欧盟和其他政府、放松管制、新的私营移动网络运营商） - 合同/许可（供应商） - 后付费订阅/移动虚拟网络运营商 - 预付费订阅/移动虚拟网络运营商
3G（2000年左右）	- 语音业务 - 短信（SMS）、彩信（MMS） - 互联网/数据/移动应用 - 视频 - 手持和便携式设备	- 不超过8~10Mb/s（HSDPA）	- 100~500ms	- 800MHz/850MHz/900MHz - 1.7GHz/1.9GHz/2.1GHz	- UMTS、CDMA2000 - 信元、频率复用 - 数字技术+全IP - W-CDMA - 网络虚拟化 - 托管服务	- 合同/许可（供应商、互联网服务提供商） - 后付费订阅/移动虚拟网络运营商 - 预付费订阅/移动虚拟网络运营商 - 免费网/免费增值（互联网公司） - 去中介化（超大规模平台）

续表

代系(年代表)	业务与设备	数据速率	延迟	频谱分配	使能技术	使能商业模式
4G (21世纪10年代)	- 语音业务 - 消息（短信/彩信） - 互联网数据/移动应用 - 视频流 - OTT业务（如WhatsApp、Skype、Hangouts、Zoom等） - 智能手机、可穿戴设备、智能音箱、平板电脑、笔记本电脑等	- 不超过300Mb/s（下行）	- 50ms	- 700MHz - 1.8GHz/2.1GHz/ 2.3GHz/2.6GHz	- LTE、LTE-Advanced、WiMAX+异构无线网络（如：Wi-Fi） - 信元/频率复用 - 数字技术+全IP - OFDM、MIMO - 网络虚拟化 - 托管服务	- 合同/许可（供应商、互联网服务提供商、集成商、专才、通才） - 后付费订阅（移动虚拟网络运营商） - 预付费订阅（移动虚拟网络运营商） - 免费/免费增值（互联网公司） - 去中介化（超大规模平台、OTT企业） - 付费/广告（数字平台）
5G (21世纪20年代)	通用用例： - eMBB｜mMTC｜URLLC 特定用例（部分）： - 超高清视频直播、AR/VR - IoT及工业物联网（工厂等） - 联网/自动驾驶汽车 - 触觉互联网	- 不超过20Gb/s（下行）	- 低至1ms	- 低频段（<1GHz） - 中频段（1~6GHz） - 高频段（24~60GHz）	- 非独立（NSA）和独立组网（SA）5GNR（NR） - 数字技术+全IP - OFDM、大规模MIMO、毫米波 - SDR/SDN｜网络切片（NFV/VNF）｜网络编排和自动化	4G时代的现有商业模式，以及以下新兴/实验性商业模式： - 微运营商模式 - 众创模式 - 合作伙伴关系和生态系统模式 - 网络经济模式 - 数字平台模式

来源：作者基于多方面资料进行分析与综合，包括：研究出版物、报告、标准机构、行业协会、网站和各种其他参考资料等。例如，文献（Huurdeman，2003年；Temple，2010年；Molisch，2011年；Ahokangas等，2019年），ITU、3GPP、GSMA等。

以 WhatsApp 为例，这是一款 OTT 智能手机消息应用程序，2014 年被 Facebook 以 190 亿美元收购（Facebook Investor Relations，2014 年）。根据一项估计（Brodsky，2020 年），WhatsApp 和其他 OTT 消息传递应用程序所承载的国际语音流量约为传统电信运营商的 2.3 倍。但从表面上看，WhatsApp 免费，且不会推送任何多余广告。那么，WhatsApp 的商业模式是什么？尤其是，WhatsApp 如何盈利，以证明其值得被高价收购？WhatsApp 有两大盈利渠道——企业和个人。

在企业方面，WhatsApp 采用免费增值的商业模式：针对小型企业的免费 WhatsApp Business 应用，以及为大中型企业设计的高级 WhatsApp Business API（Kudritskiy，2019 年）。针对个人的商业模式则更加灵活，个人不直接为使用 WhatsApp 的业务付费。虽然 Facebook 并未"要求人们使用通用标识符或关联自身账户来使用公司系列产品中的多个产品（Facebook、Instagram、Messenger 和 WhatsApp）"，但确实"试图将产品内和产品间的多个用户账户归属于个人。"为此，本章采用复杂技术、算法和机器学习模型，计算用户账户背后的个人人数，包括在单个产品内和多个产品之间匹配的多个用户账户（当这些账户可归为同一人时），并将该组账户归属于同一个人。（Facebook Investor Relations，2020 年）由于许多人在 Facebook 系列产品中拥有多个账户，因此这些账户会将其视作一个人进行关联，从而获得收益。此外，有专家还评论了 WhatsApp 收集的大量客户行为数据的巨大商业价值（Murphy，2019 年）。换言之，即使 WhatsApp 的用户未直接因使用 WhatsApp 而被收费，Facebook 仍可（并且显然是）从 WhatsApp 中获得丰厚利润。

第三，使能技术和使能商业模式的演进对无线通信参与者的影响存在很大差异。例如，2G 时代的重要参与者——高端移动业务（语音邮件、未接来电提醒等）和高端移动内容（新闻、铃声等）的第三方增值业务（VAS）提供商，后来被移动应用等技术和商业模式的发展所吞噬，已基本消失。虽然在从 1G 到 5G 的演进过程中，技术提供商和网络提供商的角色基本保持不变，但许多参与者的具体身份以及技术细节已发生改变。有些参与者已不复存在：美国电话电报公司（AT&T）于 20 世纪 80 年代因反垄断行动而被分拆；北电网络于 2009 年破产；由于一系列技术和商业原因，微软停止了 Windows Phone 的开发，并退出了移动操作系统领域。新的参与者登上历史舞台：1999 年，维珍移动（Virgin Mobile）成为全球首家移动虚拟网络运营商（mobile virtual network operator，MVNO）；2007 年，萨法利通信公司（Safaricom）/沃达丰公司（Vodafone）推出了 M-Pesa，后来成为世界上最成功的移动支付业务提供商；2012 年，华为跻身全球电信网络设备市场前列(Lee,2012年),2017年,其成为全球电信软件和专业服务市场最大的供应商(Cooperson,2018年)。

全新的数字角色及其参与者均已出现,完全颠覆了无线通信的"主导逻辑"(Skog等,2018年),包括超大规模用户(如Google)、OTT参与者(如WhatsApp)和数字平台(如苹果)等。此外,值得注意的是,随着时间推移,无线通信中的价值生态系统日益分裂,并重新配置。

第四,也是从表2.1中得出的最后一个推论,使能技术和使能商业模式分别作为主要推动力,存在代内和代际变化。在1G无线通信时代,美国电话电报公司贝尔实验室(AT&T Bell Labs)、日本NTT电气通信实验室及其他企业研究单位完成了使能技术的底层研发(Huurdeman,2003年),使其成为主要推动因素。在2G无线通信时代,政治和商业考量决定了主要推动力,最终转化为技术成果,(至少在最初阶段)使得使能商业模式成为主要推动力(Temple,2010年)。纵观历代无线通信发展,使能技术与使能商业模式之间相互作用,轮流作为主要推动力。需注意的最重要一点是,各代系无线通信的长期可行性和可持续性,关键取决于使能技术和使能商业模式之间的协同作用,无论是在单个组织内部,还是多个组织和其他相关参与者的生态系统之间。

2.5　下一代无线通信的使能技术与使能商业模式评估

在本章中,"下一代无线通信"到底是什么意思?若这类称谓跟不上技术和市场发展,显然都会面临被淘汰的风险。第一篇使用了"下一代无线通信"这一确切术语且经同行评审的IEEE论著发表于1994年(Cheung等,1994年),当时还处于2G时代,该术语被用来指代3G UMTS标准。①到21世纪初,随着UMTS网络实现首次商业部署,将UMTS称为"下一代无线通信"已不再合适,于是技术界转而用该术语表示4G技术,后来又用它来指代5G技术。2018年,5G概念标准化完成,2019年,5G网络首次发布,2020年商用5G网络部署大幅增加(GSMA,2020年)。因此,在本章中,"下一代无线通信"被定义为5G之后的无线通信,即2030年及以后的无线通信网络(按10年左右的代际跨度计算,如表2.1所列)。

图2.1修改并更新了Camponovo和Pigneur(2003年)的分类和定义,显示了下一代无线通信中的关键参与者生态系统。②对于该生态系统中的关键参与者,可得出以下结论:

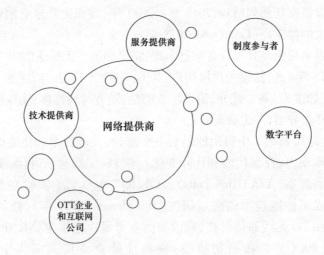

图 2.1　下一代无线通信中的关键参与者生态系统

（1）"用户和用户群体"可能是正式或非正式客户，不受生态系统中任何组织参与者的束缚（真正或比喻意义上的束缚），可自由走动并随意与任何参与者联系（实际上，用户和用户群体之间也有联系），且在某些情况下，群体不仅是消费者，也是无线技术和服务的重要提供者（von Hippel，2017 年）。

（2）"网络提供商"包括移动网络运营商（MNO）、移动虚拟网络运营商（MVNO）、互联网服务提供商（ISP）、无线互联网服务提供商（WISP）、Wi-Fi 运营商、固网运营商（如 FTTX 运营商），以及各种其他通信基础设施提供商和运营商，如数据中心和卫星运营商等。

（3）"技术提供商"包括无线组件、接入设备和网络设备制造商（如高通、三星和爱立信等）和其他网络基础设施制造商（如 IP 网络的思科等）。还有其他类型的技术提供商，如系统软件、设计和知识产权公司（如微软、ARM 和 InterDigital）；咨询公司、系统集成商和经销商（如埃森哲）；以及各种下游分销渠道参与者（如批发商和零售商）。

（4）"服务提供商"包括各种内容提供商（创建者、开发者、所有者、聚合商、企业联合组织、分销商、门户网站和平台）、应用程序提供商（如应用软件、移动应用程序和游戏开发商）和支付服务提供商（如银行、信用卡公司和数字支付平台）。

（5）"OTT 企业和互联网公司"，如 Skype（现属于微软旗下）和奈飞公司（Netflix），能够直接连接并向用户提供产品和服务且无须通过传统上"拥有"这些用户的中介机构。

(6)"数字平台"包括超大型平台(如Google)、社交媒体平台(如Facebook)和市场平台(如亚马逊)等。通过利用高度整合的使能技术和使能商业模式(数字技术和平台商业模式),这些平台不仅在无线通信领域,而且在许多其他领域都已成为最强大、最盈利的商业参与者。

(7)"制度参与者"是无线通信所处的整个制度环境的设置者、影响者和维护者,包括政府、监管机构、标准组织、高校、行业协会、消费者协会和游说团体等。

值得注意的是,有些参与者在该系统中可分属于多个类别,且同时发挥多重作用。如前文所述,用户和用户群体可同时作为消费者、技术提供者和服务提供商。例如,他们也可通过消费者协会的形式作为制度参与者。谷歌的母公司Alphabet之所以影响力巨大,正是因为其跨越了所有七个类别。

从图2.1中也可明显看出,下一代无线通信不仅会形成一个复杂的关键参与者生态系统,而且还会形成一个由使能技术和使能商业模式组成的更加复杂、相互关联的生态系统。现在定义下一代无线通信的使能技术和使能商业模式的具体细节为时过早,但可从中推断出一些公认的一般特性。在使能技术方面,下一代无线通信肯定需要管理异构无线技术,并利用人工智能/机器学习技术。因此,相关使能商业模式势必会涉及数字平台和各类数字商业模式。

下一代无线通信需对异构无线技术进行编排。传统意义上,技术的管理和控制一直是孤立的、不协调的,从而导致资源管理、性能和服务质量较差。目前尚无针对这一问题的完整解决方案。所述完整解决方案应具有四个主要特性(Bosch等,2020年):技术集成、负载均衡延迟管理、技术共存和智能化全球网络管理。技术抽象和机器学习是完整解决方案的潜在组成部分。除非无线异构问题得以解决,否则下一代无线通信的使能商业模式很可能极具多样化、分片化、复杂化,最终导致性能欠佳。因此,经过充分编排的异构无线技术管理将成为下一代无线通信的关键使能技术之一。

人工智能/机器学习将是下一代无线通信中另一项重要的使能技术。目前,人工智能/机器学习在无线通信中的应用包括(Wang等,2020年)信道测量、建模和估计、物理层研究,以及网络管理和优化。未来,人工智能/机器学习的应用将针对各种用例采用新型分布式、超快和轻量级的机器学习算法。如前文所述,人工智能/机器学习是解决无线异构问题的关键要素之一。此外,由于人工智能是一种通用技术(general-purpose technology,GPT)(Agrawal等,2019年),因此可能对下一代无线通信的使能技术和使能商业模式产生潜在重大影响,而这些影响是无法预见的。

下一代无线通信的使能商业模式必然会直接或间接涉及数字平台。数字平台利用数字技术将两个或两个以上的市场参与者汇集到一起,并通过网络效应实现增长。预计未来20年,数字平台将呈现四大趋势(Cusumano等,2020年):由于竞争加剧,混合平台(创新平台和交易平台的结合)将成为主导战略;人工智能和数据分析将有助于推动实现更多创新;更多的市场势力将集中在少数大平台;平台监管和内容管理要求将越来越高。总的来说,这些趋势表明,在下一代无线通信领域,数字平台之间的竞争会加剧,人工智能有望再次发挥关键作用。

最后,在下一代无线通信中,传统商业模式将不得不与不同领域、不同视角的各类数字商业模式竞争、互为补充或彼此协调,包括数字平台(Cusumano等,2020年)、互联网服务提供商(Hanafizadeh等,2019年)、创意产业(主要对应于图2.1中的服务提供商)(Li,2020年)、信息技术行业(Veit等,2014年)及数字营销(Verhoef,Bijmolt,2019年)。

2.6 下一代无线通信的使能技术与使能商业模式的整合框架

下一代无线通信的使能技术与使能商业模式的整合框架包括七大要素,如图2.2所示。

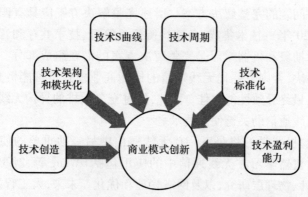

图 2.2 下一代无线通信的使能技术与使能商业模式的整合框架

(1)技术创造。在解决递归式问题的过程中产生下一代无线通信全新的使能技术(Arthur,2007年)。因此,这些使能技术本质上是遵循某种基本原则、为实现预期目标而部署的层次化单元组合。技术创造的递归性、组合性和目标性对商业模式创新具有重要意义——说明使能商业模式和使能技术可相互影响。

（2）技术架构和模块化。这一概念在逻辑上源于技术创造的组合性,技术架构和模块化在商业上具有重要的内在影响,而这种影响体现在组织的技术和业务性能组合之中(Baldwin、Clark,2006年;Clark,2018年)。换言之,使能技术的架构和模块化与组织的使能商业模式密不可分。

（3）技术S曲线。技术S曲线理论阐明了在特定环境下,如何通过多个参与者的共同研发努力,使某项使能技术的市场相关性能随时间的推移而提高(Scillitoe,2013年)。最终,在技术达到成熟后,随着研发投入的增加,所产生的收益递减,此时焦点企业应将其精力转向具有新技术S曲线的新使能技术。这一理论通过重点关注市场相关表现(即商业模式)来支持使能商业模式。

（4）技术周期。技术周期与技术S曲线的不同之处在于,前者侧重于整个行业的技术变革和采用的形态,并使用主导设计、技术不连续性以及能力破坏型和能力增强型不连续性的概念来理解这些形态(Anderson、Tushman,1990年)。这些理念可与使能商业模式相结合,评估组织所属行业处于技术周期的哪个阶段、怎样对潜在的使能技术进行投资以及如何相应地设定使能商业模式。主导设计这一概念尤其重要,因为主导设计的出现往往不是因为技术优势,而是因其他一些关键因素所致,包括卓越的商业模式及其创新等。此外,技术周期表明了技术演进的内在不可预测性、n阶效应及其长期影响。

（5）技术标准化。Biddle在文献(Biddle,2017年)中指出,"形形色色的参与者以一系列令人眼花缭乱的方式创建、维护和传播"信息通信技术(ICT)行业技术标准(如下一代无线通信将使用的技术标准)。理解这一极其复杂的现象对于成功匹配下一代无线通信的使能技术与使能商业模式至关重要。

（6）技术盈利能力。最近,Teece在文献(Teece,2018年)中将其经典的"从创新中获利"(profiting from innovation,PFI)框架应用于无线通信的最新进展。他建议根据以下因素,对无线通信使能技术的盈利能力进行评估:独占机制、互补资产和技术及相关商业模式问题、标准和客户群效应、时机以及生态系统优势。若上述因素中有任何一个因素存在致命缺陷,则表明企业应慎重、重新考虑对使能技术的选择方案。

（7）商业模式创新。在整合框架中,该要素要求对框架的各种使能技术要素和使能商业模式要素进行分析和综合,以创建一个可持续且可行的使能商业模式。整合框架的商业模式创新要素涉及迭代过程(Afuah,2018年;Osterwalder、Pigneur,2010年;Skog等,2018年;Taran等,2016年)。此外,该过程侧重于通过一种或多种新方法的组合,或通过构建和利用组织资源,为客户创造和提供效益,并使效益变现(Afuah,2018年)。

该整合框架可用于对下一代无线通信的任何潜在使能技术的技术动态进行整体分析,并对潜在使能商业模式进行迭代设计。例如,2.5节分析表明,人工智能/机器学习将成为下一代无线通信的一项关键使能技术,因此,可利用整合框架,从技术动态和商业模式创新方面,围绕下一代无线通信中的人工智能/机器学习进行探讨。此外,在整合框架应用过程中,必须定期进行审查,并纳入从更广泛商业模式环境中获取的任何相关信息,包括市场力量、行业力量、宏观经济力量和关键趋势等(Osterwalder、Pigneur,2010年)。

最后,该整合框架不仅适用于下一代无线通信、当代和新一代无线通信,亦或是前几代无线通信,还适用于其他技术领域。

2.7 小　　结

本章讨论了下一代无线通信的使能技术与使能商业模式之间的联系,并指出,尽管多个著名的真实案例可证实这种联系的重要性,但技术文献中研究这种联系的论著还相对较少。

本章有三大主要研究贡献。第一,本章阐明并分析了各代无线通信系统(1~5G)使能技术和使能商业模式在特定方面的关联和相互影响。第二,本章分析了下一代无线通信(定义为B5G)使能技术和使能商业模式在一般性方面的关联和相互影响。分析表明,使能技术和使能商业模式将继续在下一代无线通信中相互影响、相互作用,其程度比前几代更甚。第三,本章提出了下一代无线通信使能技术与使能商业模式的整合框架,阐明了如何将该框架用作下一代无线通信使能技术与使能商业模式的分析工具(技术动态)和设计工具(商业模式创新)。这一框架的用途非常广泛,可应用于其他几代无线通信系统,也可用于其他技术领域。

本章在以图表形式对三大主要研究贡献进行直观总结的同时,还对各代无线通信系统(1~5G)使能技术和使能商业模式、下一代无线通信中关键参与者的生态系统,以及下一代无线通信使能技术和使能商业模式的整合框架进行了比较分析。

以6G为例。如表2.1所列,无线通信朝着6G不断发展,意味着业务和设备数量激增,数据速率飙升,延迟大幅下降,频谱分配成倍增加,使能技术和使能商业模式将日益多样化和复杂化。这一过程需要全新的无线通信方法,例如跨多个设备和接口无缝运行的无线泛在业务、端到端网络资源共享和动态商业模式等。6G 生态系统中关键参与者的配置、相对规模和角色(图 2.1)将与前几代截然不同,因此,在 6G 战略战术中应纳入当前所有参与者。技术动态和商业模式创新的相互作用(图 2.2)将在人工智能/机器学习等通用技术(GPT)领域最为显著(Agrawal 等,2019 年;Wang 等,2020 年),但也可能在太赫兹通信(Rappaport 等,2019 年)、元表面和元材料(Yuan 等,2020 年)、量子通信和运算(Dang 等,2020 年)等新兴物理层技术方面表现突出。因此,在 6G 技术动态和商业模式方面,6G 角色参与者应具有高度适应性和敏捷性。

针对下一代无线通信领域的主要参与者,本书提出了以下具体建议。对于从业者来说,研究结果表明,在制定工程和管理决策时,将使能技术和使能商业模式考虑在内具有显著价值。技术动态和商业模式创新的整合框架在这一方面的作用尤其显著。对于政策制定者来说,研究结果表明,在技术部门立法和监管(应基于对技术、商业和其他相关问题的全面了解)、教育和技能培养(所有人员应至少具备基本的技术和商业素养)等领域存在政策失灵的潜在风险,同时也存在政策创新的潜在机遇。对于无线通信和其他 STEM(科学、技术、工程和数学教育)相关学科的研究人员来说,研究结果阐明了打破传统学科界限尤为重要的原因。同时对传统上相互独立的研究领域进行研究,有助于发现一些对各领域有价值的重要新见解。

根据本章的研究成果,衍生出许多新的研究课题,为便于说明,在此列举三大课题。首先,对下一代无线通信中关键参与者生态系统展开更深入的研究,以确定并分析关键关系和子系统,及其在特定方面与使能技术和使能商业模式的联系。这一研究角度较为新颖。该课题可能需根据前几代和当代无线通信系统的可靠数据进行推断,并基于现实进行分析。其次,如何将技术动态和商业模式创新整合框架应用于 5G。5G 作为当前新一代无线通信系统,相关研究的内容可能十分丰富,这为开展研究提供了独特机会,可通过越来越多的现实数据和证据对研究进行测试和验证。最后,当前迫切需要深入了解使能技术与使能商业模式之间的关系,以及将其转化为市场成果的实现策略(Magretta,2002 年;Veit 等,2014 年)。

注　释

① 使用谷歌学术搜索(Google Scholar)的高级搜索功能进行检索,并通过 IEEE Xplore 进行交叉检查。

② 文中示意图稍作改动后,也可应用于当代和新一代无线通信。

参考文献

Afuah, Allan. 2018. *Business model innovation: Concepts, analysis, and cases.* 2nd ed. New York: Routledge.

Agrawal, Ajay, Joshua Gans, and Avi Goldfarb, eds. 2019. *The economics of artificial intelligence: An agenda.* Chicago, IL: The University of Chicago Press.

Ahokangas, Petri, Marja Matinmikko – Blue, Seppo Yrjölä, Veikko Seppänen, Heikki Hämmäinen, Risto Jurva, and Matti Latva – aho. 2019. "Business models for local 5G micro operators." *IEEE Transactions on Cognitive Communications and Networking* 5, no. 3:730 – 740.

Anderson, Philip, and Michael L. Tushman. 1990. "Technological discontinuities and domi – nant designs: A cyclical model of technological change." *Administrative Science Quarterly* 35, no. 4:604 – 633.

Arthur, W. Brian. 2007. "The structure of invention." *Research Policy* 36, no. 2:274 – 287.

Baldwin, Carliss Y., and Kim B. Clark. 2006. "Modularity in the design of complex engineer – ing systems." In *Complex engineered systems: Science meets technology*, edited by Dan Braha, Ali A. Minai, and Yaneer Bar – Yam, 175 – 205. New York: Springer.

Biddle, C. Bradford. 2017. "No standard for standards: Understanding the ICT standards – development ecosystem." In *The Cambridge handbook of technical standardization law: Competition, antitrust, and patents, Cambridge Law Handbooks*, edited by Jorge L. Contreras, 17 – 28. Cambridge, UK: Cambridge University Press.

Blank, Steve. 2013. "Why the lean start – up changes everything." *Harvard Business Review* 9, no. 5:63 – 72.

Bosch, Patrick, Tom De Schepper, Ensar Zeljkovič, Jeroen Famaey, and Steven Latré. 2020. "Orchestration of heterogeneous wireless networks: State of the art and remaining chal – lenges." *Computer Communications* 149, January:62 – 77.

Brodsky, Paul. 2020. Carriers down to 465 billion minutes in 2018. (accessed June 13, 2020).

Camponovo, Giovanni, and Yves Pigneur. 2003. "Business model analysis applied to mobile business." In *Proceedings of the 5th International Conference on Enterprise Information Systems (ICEIS)*, April 23 – 26, 2003, Angers, France.

Cheung, Joseph C. S., Mark A. Beach, and Joseph P. McGeehan. 1994. "Network planning for third – generation mobile radio systems." *IEEE Communications Magazine* 32, no. 11:54 – 59.

Clark, David D. 2018. *Designing an internet.* Cambridge, MA: The MIT Press.

Conroy, Victoria, and John Hill. 2009. Italy: The powerhouse of prepaid. (accessed June 13, 2020).

Cooperson, Dana. 2018. Huawei overtakes Ericsson to lead the USD69 billion telecoms soft – ware market in 2017. (accessed June 13, 2020).

Cusumano, Michael A., David B. Yoffie, and Annabelle Gawer. 2020. "The future of plat‐forms." *MIT Sloan Management Review* 61, no. 3:46–54.

Dang, Shuping, Osama Amin, Basem Shihada, and Mohamed‐Slim Alouini. 2020. "What should 6G be?" *Nature Electronics* 3, no. 1:20–29.

David, Klaus, Jaafar Elmirghani, Harald Haas, and Xiao‐Hu You, eds. 2019. "Defining 6G: Challenges and opportunities [special issue]." *IEEE Vehicular Technology Magazine* 41, no. 3:14–16.

Dhar, Subhankar and Upkar Varshney. 2011. "Challenges and business models for mobile location‐based services and advertising." *Communications of the ACM* 54, no. 5:121–129.

Dohler, Mischa. 2018. "The future and challenges of communications‐Toward a world where 5G enables synchronized reality and an internet of skills." *Internet Technology Letters* 1, no. 2: e33. doi:10.1002/itl2.33.

Facebook Investor Relations. 2014. Facebook to acquire WhatsApp. (accessed June 13, 2020).

Facebook Investor Relations. January 30, 2020. Facebook 2019 annual report (Form 10‐K). *SEC Filings Details*. (accessed June 13, 2020).

Giordani, Marco, Michele Polese, Marco Mezzavilla, Sundeep Rangan, and Michele Zorzi. 2020. "Toward 6G networks: Use cases and technologies." *IEEE Communications Magazine* 58, no. 3, 55–61.

Glisic, Savo G. 2016. *Advanced wireless networks: Technology and business models*. 3rd ed. Chichester, UK: John Wiley & Sons.

Greenstein, Shane. 1998. "Industrial economics and strategy: Computing platforms." *IEEE Micro* 18, no. 3:43–53.

GSMA. 2020. 2019 saw 5G become a commercial reality‐2020 will take it to the mass mar‐ket. (accessed June 13, 2020).

Hanafizadeh, Payam, Parastou Hatami, and Erik Bohlin. 2019. "Business models of Internet service providers." *Netnomics* 20, no. 1:55–99.

Huurdeman, Anton A. 2003. *The worldwide history of telecommunications*. Hoboken, NJ: John Wiley & Sons.

Jansen, Bernard J., and Tracy Mullen. 2008. "Sponsored search: An overview of the concept, history, and technology." *International Journal of Electronic Business* 6, no. 2:114–131.

Kudritskiy, Iaroslav. 2019. What is WhatsApp Business? (accessed June 13, 2020).

Layton, Roslyn. 2014. "The prepaid mobile market in Africa." In *The African mobile story*, edited by Knud Erik Skouby and Idongesit Williams, 51–78. Aalborg, Denmark: River Publishers.

Lee, Cyrus. 2012. Huawei surpasses Ericsson as world's largest telecom equipment vendor. (accessed June 13, 2020).

Li, Feng, and Jason Whalley. 2002. "Deconstruction of the telecommunications industry: From value chains to value networks." *Telecommunications Policy* 26, no. 9–10:451–472.

Li, Feng. 2020. "The digital transformation of business models in the creative industries: A holistic framework and emerging trends." *Technovation* 92 – 93,102012:1 – 10.

MacKenzie, Allen B., and Luiz A. DaSilva. 2006. *Game theory for wireless engineers*. San Rafael, CA: Morgan & Claypool.

Magretta, Joan. 2002. "Why business models matter." *Harvard Business Review* 80, no. 5:86 – 92.

Molisch, Andreas F. 2011. *Wireless communications*. 2nd ed. Chichester, UK: John Wiley & Sons.

Murphy, Hannah. March 27,2019. "How Facebook could target ads in age of encryption." *Financial Times*.

Mzyece, Mjumo. 2001. "Wireless application protocol(WAP)." *IEEE Vehicular Technology Society News* 48, no. 2:7 – 12.

Osterwalder, Alexander, and Yves Pigneur. 2010. *Business model generation: A handbook for visionaries, game changers, and challengers*. Hoboken, NJ: Wiley.

Ovans, Andrea. 2015. "What is a business model? [digital article]." *Harvard Business Review*, 23, 1 – 7.

OED Online. 2020 *Oxford english dictionary*. Oxford: Oxford University Press.

Rappaport, Theodore S., Yunchou Xing, Ojas Kanhere, Shihao Ju, Arjuna Madanayake, Soumyajit Mandal, Ahmed Alkhateeb, and Georgios C. Trichopoulos. 2019. "Wireless communications and applications above 100 GHz: Opportunities and challenges for 6G and beyond." *IEEE Access* 7, 78729 – 78757.

Scillitoe, Joanne L. 2013. "Technology S – curve." In *Encyclopedia of management theory*, edited by Eric H. Kessler, 846 – 849. Thousand Oaks, CA: SAGE Publications.

Skog, Daniel A., Henrik Wimelius, and Johan Sandberg. 2018. "Digital disruption." *Business & Information Systems Engineering* 60, no. 5:431 – 437.

Taran, Yariv, Christian Nielsen, Marco Montemari, Peter Thomsen, and Francesco Paolone. 2016. "Business model configurations: A five – V framework to map out potential innova – tion routes." *European Journal of Innovation Management* 19, no. 4:492 – 527.

Teece, David J. 2010. "Business models, business strategy and innovation." *Long Range Planning* 43, no. 1 – 2:172 – 194.

Teece, David J. 2018. "Profiting from innovation in the digital economy: Enabling technologies, standards, and licensing models in the wireless world." *Research Policy* 47, no. 8:1367 – 1387

Temple, Stephen. 2010. *Inside the mobile revolution: A political history of GSM*. Self – published e – book. (accessed June 13,2020).

Veit, Daniel, Eric Clemons, Alexander Benlian, Peter Buxmann, Thomas Hess, Dennis Kundisch, Jan Marco Leimeister, Peter Loos, and Martin Spann. 2014. "Business models: An information systems research agenda." *Business & Information Systems Engineering* 6, no. 1:45 – 53.

Verhoef, Peter C., and Tammo H. A. Bijmolt. 2019. "Marketing perspectives on digital busi – ness models: A framework and overview of the special issue." *International Journal of Research in*

Marketing 36, no. 3:341–349.

von Hippel, Eric. 2017. *Free innovation*. Cambridge, MA: MIT Press.

Wang, Cheng-Xiang, Marco Di Renzo, Slawomir Stanczak, Sen Wang, and Erik G. Larsson. 2020. "Artificial intelligence enabled wireless networking for 5G and beyond: Recent advances and future challenges." *IEEE Wireless Communications* 27, no. 1:16–23.

Yaghoubi, Forough, Mozhgan Mahloo, Lena Wosinska, Paolo Monti, Fabricio de Souza Farias, Joao Crisstomo Weyl Albuquerque Costa, and Jiajia Chen. 2018. "A techno-economic framework for 5G transport networks." *IEEE Wireless Communications* 25, no. 5:56–63.

Yuan, Yifei, Yajun Zhao, Baiqing Zong, and Sergio Parolari. 2020. "Potential key technologies for 6G mobile communications." *Science China Information Sciences* 63, no. 183301:1–19. doi:10.1007/s11432-019-2789-y.

第3章

万物互联的使能技术

M. 雷兹瓦努尔·马哈茂德(M. Rezwanul Mahmood)
穆罕默德·阿卜杜勒·马丁(Mohammad Abdul Matin)

3.1 引　言

　　无处不在的普适计算、嵌入式设备、通信技术、传感器网络、互联网协议等构成了 IoT 基础(Al-Fuqaha 等,2015)。随着 M2M、认知无线电(cognitive radio,CR)和 IPv6 等协议的出现,在传感器、射频识别(radio frequency identification,RFID)标签等低成本、低功耗设备的配套辅助下,形成了一套经济型的网络。正如 Rawa 等(2016 年)所强调,预计在不久的将来,移动设备和 M2M 连接的数量将达到数十亿级。因此,目前存在大量关于物联网设备之间关于安全、不间断连接等方面的研究。人们试图通过扩展物联网的概念来探索其潜力,由此产生了万物互联(internet of everything,IoE)这一概念。物联网考虑的是"物与物"或设备与设备之间的连接,而 IoE 则在人、设备、数据和进程等要素之间创建互联(de Matos 等,2017 年)。图 3.1 展示了由这些要素构成的 IoE 环境,图中标示出人与人(people-to-people,P2P)、人与机器(people-to-machine,P2M)及机器与机器(machine-to-machine,M2M)之间连接的方式(Miraz 等,2015 年)。

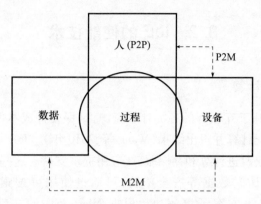

图3.1　IoE构成要素及其相互作用

在IoE网络中,人们通过社交网络和智能手机、智能电视、计算机和可穿戴设备等实现连接。因此,人构成了IoE系统的一部分,并充当生成和接收信息的节点。设备在IoE领域的概念与其在物联网中的概念相似,不仅可以生成数据,还可以根据IoE系统的决策提供服务。生成的数据将从原始形式转换为有用信息,以便进行更高级别的分析,从而为终端用户提供更好的服务。过程要素负责确保IoE各构成要素之间的适当互联,并利用处理后的数据进行决策,将准确信息传递给终端用户/设备。

物联网帮助家庭、行业、医疗保健服务、智能电网成功构建了有效的自动化系统,并为开发创新应用提供了机会。在IoE的辅助下,这些应用将更加智能,也将提供更多便利,通过探索低功耗广域网(low power wide area network,LPWAN)等协议(Kim和Kim,2017年;Palattella、Accettura,2018年),并在全球范围内扩展互联网连接,从而将远程设备连接到互联网,有效实现IoE。云计算、边缘计算和机器学习等范式将有助于存储和分析数据,从而在短时间内进行决策。

本章介绍了IoE的使能范式,并重点阐述了这些使能技术的最新进展。此外,本章还介绍了医疗保健、电力行业、教育系统和智能环境等应用领域的进展,展现了IoE在这些应用领域的实施效果。本章还阐述了发展中国家IoE的成果和现状。

本章其余内容安排如下:3.2节介绍了IoE潜在使能技术。3.3节讨论了IoE领域至关重要的数据管理和安全。3.4节阐述了基于策略管理可提供IoE系统保护的安全解决方案。3.5节概述了IoE的应用情况。IoE帮助发展中国家人民改善生活方式,因此需要在这些国家实现IoE,具体参见3.6节。3.7节为结论部分。

3.2 IoE 的使能技术

3.2.1 云计算

云计算提供基于互联网的各类计算资源,确保硬件成本低、设备独立以及无论何时何地都能计算并得出结果(Wang 等,2010 年)。IoE 与云计算相结合,可为开发人员轻松改进计算和存储服务/应用提供支持。这些系统中存在数据隐私泄露或非法访问数据等安全威胁,可通过使用可搜索加密(searchable encryption,SE)解决方案予以解决。根据 Miao 等人的文献分析(Miao 等,2019 年),目前需制定一套数据共享框架,最大限度减少错误结果的返回次数,并支持动态更新、公平仲裁和多归属设置。

信息物理系统(cyber-physical system,CPS)通过改进遥感、物联网、云计算等,可创建智能人工系统,但遥感器的存储空间和计算资源较为有限。云计算系统可作为一种潜在解决方案,提高系统框架的适应性,或监测数据(Kaur 等,2020 年)。

3.2.2 雾计算

雾计算将终端用户与距离较远的云数据站相连(Bonomi 等,2012 年),旨在减少业务部署延迟,支持迁移率提升,以及需感知物联网位置的应用。网络边缘异构数据的递增使数据量增加,导致数据传输到云端和业务接收产生延迟(Kazmi 等,2016 年)。在此情况下,雾计算作为云计算的扩展,确保以更快速度交付服务。

云计算、雾计算和 IoE 的融合将为技术更新和改进以及创新创造机会,同时增加了系统的复杂性。该类系统可由雾编排器进行管理,后者可用于协调在 IoE 和云计算之间提供的服务。Velasquez 等(2018 年)研究了不同雾编排器架构及相关问题,以改进雾编排器。Baccarelli 等(2017 年)提出的另一种新范式,即雾化万物(fog of everything,FoE),阐述了 FoE 的协议和要素,并对支持 FoE 系统的原型进行了模拟。Naranjo 等研究了支持雾计算的智能城市网络,并阐明了网络解决方案的能效和低延迟(Naranjo 等,2019 年)。支持雾计算的 IoE 网络也会受到网络拥塞的影响,最后导致服务交付延迟。Nath 等(2017 年)提出了通过优化路由算法最大限度地避免网络拥塞问题的方法。

3.2.3 边缘计算

由于大量数据在网络边缘产生,在网络边缘进行云计算十分具有挑战性。为提高计算效率,Shi 等引入了边缘计算的概念(Shi 等,2016 年)。边缘计算与雾计算相似,但边缘计算适用于设备,而雾计算则适用于系统基础设施(Cao 等,2018 年)。利用边缘计算,可将有限数量的数据从位于网络边缘的设备传输到云端,从而降低系统复杂性。此外,用边缘计算代替部分云计算,可省更多无线网络资源。若设备生成的数据量较大,那么将数据直接从终端设备上传到云端会占用更多带宽。边缘计算可以在数据上传到云端之前对其进行处理,从而可以减少传输带宽以及保护用户和数据隐私。

3.2.4 机器到机器

在现实中,可借助物联网和自动化 M2M(Balfour,2015 年)技术实现 IoE。Balfour(2015 年)提出需制定一套针对 IoE 的全球标准,即 oneM2M 标准。oneM2M 可在任何网络传输架构上运行,因此允许全球 M2M 设备通过端到端网络进行连接。软件定义网络边界(software-defined network perimeter,SDP)技术可兼顾 M2M 的安全问题。

根据文献研究(Balfour,2015 年),由 Balfour Technologies 公司开发的 fourDscape 架构有助于实行 oneM2M 和 SDP 技术(因为两者在概念上相似),提供资源寻址与识别、数据管理与存储库、网络服务和安全等 M2M 通用业务。作者介绍了相关要素,并阐明了相关要素如何为 oneM2M 提供支持。

3.2.5 机器学习

支持 IoE 的设备会产生大量数据,因此需有效管理并处理这些数据,才能提供所需服务。机器学习技术能够处理多维数据,提升 IoE 应用和设备性能(AlSuwaidan,2019 年)。Mahdavinejad 等(2018 年)基于数据处理任务,讨论了多种机器学习技术,如 k 近邻、支持向量机、线性回归和 K 均值聚类算法等。在医疗保健和智能电网等应用领域,需根据数据处理需求来选择相应的机器学习技术。文献研究(Sianaki 等,2018 年)表明,在医疗系统研究中,支持向量机、逻辑回归和随机森林等方法的应用最为广泛。在抑郁和焦虑等健康问题研究中,逻辑回归方法较为常用。另外,在智能电网数据分析中,需利用机器学习模型来预测发电量和耗电量。然而,借助机器学习模型进行计算可能存在数据泄露风险,但可通过随机化技术减小这种数据泄露风险(Cimato、Damiani,2018 年)。

3.3　IoE 领域的数据管理和安全

如上所述，IoE 设备会在短时间内产生大量数据。因此，需以安全、有效的方式管理 IoE 系统不同要素之间的数据交换。文献研究（Abu-Elkheir 等，2013 年）表明，以数据为中心和以源为中心的方法，可有效积累并处理从各种来源收集到的不同类型的数据。Charmonman 和 Mongkhonvanit（2015 年）针对 IoE 设备生成数据的隐私和安全问题提出了一些观点。

本节对部分数据共享框架和管理模型的最新研究进行了综述。Pena 等（2015 年）从云架构、安全、认知等方面，提出了一套以大数据为中心的框架，为支持安全认知交互的架构提供了重要支撑。AlSuwaidan（2019 年）提出了一个数据驱动的管理模型，该模型由数据源层、主数据管理层和顶层数据管理服务层组成。数据源层由人、机器、文档等数据源组成。主数据管理层包括数据清理、数据处理、数据保密、数据集成等，而顶层数据管理服务层由安全性、完整性、联邦和云服务组成。作者在文献中介绍了模型各要素的功能。基于可搜索加密方案的数据共享框架（Miao 等，2019 年）可确保在数据共享和安全方面免受关键字猜测等攻击。研究人员重点关注数据保护的加密方案，传统加密方案依赖于数学计算，限制了数据保护的效率，但是相比传统加密技术，量子加密技术能更有效地保护数据（Pradeep 等，2019 年）。

3.4　IoE 的系统管理和保护

为了给用户提供智能化服务，智能手机、联网汽车、家用电器等各类设备均配备了复杂的计算能力。这就需要在支持 IoE 的设备之间进行通信，以便提供有效服务。Schatten 等（2016 年）指出，可将软件系统视为智能体或多智能体系统。随着 IoE 设备的增加，将大规模引入多智能体系统（multiagent systems，MAS），因此，必须有效管理这类系统。Schatten 等（2016 年）回顾了大型多智能体系统（large-scale multiagent system，LSMAS）的各种组织设计方法，并针对用于改进系统的组织设计方案本体论方法提出了建议。智能体之间自发交互，几乎无须人为干预，因此需对通信可靠性进行评估。Kuada（2018 年）提出了一种针对 IoE 系统的信任管理系统，允许设备计算信任值，并基于 IoE 应用做出决策。在用户可以干预服务接收的 IoE 系统中，身份验证技术有助于确保用户和系统之间通信安全。因此，无线认证密钥一直是研究人员的重点关注方向。

Komar 等（2016 年）介绍了一种包含无线认证密钥方案的系统。该系统使用 NFC 标签代替电池来降低成本，并采用加密方案避免在 NFC 标签侧进行计算，从而确保数据安全。根据 Kim 等（2020 年）分析，系统中的低性能设备可能受到网络威胁的影响。为监测此类设备在工业 IoE 环境中的行为，研究人员提出了一种基于自动编码器的异常检测方法（Kim 等，2020 年）。

3.5 IoE 的应用

本节总结了医疗保健、电力系统、教育和智能环境等应用领域的最新研究，阐述了在上述领域引入 IoE 的成果。

3.5.1 医疗

在提供医疗保健服务的过程中，接入互联网的健康监测设备发挥着重要作用。支持 IoE 的可穿戴医疗设备和应用程序可提供经济、高效的医疗服务，为患者就医提供便利。患者在医院或家中接受药物治疗时均可使用这类设备（Mele、Russo–Spena，2019 年）。例如，糖尿病患者可借助这类设备，将生命体征信息发送至医疗保健中心进行分析（Ismail，2017 年），再根据分析数据获得所需医疗帮助。为实现这一目标，需收集来自不同传感器设备的数据，对数据进行预处理以减少数据量，将预处理后的数据传输到存储设备（Honan 等，2016 年），随后对数据进行处理，并基于数据向患者提供相应服务。不过，此类操作极难执行。因此，云平台（例如 HEAL 和 CoCaMAAL）可作为中介，减少该过程的复杂程度（Manashty、Thompson 2017 年）。基于协作服务的健康服务总线可将医疗设备、应用程序和系统集成到企业服务总线（Meridou 等，2015）的范式中，由健康相关社交网络将数据传输至相关个人，从而提供更优质的远程医疗服务（Meridou 等，2017 年）。

3.5.2 电力

在智能电网中，可利用可再生能源和不可再生能源发电。机器学习可作为物联网和 IoE 的使能技术，在出现任何故障时管理电网系统。随着太阳能光伏和风能等可再生能源发电量日趋增加，人们可利用机器学习来预测这些能源的发电量。此外，机器学习还可监测电量消耗，优化发电系统的整体性能（Sianaki 等，2018 年）。先进计量基础设施（advanced metering infrastructure，AMI）允许用户智能电表与公用事业办公室之间进行双向通信，从而轻松传输耗电量、计费等相关信息(Desai 等,2019 年)。Aruna 和 Venkataswamy(2018 年)的研究表明,远程控制和监控太阳能光伏板等电源的发电量有助于更好地利用太阳能及其产生的电能。

3.5.3 教育系统

通过研究 IoE 构成要素(人、物、过程和数据),可创建智能教育系统,以便改进教学方法、行政管理、研究设施、图书馆资源等。研究人员提出了一些智能教育环境相关方案,以便在真实和虚拟课堂里提供优质教育、评估课程、记录所有学术和行政数据以及监测机构电力消耗和卫生状况等,例如:应用于大学的教育信息物理系统(educational cyber-physical systems, ECP)(Bachir, Abenia, 2019 年)、支持 IoE 的智能嵌入式系统(IoE-enabled smart embedded system, IoE-SES)(Rathod 等,2020 年)以及使用深度学习技术、基于 IoE 的教育模型(Ahad 等,2018 年)。

3.5.4 智能环境

在智能家居方面,人们可借助远程或自动控制设备来使用家用电器,从而改善生活方式(Feng 等,2017 年)。边缘计算具有减少网络负载、降低服务响应时间和防止数据遭受外部威胁等优势,很可能成为实现智能家居系统的使能技术之一(Cao 等,2017 年)。家居操作系统可将 IoE 家居设备与云端、人、开发人员连接起来,传输和分析数据、请求和接收服务以及为系统开发提供接口,从而确保对智能设备、数据和服务进行安全管理(Cao 等,2017 年)。

在发生环境危害、事故和犯罪等紧急情况下,可利用 IoE 网络确保公共安全。此外,利用具有成本效益的智能 IoE 网络,对博物馆和文化遗产等场所提供保护同样至关重要。文献研究(Garzia、Sant'Andrea,2016 年;Gambetti 等,2017 年)利用遗传算法(genetic algorithm, GA)为意大利圣彼得大教堂、圣弗朗西斯修道院和福利亚诺雷迪普利亚一战纪念馆创建了集成安全系统。利用这类系统,可确保游客的安全,为残疾人士提供无障碍环境,同时保障场所安全。

3.6 万物互联在发展中国家的实现

在发达国家,IoE 被视为由支持互联网的设备(Gubbi 等,2013 年)和一系列城市管理维护工具(Majeed,2017 年)组成的系统。而在发展中国家,随着经济条件的改善和投资的增加,IoE 有望改善人们的生活方式(Majeed,2017 年)。

加快发展信息和通信技术(information and communication technology，ICT)，可激发 IoE 在经济体中的发展潜力，从而从多个方面推动国家加速发展。例如，可利用基于 IoE 的技术改善中国空气质量，帮助非洲地区找到洁净水。

Adewale 等(2019 年)调查了尼日利亚实现 IoE 潜力的概况。调查结果表明，大多数居民都知道 IoE 的概念，但约 41% 的受访者认为不可能实施 IoE。调查还发现了通信业务技术层面存在问题，若要实施 IoE，就需解决安全和用户隐私等问题。

设备与设备之间的安全互联和互操作性是一大难题。文献研究针对发展中国家和地区提出了一种采用自举法的设备配置方法(Majeed，2017 年)。该方法可保障设备的安全性，杜绝利用低保护级别网络中的数据。

3.7 小　　结

IoE 将人、数据、进程和设备相连接，拓展了以前只能处理设备间通信的物联网，并创造了一个智能世界。IoE 不仅可处理设备发送的数据，还可处理人类发送的数据，因为人类也是该网络的一部分。云计算和雾计算等技术提高了计算速度和安全性，并有望扩大服务范围。IoE 有利于推动医疗保健、教育和智能家居等系统的发展。本章探讨了有关使能技术、数据管理和安全、系统管理和应用的最新研究，总结了在发展中国家实施 IoE 的可能性。考虑到 IoE 系统的互操作性、可扩展性和安全性，IoE 服务的应用有望帮助改善人类的生活方式并推动国家的发展。

参考文献

Abu – Elkheir, M., M. Hayajneh, and N. A. Ali. 2013. "Data management for the Internet of Things：Design primitives and solution." Sensors 13(11)：15582 – 15612.

Adewale, A. A., A. S. Ibidunni, A. A. Atayero, S. N. John, O. Okesola, and R. R. Ominiabohs. 2019. "Nigeria's preparedness for Internet of Everything：A survey dataset from the work – force population." Data in Brief 23, 103807.

Ahad, M. A., G. Tripathi, and P. Agarwal. 2018. "Learning analytics for IoE based educational model using deep learning techniques：Architecture, challenges and applications." Smart Learning Environments 5(1)：1 – 16.

Al – Fuqaha, A., M. Guizani, M. Mohammadi, M. Aledhari, and M. Ayyash. 2015. "Internet of things：A survey on enabling technologies, protocols, and applications." IEEE Communications

Surveys & Tutorials 17(4):2347 – 2376.

AlSuwaidan, L. 2019. "Data management model for Internet of Everything." International Conference on Mobile Web and Intelligent Information Systems. Istanbul.

Aruna, S., and R. Venkataswamy. 2018. "Academic workbench for streetlight powered by solar PV system using Internet of Everything(IoE)." 2018 International Conference on Communication, Computing and Internet of Things(IC3IoT), Chennai.

Baccarelli, E., P. G. V. Naranjo, M. Scarpiniti, M. Shojafar, and J. H. Abawajy. 2017. "Fog of everything: Energy – efficient networked computing architectures, research challenges, and a case study." IEEE Access 5:9882 – 9910.

Bachir, S., and A. Abenia. 2019. "Internet of Everything and educational cyber physical sys – tems for University 4.0." International Conference on Computational Collective Intelligence, Hendaye.

Balfour, R. E. 2015. "Building the 'Internet of Everything' (IoE) for first responders." 2015 Long Island Systems, Applications and Technology, New York.

Bonomi, F., R. Milito, J. Zhu, and S. Addepalli. 2012. "Fog computing and its role in the Internet of Things." Proceedings of the First Edition of the MCC Workshop on Mobile Cloud Computing, Helsinki, Finland, 13 – 16.

Cao, J., L. Xu, R. Abdallah, and W. Shi. 2017. "EdgeOS_H: A home operating system for Internet of Everything." 2017 IEEE 37th International Conference on Distributed Computing Systems (ICDCS), Atlanta.

Cao, J., Q. Zhang, and W. Shi. 2018. "Introduction." Chap. 1 in Edge Computing: A Primer, 1 – 8. Springer, Cham.

Charmonman, S., and P. Mongkhonvanit. 2015. "Special consideration for Big Data in IoE or Internet of Everything." 2015 13th International Conference on ICT and Knowledge Engineering(ICT & Knowledge Engineering 2015), Bangkok.

Cimato, S., and E. Damiani. 2018. "Some ideas on privacy – Aware data analytics in the Internet – of – Everything." In From Database to Cyber Security, edited by P. Samarati, I. Ray, and I. Ray, 113 – 124. Springer, Cham.

de Matos, E., L. A. Amaral, and F. Hessel. 2017. "Context – aware systems: technologies and challenges in Internet of Everything environments." In Beyond the Internet of Things, edited by J. M. Batalla, G. Mastorakis, C. X. Mavromoustakis, and E. Pallis, 1 – 25. Springer, Cham.

Desai, S., R. Alhadad, N. Chilamkurti, and A. Mahmood. 2019. "A survey of privacy preserv – ing schemes in IoE enabled Smart Grid Advanced Metering Infrastructure." Cluster Computing 22(1):43 – 69.

Feng, S., P. Setoodeh, and S. Haykin. 2017. "Smart Home: Cognitive interactive people – centric Internet of Things." IEEE Communications Magazine 55(2):34 – 39.

Gambetti, M., F. Garzia, F. J. V. Bonilla, et al. 2017. "The new communication network for an Internet of Everything based security/safety/general management/visitor's services for the Papal Basilica and Sacred Convent of Saint Francis in Assisi, Italy." 2017 International Carnahan Conference on Security Technology(ICCST), Madrid.

Garzia, F., and L. Sant'Andrea. 2016. "The Internet of Everything based integrated security system of the World War One Commemorative Museum of Fogliano Redipuglia in Italy." 2016 IEEE International Carnahan Conference on Security Technology(ICCST), Orlando.

Gubbi, J., R. Buyya, S. Marusic, and M. Palaniswami. 2013. "Internet of Things(IoT): A vision, architectural elements, and future directions." Future Generation Computer Systems 29(7): 1645 – 1660.

Honan, G., A. Page, O. Kocabas, T. Soyata, and B. Kantarci. 2016. "Internet – of – Everything oriented implementation of secure Digital Health(D – Health) systems." 2016 IEEE Symposium on Computers and Communication(ISCC), Messina.

Ismail, S. F. 2017. "IOE solution for a diabetic patient monitoring." 2017 8th International Conference on Information Technology(ICIT), Amman.

Kaur, M. J., S. Riaz, and A. Mushtaq. 2020. "Cyber – physical cloud computing systems and Internet of Everything." In Principles of Internet of Things(IoT) Ecosystem: Insight Paradigm, edited by Sheng – Lung Peng, Souvik Pal, and Lianfen Huang, 201 – 227. Springer, Cham.

Kazmi, A., Z. Jan, A. Zappa, and M. Serrano. 2016. "Overcoming the heterogeneity in the Internet of Things for Smart Cities." International Workshop on Interoperability and Open – source Solutions, Stuttgart, Germany, 20 – 35.

Kim, D. Y., and S. Kim. 2017. "Dual – channel medium access control of low power wide area networks considering traffic characteristics in IoE." Cluster Computing 20(3): 2375 – 2384.

Kim, S., W. Jo, and T. Shon. 2020. "APAD: Autoencoder – based payload anomaly detection for industrial IoE." Applied Soft Computing 88: 106017.

Komar, M., S. Edelev, and Y. Koucheryavy. 2016. "Handheld wireless authentication key and secure documents storage for the Internet of Everything." 2016 18th Conference of Open Innovations Association and Seminar on Information Security and Protection of Information Technology (FRUCT – ISPIT), St. Petersburg.

Kuada, E. 2018. "Trust modelling and management system for a hyper – connected World of Internet of Everything." 2018 IEEE 7th International Conference on Adaptive Science & Technology (ICAST), Accra.

Mahdavinejad, M. S., M. Rezvan, M. Barekatain, P. Adibi, P. Barnaghi, and A. P. Sheth. 2018. "Machine learning for Internet of Things data analysis: A survey." Digital Communi – cations and Networks 4(3): 161 – 175.

Majeed, A. 2017. "Developing countries and Internet – of – Everything(IoE)." 2017 IEEE 7th Annual Computing and Communication Workshop and Conference(CCWC), Las Vegas. Manashty, A., and J. L. Thompson. 2017. "Cloud platforms for IoE Healthcare context aware – ness and knowledge sharing." In Beyond the Internet of Things, edited by J. M. Batalla, G. Mastorakis, C. X. Mavromoustakis, and E. Pallis, 303 – 322. Springer, Cham.

Mele, C., and T. Russo – Spena. 2019. "Innovation in sociomaterial practices: The case of IoE in the healthcare ecosystem." In Handbook of Service Science, edited by P. P. Maglio, C. A. Kieliszewski, J. C. Spohrer, K. Lyons, L. Patrício, and Y. Sawatani. Springer, Cham.

Meridou, D., A. Kapsalis, P. Kasnesis, C. Patrikakis, I. Venieris, and D. T. Kaklamani. 2015. "An Event – driven Health Service Bus." Proceedings of the 5th EAI International Conference on Wireless Mobile Communication and Healthcare, London, 267 – 271.

Meridou, D. T., M. E. Ch. Papadopoulou, A. P. Kapsalis, et al. 2017. "Improving quality of life with the Internet of Everything." In Beyond the Internet of Things, edited by J. M. Batalla, G. Mastorakis, C. X. Mavromoustakis, and E. Pallis. New York: Springer International Publishing, 377 – 408.

Miao, Y., X. Liu, K. K. R. Choo, R. H. Deng, H. Wu, and H. Li. 2019. "Fair and dynamic data sharing framework in cloud – assisted Internet of Everything." IEEE Internet of Things Journal 6(4): 7201 – 7212.

Miraz, M. H., M. Ali, P. S. Excell, and R. Picking. 2015. "A review on Internet of Things (IoT), Internet of Everything (IoE) and Internet of Nano Things (IoNT)." 2015 Internet Technologies and Applications (ITA), Wrexham.

Naranjo, P. G. V., Z. Pooranian, M. Shojafar, M. Conti, and R. Buyya. 2019. "FOCAN: A Fog – supported smart city network architecture for management of applications in the Internet of Everything environments." Journal of Parallel and Distributed Computing 132: 274 – 283.

Nath, S., A. Seal, T. Banerjee, and S. K. Sarkar. 2017. "Optimization using swarm intelligence and dynamic graph partitioning in IoE infrastructure: Fog computing and cloud computing." International Conference on Computational Intelligence, Communications, and Business Analytics, Thessaloniki, Greece.

Palattella, M. R., and N. Accettura. 2018. "Enabling Internet of Everything everywhere: LPWAN with satellite backhaul." 2018 Global Information Infrastructure and Networking Symposium (GIIS), Thessaloniki.

Pena, P. A., D. Sarkar, and P. Maheshwari. 2015. "A big – data centric framework for smart systems in the world of Internet of Everything." 2015 International Conference on Computational Science and Computational Intelligence (CSCI), Las Vegas.

Pradeep, Ch. N., M. K. Rao, and B. S. Vikas. 2019. "Quantum cryptography protocols for IOE security: A perspective." International Conference on Advanced Informatics for Computing Research, Shimla.

Rathod, A., P. Ayare, R. Bobhate, R. Sachdeo, S. Sarode, and J. Malhotra. 2020. "IoE – enabled smart embedded system: An innovative way of learning." In Information and Communication

Technology for Sustainable Development, edited by M. Tuba, S. Akashe, and A. Joshi, 659 - 668. Springer, Singapore.

Rawat, P., K. D. Singh, and J. M. Bonnin. 2016. "Cognitive radio for M2M and Internet of Things: A survey." Computer Communications 94:1 - 29.

Schatten, M., J. Ševa, and I. Tomičić. 2016. "A roadmap for scalable agent organizations in the Internet of Everything." Journal of Systems and Software 115:31 - 41.

Shi, W., J. Cao, Q. Zhang, Y. Li, and L. Xu. 2016. "Edge computing: Vision and challenges." IEEE Internet of Things Journal 3(5):637 - 646.

Sianaki, O. A., A. Yousefi, A. R. Tabesh, and M. Mahdavi. 2018. "Internet of everything and machine learning applications: Issues and challenges." 2018 32nd International Conference on Advanced Information Networking and Applications Workshops(WAINA), Krakow.

Velasquez, K., D. P. Abreu, M. R. M. Assis, et al. 2018. "Fog orchestration for the Internet of Everything: State - of - the - art and research challenges." Journal of Internet Services and Applications 9(1):14.

Wang, L., G. Von Laszewski, A. Younge, et al. 2010. "Cloud computing: A perspective study." New Generation Computing 28(2):137 - 146.

第 4 章

VL-NOMA 通信系统中的功率分配技术

C. E. 恩格内斯(C. E. Ngene)
普拉巴特·塔库尔(Prabhat Thakur)
甘希亚姆·辛格(Ghanshyam Singh)

4.1 引　言

随着智能手机与其他连接设备的数量呈指数级增长,对基于 RF 的高速无线数据和信息传输技术的需求正接近限值,预计无线数据流量将迅速增长。据思科发布的 2017—2022 年《视觉网络指数》(visual networking index, VNI)报告预测,2022 年,全球每月移动数据流量已达到 77EB,每年的流量将接近 1ZB。因此,鉴于光纤互联网骨干网的速度、射频频谱的稀缺以及二者之间的信道容量差距,研究人员尝试寻找某种替代解决方案和频谱资源。可见光(visible light, VL)通信作为射频通信(主要用于室内环境中)的替代或补充技术,已开始逐渐受到关注。此外,随着微电子和纳米电子器件[如分别作为光源/检测器的发光二极管(light-emitting diodes, LED)/光电二极管(photodiodes, PD)]的发展,可见光技术可为高速无线通信(在波长范围 380~780nm 的可见光光谱中传输数据)提供支持,并可作为 IoT、5G/6G 通信、水下通信、车辆间(vehicle-to-vehicle, V2V)通信等各类应用场景的实用技术。使用光波信道进行数据传输时无需额外信号,还可提高能量效率。此外,可见光通信具有各种潜在特性(宽可用带宽、低功耗、免许可频谱、高保密性和抗电磁干扰等),使其成为下一代通信系统最具吸引力的天然频谱资源(Vega 等,2018 年)。具体而言,高效频谱通信是未来通信系统的主要目标。非正交多址接入(nonorthogonal multiple access,NOMA)通信技术是一种重要的高效频谱技术。近年来,研究人员基于射频/微波频谱对该技术进行了广泛研究。可见光通信和 NOMA 技术的开发过程催生了一个新的领域,即 VL - NOMA 通信系统。下文将介绍可见光通信、NOMA 和 VL - NOMA 技术相关研究。

4.2 相关研究

4.2.1 可见光通信

与射频通信技术不同,可见光通信技术提供了大量免许可光带宽(近太赫兹),可用于两种潜在用途,即通常使用自由空间介质进行传输的照明和通信。经证实,该技术的预处理和后处理数据速率在实验室环境中可高达数 Gb/s。鉴于可见光通信技术在室内通信系统中的应用不断发展,前景广泛,人们现已将其与固态照明技术相结合(Cole、Driscoll,2012 年;Pathak 等,2015 年)。该通信技术使用 LED 代替不同应用场景的射频源。不过,现有 LED 主要针对照明性能而设计,并未考虑通信场景。在实际运用中,现有 LED 的调制带宽是一大挑战任务。LED 可用于照明、通信和调节室内环境中的光强(Dimitrov、Haas,2015 年),由于其光强调制速率高,因此可避免闪烁(Kim 等,2016 年)。考虑到可见光通信在多个领域的应用,研究人员针对可见光通信独特的照明和通信特性对其进行研究。可见光属于免许可频谱,其数据速率高,因此可见光技术被列为未来无线网络的先进技术(Feng 等,2018 年)。Kim 等开展的一项研究考虑了光传输时的峰值强度,防止眼睛因经常被光线照射而造成视力受损,并研究了基于光强传输的信息通信,对比了功率控制通信系统中可见光与传统射频的潜在特性(Kim 等,2016 年)。此外,研究人员(Gong 等,2015 年;Kashef 等,2014 年;Shen - Cong 等,2016a;Shen - Hong 等,2016b)提出了可保持平均照明光强不变、同时允许用户根据需要调节的技术。随着可见光通信芯片逐渐小型化,无线接入成为照明设备的"附加业务"。凭借这一潜在特性和无可争议的性能,可见光技术被定位为一种无线接入附加应用,适用于基于射频的数据卸载解决方案。可见光通信可用于增强室内连通性,也可通过在下行链路场景中经济、高效地部署极其密集的室内网络来提高用户容量。此外,在安全要求严格的环境和恶劣环境中,不能应用射频或其应用部分受限时,可见光可作为一种极有吸引力的替代技术。许多注重健康的人也倾向于尽量减少 Wi-Fi 的使用,如政府会限制或甚至不允许在小学使用 Wi-Fi。因此,除了室内应用外,LED 也逐渐应用于户外、交通信号灯、汽车外部照明等领域,这为基于可见光的车辆间(vehicle-to-vehicle,V2V)通信和车与基础设施(vehicle-to-infrastructure,V2I)通信奠定了基础。此外,为满足车载网络所需的延迟、可靠性、可扩展性和容量需求,射频系统会受到较高程度的干扰,尤其是在拥挤环境中。因此,在智能交通系统(intelligent transportation system,ITS)领域中,可见光通信逐步得到广泛认可,有望取得重大突破。

4.2.2 NOMA 技术

NOMA 是一种新兴通信技术,在网络覆盖范围内,以相同的资源在同一时间、空间和频率上为多个用户服务。多位研究人员(Ding 等,2017 年;Higuchi、Benjebbour,2015 年;Islam 等,2017 年)提出,下一代通信系统对低延迟和超高数据速率有较高需求,而 NOMA 技术可满足所述需求。随着功率域多路复用接入(power domain multiplexing access,PDMA)技术和码域多路复用接入(code domain multiplexing access,CDMA)技术的发展,研究人员还探索了稀疏码多址接入(sparse code multiple access,SCMA)、图样分割多址接入和低密度扩频码分多址(Low-Density Spreading-CDMA,LDS-CDMA)技术等其他 NOMA 技术。然而,据文献报告(Islam 等,2017 年)显示,相比其他 NOMA 技术,有关 PDMA 技术的研究较多。PDMA 技术通过在接收机采用连续干扰消除法(successive interference cancellation,SIC)为发射机和接收机建立多用户传输和接收信道,改善多用户的接收效果,同时在发射机进行叠加编码(superposition coding,SC),在同一信道内实现多用户数据的瞬时传输。可见光通信中的正交频分复用(orthogonal frequency division multiplexing,OFDM)技术已被广泛应用于高数据速率的通信系统中。由于 NOMA 技术具有高频谱效率,能抵抗码间串扰(Yuichi 等,2001 年),其作为一种新的多址接入技术引起了许多研究人员的关注,该技术还可同时兼顾吞吐量和系统公平性(Kazmi 等,2018 年;Zhu 等,2019 年)。在运用 NOMA 进行的射频通信网络研究中,射频通信网络一直被当作适合未来网络运行的备选技术之一(Xu 等,2019 年;Yang 等,2019 年)。此外,经证实,NOMA 技术在覆盖和频谱效率方面的性能优于正交多址接入技术(orthogonal multiple access,OMA)(Wei 等,2016 年)。OMA 不能允许多个用户同时使用系统中的整个空间,而NOMA可通过发射机的"叠加编码"技术和接收机"连续干扰消除"技术实现这一功能。许多研究人员(Al-Imari等,2014年;Di等,2015年;Thakur、Singh,2019年)都曾研究过射频通信系统中NOMA的性能,提出了针对NOMA通信系统的功率分配和子信道分配技术,旨在使射频系统获得最佳输出总速率(相较于多载波系统)。Zhang等针对利用该网络功率性能的NOMA通信系统中的功率分配,总结了网络数据速率消耗的功率(Zhang等,2016年)。此外,NOMA被定义为功率域,并被推选为第五代无线通信系统的备选技术(Yang等,2019年)。Ding等研究发现,基于射频网络的NOMA在吞吐量方面获得了实质性提高(Ding等,2014年)。研究人员针对LTE系统中的3GPP(2015年)提出将NOMA用于下行链路场景,即多用户叠加传输。此外,NOMA还具有下一代移动通信系统中高效频谱多址接入(multiple-access,MA)系统的特点(Ding等,2014年;Selvam、Kumar,2019年;Sohail等,2018年)。NOMA可减少延迟,增加系统容量,这是5G移动通信系统中无线接入技术的特点之一(5G radio access,2014年;Proposed solutions for new radio access,2015年)。NOMA通信系统可将用户随机部署在蜂窝下行链路(Ding等,2014年),并可轻松同时处理功率域内多个用户,而OFDM则无法做到这一点(Timotheou、Krikidis,2015年)。Thakur等(2019年)提出了一种同时使用认知无线电和NOMA来提高频谱效率的框架,称为CR-NOMA(Thakur等,2019年);Thakur和Singh(2020年)提出了一种同时采用CR-NOMA与MIMO技术,以提高频谱效率的框架,并分析了在下行链路和上行链路场景中所述框架的性能(Thakur,Singh等,2020年)。

4.2.3　VL-NOMA通信系统

搭建NOMA通信系统,旨在容纳大量使用不同技术的用户,尤其是NOMA通信系统应用于高信噪比(signal-to-noise ratio,SNR)的可见光通信领域,以期获得更多性能增益(Timotheou、Krikidis,2015年)。在可见光通信下行链路系统中,NOMA通信技术可提高多用户的高速率吞吐量(Tao等,2019年)。与OMA、OFDMA和时分多址接入(TDMA)技术不同,在可见光通信系统中,NOMA可提高系统在实际情况下的吞吐量,特别是当多个用户使用传输信号时(Lin等,2019年;Zhao等,2018年)。NOMA可提高可见光通信系统有限的带宽效率,以获得更高效的带宽(Guo等,2019年;Rodoplu等,2020年)。在室内通信环境中,NOMA在可见光通信系统中的性能优于射频系统(Dai等,2015年)。利用可见光直接视距(direct line-of-sight,DLOS)通信,空闲空间可帮助用户在移动性较低的情况下,估计室内可见光通信网络信道中的精度。可见光通信信道中的精度估计有助于减少接收机电路发生连续干扰时产生的误差(Bawazir 等,2018 年;Marshoud 等,2016 年、2017 年)。研究人员从覆盖角度、速率等方面对 NOMA 在可见光通信系统中的性能进行了研究。Li 等通过在一个光学单元中设置双用户,发现 NOMA 中的数据速率比 OMA 的数据速率更高(Li 等,2020 年)。此外,研究人员还发现在通信系统中通过总速率正向可以调整 PD 视场和 LED 的半角(Tao 等,2018 年)。Kizilirmak 等通过 NOMA 照度对可见光通信网络中 NOMA 的性能进行了比较,并清晰阐明了其优点(Kizilirmak 等,2015 年)。Shahjalal 等(2019 年)对 VL – NOMA 通信系统中的多用户性能评估进行了初步研究(Shahjalal 等,2019 年)。

功率分配问题属于 VL – NOMA 通信系统中的潜在问题,可能影响系统性能。本章基于对用户公平性、解码顺序和整体可达数据速率之间的权衡,对该问题进行了研究,提出了几种基本的功率分配方案及其架构,并对这些方案进行了比较,以说明如何更有效地将其应用于特定通信系统。研究此等方案旨在解决可达高数据速率、用户公平性、总速率、更高频谱效率和 VL – NOMA 中终端用户体验等方面的问题。

4.3　问题描述及潜在贡献

可见光通信和 NOMA 系统的性能取决于分配给用户的功率。功率分配方法可从总速率、可达高数据速率、用户公平性、更高频谱效率、用户体验等方面提高系统性能,改善发送给终端用户的信号。因此,对各种功率分配机制及其利弊进行研究意义深远。

为此,本章概述了各种 VL – NOMA 通信系统功率分配方法,并讨论了下列技术方法:VL – NOMA 通信系统中的①传统功率分配法;②增益率功率分配法(gain ratio power allocation,GRPA);③逆向功率分配法;④自适应功率分配法(adaptive power allocation,APA);⑤联合功率分配法;⑥最优功率分配法。

4.4　VL – NOMA 通信系统的系统模型

图 4.1 通过由终端用户组成的照明系统,说明了所述系统模型的运行原理。以 LED 作为光接入点,将室内环境下的数据传输给终端用户。选用不同功

率分配法,将信号相应传输给不同用户。在该模型中,可见光通信系统中采用 NOMA 技术分别将信号重新分配给信号通路较弱和较强的用户。在灯光可到达的室内环境下,不同用户使用不同的电子设备,从不同角度接入信号。在发射端使用 PDMA,将终端用户已接收信号进行叠加,并根据可达位置将信号均匀分配给信号通路较弱和较强的用户。使用 SIC 法,在终端用户端接收并解码信号。在 NOMA 中,通过选用不同功率分配方案将功率分配给不同用户,确保各用户都能正确接收信号。研究显示,在 VL – NOMA 系统中选用不同功率分配方案,可改善信号的性能和强度。

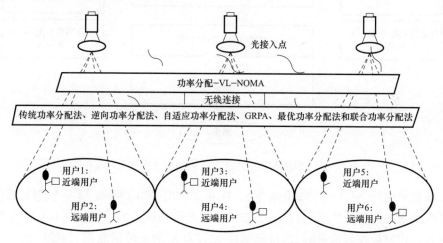

图 4.1　基于功率分配法改善 VL – NOMA 通信系统性能的光接入框架

这些功率分配法可通过以下方式改善 VL – NOMA 系统的性能:提高系统频谱效率、用户数据速率以及用户数据总速率,改善用户公平性,提升用户体验,扩大网络覆盖,便于多用户运行时接入。这些功率分配法在室内可见光通信环境中效果极佳,为电信业开辟了新的研究领域。为更好理解当前研究工作,本章附上了一张流程图,如图 4.2 所示。下文将分节讨论各功率分配法,提出论据和问题,并提供改善 VL – NOMA 系统性能的解决方案。

4.5　VL – NOMA 通信系统中采用解码顺序的功率分配法

传统功率分配法、逆向功率分配法和自适应功率分配法属于一类功率分配法,这些方法采用独特的信号解码方法,可提高系统在终端用户 VL – NOMA 通

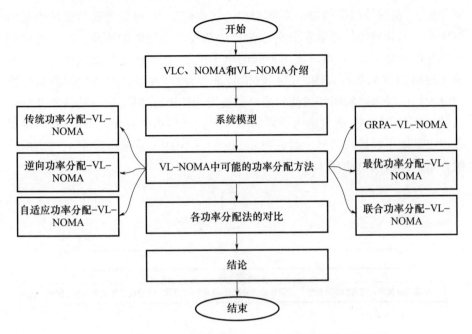

图 4.2　VL-NOMA 通信系统中不同功率分配方案的流程图

信场景中的性能(Dong 等,2019 年)。图 4.3 给出了用于解码 VL-NOMA 通信系统的功率分配系统架构,显示了如何通过解码系统中的信号来执行功率分配场景。用户接收到信号时,通过照明接入 LED 灯泡来传输数据,传输的数据会通过解码端(Dong 等,2019 年)。图 4.3 为某功率分配方案在 VL-NOMA 通信场景中进行信号解码的图解。LED(此处功能是用于照明)作为光载波,将信号传送给不同用户 M,以下行室内环境为例,将电信号转换为光信号,通过光强对发出的光进行调制,并发送数据。图 4.3 中采用单个发射机来叠加和传输多个信号,但有多个接收机通过连续干扰消除技术来解码各自已接收的信号(Dong 等,2019 年)。符号 R 表示最大蜂窝半径;H 表示 LED 到接收用户的垂直距离;P 表示各用户的功率分配;P_1、P_2、P_k、P_M 表示用户的功率分配编号;S_1、S_2、S_k、S_M 表示当前用户的信号编号;r_1、r_k、r_M 用于区分 LED 水平方向上的第 k 个用户($User_1 U_1$、$User_k U_k$、$User_M U_M$);f 表示信号频率;t 表示信号到达各用户所用的时间。该架构考虑朗伯辐射模式,即 LED 位于各用户处,用于接收具有视场(field of view,FOV)的信号,该信号用符号 ψ_{FOV} 表示。

第 4 章　VL－NOMA 通信系统中的功率分配技术

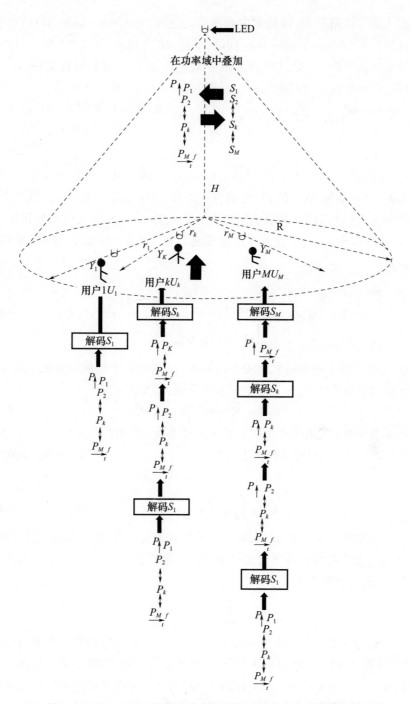

图 4.3　VL－NOMA 通信系统中解码信号的功率分配系统架构

由于信号通路较弱,该场景中观测到的视距(line - of - sight, LOS)分量大于漫反射分量(diffuse - reflection, DR)(单位 dB)(Chen 等,2017 年)。通过宽带可见光通信性质、阴影效应和视距信道计算第 k 个用户的直流(direct current, DC)信道增益。公式如下:

$$h_k \frac{(m+1)AR_p}{2\pi d_k^2} \cos^m \Phi_k \cos \Psi_k T_s(\Psi_k) g(\Psi_k) = \frac{AR_p(m+1)H^{m+1}T_s(\Psi_k)g(\Psi_k)}{2\pi(r_k^2+H^2)^{m+3/2}} \tag{4.1}$$

式中:m 为朗伯光源阶数,$m = -1/\log_2(\cos\phi_{1/2})$;其中,$\phi_{1/2}$ 为 LED 半角;A、R_p 和 d_k 分别表示 PD 的物理面积、PD 的响应率以及 LED 与用户 k 之间的欧氏距离;Φ_k 为用户 k 处的辐射角;Ψ_k 表示用户 k 处的入射角;$T_s\Psi_k$ 为接收机使用的光纤增益;H 为垂直高度;$g(\Psi_k)$ 为可视前端接收机。Kahn 和 Barry(1997 年)提出的公式如下:

$$g(\Psi_k) = \begin{cases} \dfrac{n^2}{\sin^2 \Psi_{\text{FOV}}} & (O \leq \varphi_k \leq \Psi_{\text{FOV}}) \\ O & (\varphi_k \geq \Psi_{\text{FOV}}) \end{cases} \tag{4.2}$$

式中:n 为接收机处使用的光集中器折射率,该情境中考虑使用直流信道增益,按升序指示符从 $U_1, U_2, \cdots, U_M$ 中选取每位用户,关系式如下:

$$h_1 \leq h_2 \leq \cdots \leq h_k \leq \cdots \leq H_M \tag{4.3}$$

图 4.3 阐述了发送端的 NOMA 原理,在功率域中使用信息 $\{s_i(i=1,2,\cdots,M)\}$,将其叠加到各用户的相对功率值,如 $\{P_i(i=1,2,\cdots,M)\}$,并依次传输,得到如下等式:

$$x = \sum_{i=1}^{M} a_i \sqrt{P_{\text{elec}} s_i} + I_{DC} \tag{4.4}$$

式中:x 为叠加到 $\{s_i(i=1,2,\cdots,M)\}$ 中的信号;P_{elec} 为所有电力的总信息信号;I_{DC} 表示传送前为确保正确传输信号采用的直流偏置;a_i 为第 i 个用户的功率分配系数,关系表达如下:

$$\sum_{i=1}^{M} a_i^2 = 1 \tag{4.5}$$

为有效约束总功率,该公式采用与式(4.3)相同的阶数。根据 Dong 等(2019 年)提出的传统 NOMA 基本原理,功率分配系数、其他相关参数和功率分配因数 α 表示为 $\alpha = a_i^2/a_{i-1}^2 (i=1,2,\cdots,M)$,其中,考虑到不同类型的功率分配法(如 GRPA 或固定功率分配法),i 可以是变量,也可以是常数。对于第 k 个用户,考虑系统中直流信道增益和加性高斯白噪声(additive white Gaussian noise, AWGN),去掉接收机处的直流项,得到接收信号,其等式如下:

$$y_k = \sqrt{P_{elec}} h_k \left(\sum_{i=1}^{M} a_i s_i \right) + z_k \tag{4.6}$$

式中:y_k 为第 k 个用户已接收到的信号;加性高斯白噪声的零均值为 σ_k^2;z_k 为方差;故 $\sigma_k^2 = N_0 B$,其中 N_0 为光谱功率密度噪声,B 为带宽信道。随后,为了在已接收信号中提取 s_k,在上述步骤后采用连续干扰消除法,确保获得第一用户的信号信息。将后面的信号视为噪声;因此从已接收信号中消除 s_1。对突出干扰部分 ε(Andrews、Meng,2003 年)和来自较强用户信道增益的信号信息进行处理,同时将第二个用户信道增益的信号信息作为噪声,求得信号信息(用 s_2 表示);最后,按前述方式依次求出 $s_3, \cdots, s_{k-1}, s_k$。根据第 k 个用户的可达数据速率来表示香农定理,简化后的等式为

$$R_k = \begin{cases} \dfrac{B}{2} \log_2 \left(1 + \dfrac{(h_k a_k)^2}{\sum_{i=1}^{k-1} \varepsilon (h_k a_k)^2 + \sum_{j=k+1}^{M} (h_k a_k)^2 + 1/p} \right) & (k = 1, 2, \cdots, M-1) \\ \dfrac{B}{2} \log_2 \left(1 + \dfrac{(h_k a_k)^2}{\sum_{i=1}^{k-1} \varepsilon (h_k a_k)^2 + 1/p} \right) & (k = M) \end{cases}$$

(4.7)

式中:$p = P_{elec}/(N_0 B)$;1/2 为信号限制实值得到的对称比例因子;ε 为残余干扰分数。

4.6 VL-NOMA 通信系统中的传统功率分配法

Dong 等(2019 年)研究表明,传统功率分配为信道较弱的用户提供高功率,以提高信号的数据速率。在该场景中,VL-NOMA 采用传统功率分配法来提高系统吞吐量。因此,通过整体可达数据速率,改善用户公平性。式(4.8)~式(4.14)可证明这一点。我们将传统功率分配法与逆向功率分配法相结合,更好地平衡了用户公平性与整体可达数据速率。因此,如图 4.4 和图 4.5 所示,就用户公平性和整体可达数据速率而言,利用解码顺序法对信号进行处理,得出两者之间的反比关系。

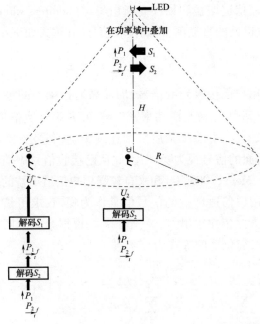

图 4.4　VL-NOMA 通信系统中传统功率分配法解码顺序架构

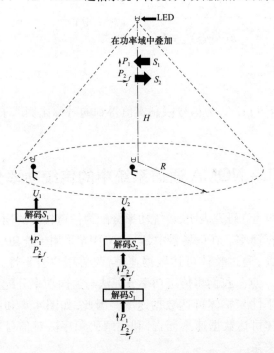

图 4.5　VL-NOMA 通信系统中逆向功率分配法解码顺序架构

4.7　VL–NOMA 通信系统中的逆向功率分配法

VL–NOMA 通信系统中逆向功率分配法解码顺序的架构如图 4.5 所示。从图 4.5 可以看出,在输入信息侧(发射端)向信道条件较差的用户分配较少功率、而在输出信息侧(接收端)向信道条件较差的用户采用解码顺序时,可建立逆向功率分配法(IPA)。信号的逆解码顺序与传统的信号解码顺序恰好相反(Dong 等,2019 年)。随后,采用类似公式,说明逆向功率分配法与传统功率分配法之间的差异。图 4.4 和图 4.5 通过两个用户来进行适当说明,其中 $M=2$。表达如下:

$$a_i \geqslant a_2, a_1^2 + a_2^2 = 1 \tag{4.8}$$

$$a_1' \leqslant a_2' \tag{4.9}$$

以及

$$a_1'^2 + a_2'^2 = 1 \tag{4.10}$$

式中: a_i 为功率分配系数; i 为逆向功率分配法和传统功率分配法情形下的用户,且 $i=1,2$。因此,可由式(4.8)和式(4.10)求出两种情形:

$$\begin{cases} a_1^2 = \dfrac{1}{1+\alpha} \\ a_2^2 = \dfrac{\alpha}{1+\alpha} \end{cases} \tag{4.11}$$

$$\begin{cases} a_1'^2 = \dfrac{\alpha}{1+\alpha} \\ a_2'^2 = \dfrac{1}{1+\alpha} \end{cases} \tag{4.12}$$

此外,假设功率分配因子 $\alpha < 1$,在典型的逆向功率分配情形下表示为 a_1^2/a_2^2 或 $a_1'^2/a_2'^2$。结合式(4.6)和式(4.10),两类用户整体可达数据速率相关的功率分配情形可表示为

$$\begin{aligned} R_{\text{total}} &= \frac{B}{2}\log_2\left(1 + \frac{(h_1 a_1)^2}{(h_1 a_1)^2 + 1/p}\right) + \frac{B}{2}\log_2\left(1 + \frac{(h_2 a_2)^2}{\varepsilon(h_2 a_2)^2 + 1/p}\right) \\ &= \frac{B}{2}\log_2\left[\left(1 + \frac{(h_1 a_1)^2}{(h_1 a_1)^2 + 1/p}\right)\left(1 + \frac{(h_2 a_2)^2}{\varepsilon(h_2 a_1)^2 + 1/p}\right)\right] \\ &= \frac{B}{2}\log_2\left[\left(1 + \frac{h_1^2}{h_1^2 \alpha + (\alpha+1)/p}\right)\left(1 + \frac{h_2^2 \alpha}{\varepsilon h_2^2 + (\alpha+1)/p}\right)\right] \end{aligned} \tag{4.13}$$

同样，两类用户整体可达数据速率相关逆向功率分配情形可表示为

$$R'_{\text{total}} = \frac{B}{2}\log_2\left(1 + \frac{(h_1 a'_1)^2}{\varepsilon(h_1 a'_2)^2 + 1/p}\right) + \frac{B}{2}\log_2\left(1 + \frac{(h_2 a'_2)^2}{(h_2 a'_1)^2 + 1/p}\right)$$

$$= \frac{B}{2}\log_2\left[\left(1 + \frac{(h_2 a'_2)^2}{(h_2 a'_1)^2 + 1/p}\right)\right]$$

$$= \frac{B}{2}\log_2\left[\left(1 + \frac{h_1^2 \alpha}{\varepsilon h_1^2 + (\alpha+1)/p}\right)\left(1 + \frac{h_2^2}{h_2^2 \alpha + (\alpha+1)/p}\right)\right] \quad (4.14)$$

4.8　VL-NOMA 通信系统中的自适应功率分配法

本节采用基于多属性决策（multiattribute decision making，MADM）的自适应功率分配法，使决策参数适用于整体用户公平性和可达数据速率。该方法可与传统功率分配法和逆向功率分配法结合使用，重点是要结合考虑功率分配因数、方法和最适合用户的位置变化（Dong 等，2019 年）。此外，$u \times v$ 为选择空间矩阵，u 表示候选系统数量，假设 $u = 2$，且假定 v 已被选为候选系统数量的功率分配因子。这一过程被称为第一标准差法，通过数学方法来解决多属性决策的方差问题（Wang，2003 年）。该方法适用于求解实际权重的各决策参数。因此，Xiao 和 Li（2018 年）采用逼近于理想解排序法——双基点法（technique for order preference by similarity to ideal solution，TOPSIS）对真实数据的最佳信息进行排序。该方法也可用于对候选数据选择的最佳排序组合进行排序。采用标准差法对每个实际权重进行参数决策，其公式如下（Dong 等，2019 年）：

首先，决策矩阵 C 表示为

$$C = \begin{pmatrix} C_{11} & C_{12} \\ C_{21} & C_{22} \\ \cdots & \cdots \\ \cdots & \cdots \\ C_{P1} & C_{P2} \end{pmatrix} \quad (4.15)$$

式中：P 为候选总数的组合，故 $P = u \times v$；特征 C_{k1} 和 C_{k2} 分别为取第 k 个候选组合时的整体可达数据速率和用户公平性。Lahby 等对公式进行了正则化处理，给定参数更加有效（Lahby 等，2014 年），公式如下：

$$C_{ki} = \frac{S_{ki} - \min(S_{xi})}{\max(S_{xi}) - \min(S_{xi})} \quad (1 \leq k \leq p; i = 1, 2) \quad (4.16)$$

式中：S_{ki} 为选择第 k 个候选组合时的整体可达数据速率的组合。根据式(4.13)和式(4.14)，选择第 k 个候选组合时的用户公平性 S_{k2} 可表示为

$$S_{k2} = \frac{\min(R_1|k, R_2|k)}{\max(R_1|k, R_2|k)}$$

$$= \begin{cases} \dfrac{\min\left(\dfrac{B}{2}\log_2\left(1+\dfrac{h_1^2}{h_1^2\alpha+(\alpha+1)/p}\right), \dfrac{B}{2}\log_2\left(1+\dfrac{h_2^2\alpha}{\varepsilon h_2^2+(\alpha+1)/p}\right)\right)}{\max\left(\dfrac{B}{2}\log_2\left(1+\dfrac{h_1^2}{h_1^2\alpha+(\alpha+1)/p}\right), \dfrac{B}{2}\log_2\left(1+\dfrac{h_2^2\alpha}{\varepsilon h_2^2+(\alpha+1)/p}\right)\right)} & \left(\begin{array}{l}k\leq p/2, r_1\geq r_2\\ \text{或 } k>p/2, r_1\leq r_2\end{array}\right) \\[2em] \dfrac{\min\left(\dfrac{B}{2}\log_2\left(1+\dfrac{h_1^2\alpha}{\varepsilon h_1^2+(\alpha+1)/p}\right), \dfrac{B}{2}\log_2\left(1+\dfrac{h_2^2}{h_2^2\alpha+(\alpha+1)/p}\right)\right)}{\max\left(\dfrac{B}{2}\log_2\left(1+\dfrac{h_1^2\alpha}{\varepsilon h_1^2+(\alpha+1)/p}\right), \dfrac{B}{2}\log_2\left(1+\dfrac{h_2^2}{\varepsilon h_2^2\alpha+(\alpha+1)/p}\right)\right)} & \left(\begin{array}{l}k\leq p/2, r_1\leq r_2\\ \text{或 } k>p/2, r_1\geq r_2\end{array}\right) \end{cases}$$

(4.17)

式中：$R_1|k$、$R_2|k$ 分别为用户 1 和用户 2 的可达数据速率；ε 为当选择第 k 个候选组合时信道增益的残余干扰分数。另外，实际权重的各决策参数计算公式如下：

$$\omega_j = \frac{\sqrt{\sum_{i=1}^{p}\left(C_{ij}-\dfrac{1}{p}\sum_{i=1}^{p}C_{ij}\right)^2/(P-1)}}{\sum_{i=1}^{2}\sqrt{\sum_{i=1}^{p}\left(C_{ij}-\dfrac{1}{p}\sum_{i=1}^{p}C_{ij}\right)^2/(P-1)}} \quad (j=1,2) \quad (4.18)$$

式中：ω_1、ω_2 分别为针对实际权重的可达数据速率和整体用户公平性。选择实际权重的各参数时，用 TOPSIS 法进行排序，再根据所采用的主要步骤选出最佳候选组合，具体如下：

步骤 1：构建权重归一化决策矩阵 $\boldsymbol{D}$，表达式如下：

$$\boldsymbol{D} = \begin{pmatrix} D_{11} & D_{12} \\ D_{21} & D_{22} \\ \cdots & \cdots \\ \cdots & \cdots \\ D_{P1} & D_{P2} \end{pmatrix} = \begin{pmatrix} \omega_1 C_{11} & \omega_2 C_{12} \\ \omega_1 C_{21} & \omega_2 C_{22} \\ \cdots & \cdots \\ \cdots & \cdots \\ \omega_1 C_{P1} & \omega_2 C_{P2} \end{pmatrix} \quad (4.19)$$

步骤 2：解出正理想解矩阵 $\boldsymbol{Y}^+$，表达式如下：

$$\boldsymbol{Y}^+ = (Y_1^+ \ Y_2^+) = \begin{pmatrix} \max_k(D_{k1}) & \max_k(D_{k2}) \end{pmatrix} \quad (k=1,2,\cdots,p) \quad (4.20)$$

步骤 3：解出负理想解矩阵 $\boldsymbol{Y}^-$，表达式如下：

$$\boldsymbol{Y}^- = (Y_1^- \ Y_2^-) = \begin{pmatrix} \max_k{}^{(D_{k1})} & \max_k{}^{(D_{k2})} \end{pmatrix} \quad (k=1,2,\cdots,p) \tag{4.21}$$

步骤4：求出每个解与正理想解之间的欧氏距离，表达式如下：

$$F_k^+ = \sqrt{\sum_{i=1}^{2}(D_{ki}-Y_i^+)^2} \quad (k=1,2,\cdots,p) \tag{4.22}$$

步骤5：求出每个解与负理想解之间的欧氏距离，表达如下：

$$F_k^- = \sqrt{\sum_{i=1}^{2}(D_{ki}-Y_i^-)^2} \quad (k=1,2,\cdots,p) \tag{4.23}$$

步骤6：计算各结果与理想解之间的比较接近度，表达如下：

$$G_k = \frac{F_k^-}{F_k^+ + F_k^-} \quad (0 \leqslant G_k \leqslant 1; k=1,2,\cdots,p) \tag{4.24}$$

步骤7：找出功率分配因子与功率分配系统的最优组合，表达如下：

$$\underset{k}{\arg\max}\ G_k \quad (k=1,2,\cdots,p) \tag{4.25}$$

此外，本节还研究了用户为 M 且 $M>2$ 的实际场景下的自适应分配系统。为便于识别，本节给出了 $\alpha_{(i-1)i}$ 的明确定义，即第 $i-1$ 个用户与第 i 个用户之间的功率分配因子。$\alpha_{(i-1)i}$ 的表达式为

$$\alpha_{(i-1)i} = \frac{a_i^2}{a_{i-1}^2} \quad (i=2,\cdots,M) \tag{4.26}$$

求取最优 $\alpha_{(i-1)i}(i=2,\cdots,M)$ 的过程如下：首先，将 α_{12} 作为优化变量，用于全部其他因子的功率分配表达式中，如 $\alpha_{23},\cdots,\alpha_{(M-1)M}$。根据 GRPA 定义，$\alpha_{(i-1)i}=(h_1/h_i)^i(i=2,\cdots,M)$。由上式易得功率分配因子的递推关系式，表达如下：

$$\alpha_{i(i+1)}/\alpha_{(i-1)i} = h_1 h_i^i / h_{i+1}^{i+1} \quad (i=2,\cdots,M) \tag{4.27}$$

根据上述递推关系式，用 α_{12} 表示 $\alpha_{23},\cdots,\alpha_{(M-1)M}$。此外，通过自适应系统求出 α_{12} 的最优解，而且，考虑到整体用户决策参数，即整体用户公平性和可达数据速率，应对式(4.13)、式(4.14)和式(4.17)进行扩展。式(4.13)、式(4.14)和式(4.17)可进一步扩展如下：

$$R_{\text{total}} = \sum_{k=1}^{M} R_k = \frac{B}{2}\log_2\left(1 + \frac{(h_M a_M)^2}{\sum_{i=1}^{M-1}\varepsilon(h_M a_i)^2 + 1/p}\right)$$

$$+ \sum_{k=1}^{M-1}\frac{B}{2}\log_2\left(1 + \frac{h_k a_k^2}{\sum_{i=1}^{k-1}\varepsilon(h_k a_i)^2 + \sum_{j=k+1}^{M}(h_k a_j)^2 + 1/p}\right) \tag{4.28}$$

$$R'_{\text{total}} = \sum_{k=1}^{M} R'_k = \frac{B}{2}\log_2\left(1 + \frac{(h_1 a'_i)^2}{\sum_{i=2}^{M}\varepsilon(h_1 a'_i)^2 + 1/p}\right)$$

$$+ \sum_{k=2}^{M} \frac{B}{2}\log_2\left(1 + \frac{(h_k a'_k)^2}{\sum_{i=k+1}^{M}\varepsilon(h_k a'_i)^2 + \sum_{j=1}^{k-1}(h_k a'_j)^2 + 1/p}\right) \quad (4.29)$$

$$S_{k2} = \min(R_1|k, R_2|k, \cdots, R_M|k) \quad (\text{对于传统功率分配法}) \quad (4.30\text{a})$$

以及

$$S_{k2} = \frac{\min(R'_1|k, R'_2|k, \cdots, R'_M|k)}{\max(R'_1|k, R'_2|k, \cdots, R'_M|k)} \quad (\text{对于逆向功率分配法}) \quad (4.30\text{b})$$

式中：a_k、a'_k 可表示为

$$a_k = \begin{cases} \sqrt{1/(1 + \alpha_{12} + \alpha_{12}\times\alpha_{23}\times\cdots\times\alpha_{(M-1)M})} & (k=1) \\ \sqrt{\alpha_{12}\times\alpha_{23}\times\cdots\times\alpha_{(k-1)k} \Big/ \left(\begin{array}{l}1 + \alpha_{12} + \alpha_{12}\times\alpha_{23} + \cdots \\ \alpha_{12}\times\alpha_{23}\times\cdots\times\alpha_{(M-1)M}\end{array}\right)} & (k=2,\cdots,M) \end{cases}$$

(4.31)

$$a'_k = \begin{cases} \sqrt{1/\left(\begin{array}{l}1 + \alpha_{(M-1)M} + \alpha_{(M-1)M}\times\alpha_{(M-2)(M-1)} + \cdots \\ + \alpha_{12}\times\alpha_{23}\times\cdots\times\alpha_{(M-1)M}\end{array}\right)} & (k=1) \\ \sqrt{\alpha_{k(k+1)}\times\cdots\times\alpha_{(M-1)M} \Big/ \left(\begin{array}{l}1 + \alpha_{(M-1)M}\times\alpha_{(M-2)M}\times\alpha_{(M-2)(M-1)} \\ + \cdots + \alpha_{12}\times\alpha_{23}\times\cdots\times\alpha_{(M-1)M}\end{array}\right)} & (k=2,\cdots,M) \end{cases}$$

(4.32)

将 $\alpha_{23},\cdots,\alpha_{(M-1)M}$ 的表达式代入式(4.31)和式(4.32)，也可得出 α_{12} 的关系式 a_k、a'_k。最后，当求出最优 α_{12} 时，可轻松求出 $\alpha_{23},\cdots,\alpha_{(M-1)M}$ 的最优解。

4.9　VL-NOMA通信系统中的增益率功率分配法

GRPA法运用数学方法，通过提高用户总速率，解决将功率域控制的功率分配信号均匀分配给信号通路较弱和较强的用户的问题。Tao等(2018年)在随机游走模型中使用GRPA，模拟并协调室内环境中的网络用户，从而对GRPA的性能进行分析。若要有效利用VL-NOMA系统中的频率资源，可采用该方法。

VL-NOMA系统中GRPA框架可提高整个系统的吞吐量，包括提高在使用LED作为载波进行传输时的整体用户公平性、可达数据速率和解码顺序等(Tao等，2018年)。在可见光通信中，光电二极管通常被用于接收信号。设计框架中

未考虑视距和移动性,因此研究中使用了朗伯辐射法(Komine、Nakagawa,2004 年)。对于第 K 个用户,其可见光通信信道增益可表示为(Tao 等,2018 年)

$$h_k = \frac{(m+1)A}{2\pi d_k^2} \cdot \cos^m \varnothing_k \cdot T_{\text{filter}} \cdot g(\Psi_k) \cdot \cos \Psi_k \tag{4.33}$$

式中:h_k 为第 k 个用户的可见光通信信道增益;m 为朗伯光源阶数;A 为检测到的光电二极管接收机的面积;d_k 为光电二极管与第 k 个用户 LED 之间的距离;T_{filter} 为光学滤波器增益常数;$g(\Psi_k)$ 为第 k 个用户的光集中器增益。m 和 $g(\Psi_k)$ 可由式(4.34)和式(4.35)表示。由图 4.6 可知,$\Phi_{1/2}$ 为 LED 的半角,Ψ_{FOV} 为视场角宽度,L 为第 k 个用户的高度,r_k 为第 k 个用户的半径。m 为式中的朗伯光源阶数,表达式为

$$m = \frac{1}{\log_2(\cos \Phi_{1/2})} \tag{4.34}$$

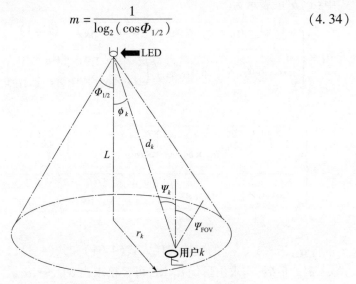

图 4.6　VL – NOMA 通信系统中 GRPA 的信道框架

第 k 个用户的光集中器增益表达式为

$$g(\Psi_k) = \begin{cases} \dfrac{n^2}{\sin^2(\Psi_{\text{FOV}})} & (0 \leq \Psi_k \leq \Psi_{\text{FOV}}) \\ 0 & (\Psi_k > \Psi_{\text{FOV}}) \end{cases} \tag{4.35}$$

式中:n 为折射率常数。由图 4.6 可知,在式(4.36)中,可用第 k 个用户的 L 和 r_k 代替 d_k,其表达式为

$$h_k = \frac{\left(\dfrac{(A \cdot T_{\text{filter}} \cdot g(\Psi_k))}{2\pi}\right) \cdot (m+1) \cdot L^{m+1}}{(r_k^2 + L^2)^{\frac{m+1}{2}}} = \frac{\rho \cdot (m+1) \cdot L^{m+1}}{(r_k^2 + L^2)^{\frac{m+1}{2}}} \tag{4.36}$$

式中:ρ 为常数,$\rho = \dfrac{A \cdot T_{\text{filter}} \cdot g(\Psi_k)}{2\pi}$。则第 k 个用户接收的电信号功率可表示为

$$PR_k = y \cdot h_k \cdot PT_k \tag{4.37}$$

式中:PR_k 为接收的电信号功率;PT_k 为发射的光信号功率;y 为光电转换效率常数。由图4.6中可知,在 VL – NOMA 中,第 k 个用户传输的光信号功率 PT 是固定的,因此在用户间重新分配信号功率,相关表达式如下:

$$a_1 \cdot PT > a_2 \cdot PT > \cdots a_k \cdot PT > a_K \cdot PT \quad (\text{s.t.} \sum_{k=1}^{K} a_k = 1) \tag{4.38}$$

式中:a_k 为信号功率重分配因子,从 LED 发射并由第 k 个用户接收的信号可表示为

$$Y_k = y \cdot PT \cdot h_k \cdot \sum_{i=1}^{K} a_i s_i + n_k \tag{4.39}$$

式中:S_i 为通断键控信号;n_k 为均值为零的高斯噪声(Jiang 等,2018 年;Lapidoth 等,2009 年;Shen – Hong 等,2017a,2017b;Yin 等,2016 年)。信道质量条件较弱的第 k 个用户所分配到的功率信号更多,以使所有第 k 个用户的数据速率保持一致,这导致用户信道增益升序,其顺序与式(4.3)相同。

4.10 VL – NOMA 通信系统中 GRPA 法的用户数据速率

在 VL – NOMA 场景中,GRPA 利用用户数据速率来提高系统性能。可见光通信系统采用可见光通信信道增益 h_k,其中 GRPA 优化目标是选取最优参数 a_k,以实现其吞吐量的最大化。用户数据速率的表达式如下(Tao 等,2018 年):

$$\text{Rate}'_k(h_k, a_k) = B' \cdot \log_2(1 + \eta \cdot \text{SINR}_k) \quad (k < K) \tag{4.40}$$

式中:Rate′为用户数据速率;B' 为可见光通信带宽常数;η 为可提取的 NOMA 带宽公因数的常数 $\dfrac{2}{\pi e}$,SINR_k 为用户 k 的信干噪比(signal – to – interference – plus – noise ratio,SINR),通常用于衡量可见光通信中的用户数据速率(Li 等,2015 年;Yapici、Guvenc,2019 年;Zhang 等,2017a;Zhou、Zhang,2017 年)。用户数据速率也可表示为

$$\text{SINR}_k = \dfrac{(y \cdot h_k \cdot a_k \cdot PT)^2}{\sum_{i=k+1}^{K}(y \cdot h_k \cdot a_i \cdot PT)^2 + N_0 B} \quad (k < K) \tag{4.41}$$

式中：N_0 为恒定的噪声功率谱密度。对于 VL – NOMA，第 k 个用户的可达数据速率为

$$\text{Rate}_k(h_k, a_k) = \frac{B}{2} \cdot \log_2\left(1 + \frac{2}{\pi e} \cdot \text{SINR}_k\right) \quad (k < K) \quad (4.42)$$

式中：e 为欧拉数；π 为赋值。

4.11　VL – NOMA 通信系统中的联合功率分配法

联合功率分配法结合两种功率分配法，借助算法对以下问题进行联合求解，例如，通过算法求解 LED 联合功率分配和定向问题（Obeed 等，2018 年）。对系统进行优化时，在 VL – NOMA 系统中考虑 LED 的功率分配系数和矢量（Tran、Kim，2019 年）。Guo 等（2009 年）提出，功率分配与蜂窝形成是相互关联的两个问题，可通过算法联合求解。联合功率分配法实现资源（即多载波中的功率和信道）的优化分配，最大限度地提高系统在 VL – NOMA 通信网络中的性能。该方法以一种接近最优化的方式将资源分配给用户，从而使 NOMA 方法产生成效，并采用人工神经网络（artificial neural network，ANN）进行信道性能分配。值得注意的是，相比以往研究，仿真结果表明该系统性能更佳（He 等，2019 年）。

图 4.7 所示为 VL – NOMA 室内环境中利用 LED 坐标法向量的联合功率分配法。LED 用作传输至终端用户的信号载波的接入节点。功率分配与可见光通信照明接入节点（LED）相结合，将信息发送给不同终端用户（Varma，2018 年；Varma 等，2018 年；Wang 等，2012 年），从而确定 VL – NOMA 通信系统的所有参数和特性。图 4.7 显示了视距条件下的可见光通信。第 i 到第 j 个 LED 位置的信道增益等式（Komine、Nakagawa，2004 年），如下：

$$h_{ij} = \frac{(y+1)A_p g}{2\pi d_{ij}^2} \cos^y \varnothing_{ij} \cos\theta_{ij} \quad (4.43)$$

式中：A_p 为平面接收器 PD 收到的 K 组光；y 为朗伯阶数；$\varnothing_{ij}$ 为第 j 个 LED 相对于第 i 个 PD 的辐照角；θ_{ij} 为第 i 个 PD 相对于第 j 个 LED 的入射角；d_{ij} 为第 j 个 LED 与第 i 个 PD 之间的距离。图 4.7 中考虑了朗伯系数，其中 $y = 1$（Sewaiwar 等，2015 年；Varma 等，2018 年；Wang 等，2012 年，2014 年）；因此信道系数等式可表示如下（Tran、Kim，2019 年）：

$$h_{ij} = \frac{A_p g}{\pi d_{ij}^2} \cos\varnothing_{ij} \cos\theta_{ij} \quad (4.44)$$

其关联等式为

第 4 章　VL-NOMA 通信系统中的功率分配技术

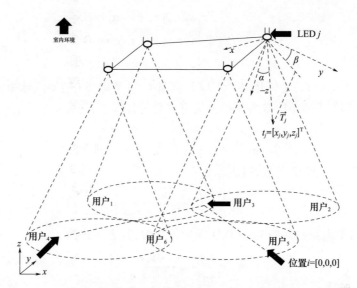

图 4.7　VL-NOMA 通信系统中利用 LED 坐标法向量的联合功率分配法

$$\cos\varnothing_{ij} = \frac{\boldsymbol{T}_j \cdot \boldsymbol{V}_{ij}}{\|\boldsymbol{V}_{ij}\| \ \|\boldsymbol{T}_j\|} \tag{4.45}$$

以及

$$\cos\theta_{ij} = \frac{\boldsymbol{V}_{ij} \cdot \boldsymbol{U}_i}{\|\boldsymbol{V}_{ij}\| \ \|\boldsymbol{U}_i\|} \tag{4.46}$$

式中：$\boldsymbol{T}_j$ 为第 j 个 LED 沿辐照方向的法向量；$\boldsymbol{V}_{ij}$ 为第 i 个 PD 位于第 j 个 LED 内的向量；$\boldsymbol{U}_i$ 为第 i 个 PD 沿入射方向的法向量，通常，$\boldsymbol{U}_i = \begin{bmatrix} 0 & 0 & 1 \end{bmatrix}^T$。式(4.45)和式(4.46)可表示为

$$\cos\varnothing_{ij} = \frac{\boldsymbol{t}_j^T \boldsymbol{v}_{ij}}{\|\boldsymbol{t}_j\| \ \|\boldsymbol{v}_{ij}\|} \tag{4.47}$$

以及

$$\cos\theta_{ij} = \frac{-\boldsymbol{v}_{ij}^T \boldsymbol{U}_i}{\|\boldsymbol{v}_{ij}\| \ \|\boldsymbol{U}_i\|} \tag{4.48}$$

式中：向量 $\boldsymbol{t}_j = \boldsymbol{T}_j$，向量 $\boldsymbol{v}_{ij} = \boldsymbol{V}_{ij}$，且向量 $\boldsymbol{U}_i = \boldsymbol{U}_i$。设 PD 和 LED 保持在同一位置，则第 j 个 LED 参数及法向量可表示为

$$\boldsymbol{T}_j(\alpha_j \beta_j) \quad (0 \leqslant \alpha_j \leqslant \pi, 0 \leqslant \beta_j \leqslant 2\pi) \tag{4.49}$$

式中：α_j 为方位角；β_j 为仰角。这两个参数均可用来调节 LED 照明质量，以获得更好的系统定向性能。因此，第 j 个 LED 的向量方程(Nuwanpriya 等，2015 年)如下：

$$t_j \equiv (\alpha_j \beta_j) \triangleq \begin{cases} x_j = \|x_j\| \sin\alpha_j \cos\beta_j \\ y_j = \|y_j\| \sin\alpha_j \cos\beta_j \\ z_j = \|z_j\| \cos\alpha_j \end{cases} \quad (4.50)$$

由图 4.7 可知,为优化第 j 个 LED 向量 t_j,可考虑将 t_j 转换回球坐标 $(\alpha_j \beta_j)$。结合式(4.47)和式(4.48),可得出信道系数的计算公式,表达如下:

$$h_{ij} = \frac{A_p g}{\pi d_{ij}^2} \frac{-V_{ij}^T U_i}{\|v_{ij}\| \|U_i\|} \frac{v_{ij}^T t_j}{\|V_{ij}\| \|t_j\|} \quad (4.51)$$

式中:h_{ij} 为 LED 的法向量,可表示为

$$h_{ij} = q_{ij} \left(\frac{v_{ij}^T t_j}{\|V_{ij}\| \|t_j\|} \right) \quad (4.52)$$

式中:q_{ij} 为信道系数对应的 LED 法向量的常数,其表达式为

$$q_{ij} = \frac{A_p g}{\pi d_{ij}^2} \frac{-v_{ij}^T u_i}{\|v_{ij}\| \|u_i\|} \quad (4.53)$$

以及

$$\hat{v}_j^T = \frac{v_j^T}{\|v_j\|}, \hat{t}_j = \left[\frac{x_j}{\|t_j\|} \quad \frac{y_j}{\|t_j\|} \quad \frac{z_j}{\|t_j\|} \right]^T \quad (4.54)$$

式(4.52)也可写作:

$$h_{ij} = q_{ij} \hat{v}_{ij}^T \hat{t}_j \quad (4.55)$$

式中:$h_i = [h_{i1}, \cdots, h_{iN}]^T$ 为根据式(4.55)求出的第 i 个位置的整体 LED 信道系数向量,可表示为

$$h_i = q_i \circ p_i \quad (4.56)$$

式中:$\circ$ 表示元素积,q_i 表示向量 $N \times 1$,其中,q_{ij} 表示第 j 个 LED 和第 i 个 PD 内的一个相关元素,p_i 表示向量 $N \times 1$,p_{ij} 元素可表示为

$$p_{ij} = \hat{v}_{ij}^T \hat{t}_j \quad (4.57)$$

此外,p_i 还可表示为

$$p_i = \hat{v}_i \hat{t} \quad (4.58)$$

式中:$\hat{v}_i$ 为 $\mathrm{blkdiag}(\hat{v}_{i1}^T, \cdots, \hat{v}_{iN}^T)$,相当于矩阵 $N \times 3N \begin{bmatrix} \hat{v}_{i1}^T & \cdots & 0 \\ \vdots & \ddots & \vdots \\ 0 & \cdots & \hat{v}_{iN}^T \end{bmatrix}$,该矩阵表示 $3N \times 1$ 列向量,包含 LED 的全部法向量,其表达式为

$$\hat{t} = [\hat{t}_1, \hat{t}_1, \cdots, \hat{t}_N] \quad (4.59)$$

式中:blkdiag 为矩阵块对角化的函数,因此,代入式(4.58)和式(4.56)可得

$$h_i = q_i o\, p_i = q_i o(\hat{v}_i \hat{t}) = b_i \hat{t} \qquad (4.60)$$

式中，常数 $b_i = \begin{bmatrix} q_{i1}\hat{v}_{i1}^T & \cdots & 0 \\ \vdots & \ddots & \vdots \\ 0 & \cdots & q_{iN}\hat{v}_{iN}^T \end{bmatrix}$。

由图 4.7 可知，LED 的 PA 向量表达式为

$$w = [w_1 \cdots w_N]^T \qquad (4.61)$$

其大小为 $N \times 1$。

因此，第 i 个 PD 处的接收功率可表示为

$$r_i = w o h_i = w o(b_i \hat{t}) \qquad (4.62)$$

式中，r_i 为 PD 处第 i 个元素总和所接收到的总功率，也可表示为

$$R_i = w^T b_i \hat{t} \qquad (4.63)$$

根据式(4.55)估算得出 LED 阵列的照度性能质量系数，可表示为

$$F_\Lambda = \frac{\overline{\Lambda}}{\sqrt[2]{\mathrm{var}(\Lambda)}} \qquad (4.64)$$

式中：$\overline{\Lambda}$ 为 Λ_i 的均值，var 为 Λ_i 的方差 $(i = 1, 2, \cdots, k)$；$\Lambda_i = \dfrac{R_i^2}{\sigma_i^2}$ 为第 i 个 PD 处接收到的信干噪比。

4.12　VL-NOMA 通信系统中的最优功率分配法

优化分配用户 VL-NOMA 通信系统中的功率和信道等资源，可能是一项艰巨的挑战任务。为此，研究人员试图通过最小速率最大化（maximizing minimal rate, MMR）与总速率最大化（maximizing sum rate, MSR）来解决这个问题（Shang 等, 2019 年）。这一解决方案旨在提高电信网络的整体数据速率（Hanif 等, 2016 年），为单载波 NOMA 网络提出一种有效的功率分配方案和预编码架构，从而解决其总速率的最大化问题。该方法从两方面来解决资源分配的问题，首先将总速率最大化问题转化为相应的形式；其次，使用最大化和最小化算法求解复杂的预编码向量和最优功率分配（Hunter、Lange, 2004 年；Hunter、Li, 2005 年；Smola 等, 2005 年；Stoica、Selén, 2004 年）。基于功率分配表现对 MMR 和 MSR 的性能指标进行说明，以便进行信道评估。Zhu 等（2017 年）从不同角度研究功率分配方案，并讨论如何求解最优功率分配的问题。MSR 中的功率分配问题可表示为（Shang 等, 2019 年）：

$$\max_{p} \sum_{k=1}^{K} \left[R_1^k(P_1^k, P_2^k) + R_2^k(P_1^k, P_2^k) \right] \quad (4.65)$$

$$\text{s. t. } R_n^k \geqslant (R_n^k) \min \quad (n=1,2, \quad \forall K=1,2,\cdots,K) \quad (4.66)$$

$$\sum_{k=1}^{K} (P_1^k + P_2^k) \leqslant P_T \quad (4.67)$$

$$O \leqslant P_1^k \leqslant P_2^k \quad (\forall k = 1,2,\cdots,K) \quad (4.68)$$

使 $A_n^k = 2^{\frac{(R_n^k)\min}{B_c}}$ 并设 $A_2^k \geqslant 2$,由式(4.65)~式(4.68)求出的解如下:

$$P_1^k = \frac{\Gamma_2^k q_k - A_2^k + 1}{A_2^k \Gamma_2^k}, P_2^k = q^k - P_1^k \quad (4.69)$$

假设 q^k 和 γ_k 表示为

$$q^k = \left[\frac{B_c}{\lambda} - \frac{A_2^k}{\Gamma_1^k} + \frac{A_2^k}{\Gamma_2^k} - \frac{1}{\Gamma_2^k} \right]_{\gamma_k}^{\infty} \quad (4.70)$$

式中:λ 满足 $\sum_{k=1}^{K} q_k = P_T$。MMR 的功率分配优化表达式为

$$\max_{p} \min_{k=1,\cdots,K} \{ R_1^k(P_1^k, P_2^k), R_2^k(P_1^k, P_2^k) \} \quad (4.71)$$

$$\sum_{k=1}^{K} (P_1^k + P_2^k) \leqslant P_T \quad (O \leqslant P_1^k \leqslant P_2^k, \forall k=1,\cdots,K) \quad (4.72)$$

式(4.70)中的解为

$$P_1^k = \frac{-(\Gamma_1^k + \Gamma_2^k) + \sqrt{(\Gamma_1^k + \Gamma_2^k)^2 + 4\Gamma_1^k(\Gamma_2^k)^2 q_k}}{2\Gamma_1^k \Gamma_2^k}, P_2^k = q^k - P_1^k \quad (4.73)$$

假设

$$q^k = \frac{(Z(\lambda)\Gamma_2^k + \Gamma_1^k)(Z(\lambda) - 1)}{\Gamma_1^k \Gamma_2^k} \quad (4.74)$$

$$Z(\lambda) = X + \sqrt{X^2 + \frac{B_c}{2\lambda \sum_{k=1}^{K} 1/\Gamma_1^k}} \quad (4.75)$$

4.13 各功率分配法的比较分析

本节比较了 VL-NOMA 系统中使用的不同功率分配方法,提出不同功率分配法在改善 VL-NOMA 系统性能方面的最佳方式,并对以下方面进行比较:VL-NOMA 系统中的整体可达数据速率、用户公平性、用户总速率、解码顺序、算法和信道中的功率级,以及对用户的最优功率和信道分配,如表4.1所列。

表4.1 VL-NOMA网络中各功率分配法的对比

对比	传统功率分配	逆向功率分配	自适应功率分配	增益率功率分配	联合功率分配	最优功率分配
用户公平性（Yang等,2017年;Tao等,2019年）	对两个用户之间的公平性进行正则化处理	用户之间严重不公平,改善甚微	两个用户间平衡较好,用户公平性平稳变化	对用户公平性进行了改善	……	……
整体可达数据速率（Yang等,2017年;Tao等,2019年）	整体可达数据速率较高	当对信道条件较差的用户进行分配时,整体可达数据速率较高	整体可达数据速率保持平衡	研究发现整体可达数据速率提升明显,但对用户公平性的影响较小	……	……
信道中的功率级（Yang等,2017年;Tao等,2019年）	发送端信道条件较差的用户分配的功率较少	信道条件较差的用户从发送端分配的功率较少	信道条件较差的用户从发送端分配的功率较少	较低的功率级将以满足信道条件正常的用户的需求	……	……
算法（Yang等,2017年;Tao等,2019年;Obeed等,2018年;Guo等,2009年）	根据数学条件选择命令	根据数学条件选择命令	需要MADM功能来改善条件	使用数学表达式求出最佳信号	结合了两种方法,可借助算法联合求解	……
解码顺序（Yang等,2017年;Tao等,2019年）	接收端信号信息需要更高的解码顺序	接收端信号信息需要更高的解码顺序	需要更高的解码顺序,尤其是在接收端	在适当的信道条件下,减去解码顺序较小的用户或多个用户的信号后进行解码	……	……
对用户最优的功率和信道（Hanif等,2016年;He等,2019年）	……	……			资源最优分配	MMR 和 MSR

需注意,这些方法从不同方面改善了通信系统性能。本节将 LED 作为照明接入节点,向两个用户发送信号。两个用户位于不同位置——一个用户位于 LED 近端,另一个用户位于 LED 远端。由于两个用户接收信号的功率可达性不同,可能会减缓信号到达远端用户的速度。这一设想已得到证实,研究发现,用户位置越远,检测到的 LED 强度就越小。在该场景中选用不同功率分配法,提高两个用户之间的系统功率[成功将信号传输到其目的地(终端用户)所需功率]性能。这些功率分配法均为传统方法,主要通过向信道条件较差的用户提供高功率来提高信号的数据速率,并采用解码顺序来提高信号的性能。逆向功率分配法指的是在发射端向信道条件较差的用户分配较少功率,并在接收端对信道条件较差的用户采用解码顺序。自适应功率分配法基于 MADM,使决策参数适用于整体用户公平性和可实现数据速率。自适应功率分配法可与传统功率分配法和逆向功率分配法结合使用。GRPA 考虑采用提高用户总速率的方法和数学方法,解决将功率域控制的功率分配信号均匀分配给信号通路较弱和较强的用户的问题。联合功率分配法结合两种功率分配法,借助某种算法进行联合求解。最后本节介绍了最优功率分配法,依次在功率和信道方面对 NOMA 网络进行最优资源分配。研究人员尝试通过最小速率最大化(MMR)与总速率最大化(MSR)来解决这一优化问题。功率分配法可提高系统在不同容量下的吞吐量性能。所述功率分配法包括传统功率分配法、逆向功率分配法、自适应功率分配法、增益率功率分配法、联合功率分配法和最优功率分配法。本节仅从用户公平性、整体可达数据速率、信道中的功率级、算法、解码顺序,以及对用户的最优功率和信道分配等方面,对上述功率分配法进行了比较分析。

4.14 小　　结

本章讨论了不同功率分配法、多单元 VL-NOMA 通信系统所面临的挑战以及下行链路可见光通信场景中 LED 用户的分配问题(其中多个用户使用多个 LED)。在对所述通信系统的案例研究中,本章将 LED 作为载波信号源,并采用功率分配法,在其强度上对两个用户(近端用户和远端用户)进行对比分析。接着,本章结合所述通信系统的性能参数,系统比较了传统功率分配法、逆向功率分配法、自适应功率分配法、增益率功率分配法、联合功率分配法和最优功率分配法。研究表明,功率分配法可大幅提升总速率和公平性,尤其是在用户数量较大时。为便于说明,本章设计了不同框架。研究发现,上述功率分配法从不同方面改善了系统性能。此外,下一代无线系统中 VL-NOMA 通信系统的潜在挑战还有待进一步研究,如整体可达数据速率和用户公平性等。在基于 NOMA 的系统中,由于每个接收机都必须执行 SIC,按要求对 SIC 程序的特定信号进行解码,即使是微小的 SIC 误差也可能影响性能,因此对计算的要求较高,使得相应的接收机复杂度成为一大极具挑战性的开放研究课题。我们还须开展深入研究来解决 SIC 接收机的效率和灵敏度问题,进行更多的实际研究来改进多用户功率分配算法,并对相应的性能进行一系列测试,特别是在大量用户的情况下。另外,我们还需对视场与解码顺序和用户与发送端距离的关系进行表征和量化。为确保获得准确、可靠的结果,便于成功利用并运行可见光通信系统,对现实移动场景进行详细分析极为重要。VL – NOMA 通信系统的性能取决于信道估计的质量,例如,不完全或过时的信道状态信息(channel state information,CSI)会导致误码率(bit error rate,BER)增加。此外,还需彻底解决 NOMA 中的 LED 非线性问题,特别是在 SIC 和 CSI 不完善的情况下。因此,必须提出新的补偿和缓解方法,提高 LED 的线性度和对轻微 SIC 和 CSI 缺陷(如在实际通信中产生的缺陷)的抗扰度。VL – NOMA 通信系统可与传统的多址接入方案有效共存,在现实室内场景中对任何新方法的优势进行量化,以期提供重要解决方案,从而最大限度地发挥 VL – NOMA 通信系统的潜力。

参考文献

3rd Generation Partnership Project(3GPP). March 2015. Study on downlink multiuser super – position transmission for LTE.

5G radio access:Requirements,concepts and technologies. July 2014. NTT DOCOMO, Inc. ,Tokyo,Japan,5G White Paper.

Al – Imari,Mohammed,Xiao,Pei,Imran,Muhammad Ali,and Tafazolli,Rahim. 2014. Uplink non – orthogonal multiple access for 5G wireless networks. *Proceedings of the 11th International Symposium on Wireless Communications Systems(ISWCS)*,Barcelona, Spain,781 – 785.

Andrews,J. G. ,and Meng,T. H. 2003. Optimum power control for successive interference cancellation with imperfect channel estimation. *IEEE Transaction on Wireless Communications*,2:375 – 383.

Bawazir,Sarah S. ,Sofotasios,Paschalis C. ,Muhaidat,Sami,Al – Hammadi Yousof, and Karagiannidis,George K. 2018. Multiple access for visible light communications:Research challenges and future trends. *IEEE Access*,6:26167 – 26174.

Chen, Chen, Zhong, Wen-De, and Wu, Dehao. 2017. On the coverage of multiple-input multi-ple-output visible light communications [Invited]. *Journal of Optical Communications and Networking*, 9(9): D31-D41.

Cole, Marty, and Driscoll, Tim. 2012. The lighting revolution: If we were experts before, we're novices now. *Proceedings of the 59th Annual IEEE Conference on Petroleum and Chemical Industry Technical Conference(PCIC)*, Chicago, USA, 1-12.

Dai, Linglong, Wang, Bichai, Yuan, Yifei, Han, Shuangfeng, Chih, Lin I., and Wang, Zhaocheng. 2015. Non-orthogonal multiple access for 5G: solutions, challenges, opportunities, and future research trends. *IEEE Communications Magazine*, 53(9): 74-81.

Di, Boya, Bayat, Siavash, Song, Lingyang, and Li, Yonghui. 2015. Radio resource allocation for downlink non-orthogonal multiple access(NOMA) networks using matching theory. *Proceedings of the Global Communications Conference(GLOBECOM)*, San Diego, CA, 1-6.

Dimitrov, Svilen, and Haas, Harald. 2015. *Principles of LED Light Communications: Towards Networked Li-Fi*. Cambridge, UK: Cambridge University Press.

Ding, Zhiguo, Lei, Xianfu, Karagiannidis, George K., Schober, Robert, Yuan, Jinhong, and Bhargava, Vijay K. 2017. A survey on non-orthogonal multiple access for 5G networks: Research challenges and future trends. *IEEE Journal on Selected Areas in Communications*, 35(10): 2181-2195.

Ding, Zhiguo, Yang, Zheng, Fan, Pingzhi, and Vincent, Poor H. 2014. On the performance of non-orthogonal multiple access in 5G systems with randomly deployed users. *IEEE Signal Processing Letters*, 21(12): 1501-1505.

Dong, Zanyang, Shang, Tao, Li, Qian, and Tang, Tang. 2019. Adaptive power allocation scheme for mobile NOMA visible light communication system. *Electronics*, 8(4): 381/1-20.

Feng, Zhen, Guo, Caili, Ghassemlooy, Zabih, and Yang, Yang. 2018. The spatial dimming scheme for the MU-MIMO-OFDM VLC system. *IEEE Photonics Journal*, 10(5): 7907013/1-140.

Gong, Chen, Li, Shangbin, Gao, Qian, and Xu, Zhengyuan. 2015. Power and rate optimization for visible light communication system with lighting constraints. *IEEE Transactions on Signal Processing*, 63(16): 4245-4256.

Guo, Wenxuan, Huang, Xinming, and Zhang, Kai. 2009. Joint optimization of antenna orienta-tion and spectrum allocation for cognitive radio networks. *2009 Confer-*

ence Record of the Forty - Third Asilomar Conference on Signals, Systems and Computers, Pacific Grove, CA, 419 - 423.

Guo, Zi - Quan, Liu, Kai, Zheng, Li - Li, et al. 2019. Investigation on three - hump phosphor - coated white light - emitting diodes for healthy lighting by genetic algorithm, *IEEE Photonics Journal*, 11(1):8200110/1 - 10.

Hanif, Muhammad, Ding, Zhiguo, Ratnarajah, Tharmalingam, and Karagiannidis, George K. 2016. A minorization - maximization method for optimizing sum rate in the downlink of non - orthogonal multiple access systems. *IEEE Transactions on Signal Processing*, 64(1):76 - 88.

He, Chanfan, Hu, Yang, Chen, Yan, and Zeng, Bing. 2019. Joint power allocation and channel assignment for NOMA with deep reinforcement learning. *IEEE Journal on Selected Areas in Communications*, 37(10):2200 - 2210.

Higuchi, Kenichi, and Benjebbour, Anass. 2015. Non - orthogonal multiple access (NOMA) with successive interference cancellation for future radio access. *IEICE Transactions on Communications*, E98(B3):403 - 414.

Hunter, David R., and Lange, Kenneth. 2004. A tutorial on MM algorithms. *American Statistician*, 58(1):30 - 37.

Hunter, David R., and Li, Runze. 2005. Variable selection using MM algorithms. *Annals of Statistics*, 33(4):1617 - 1642.

Islam, S. M. R., Avazov, Nurilla, Dobre Octavia A., and Kwak, Kyung - Sup. 2017. Power domain non - orthogonal multiple access(NOMA) in 5G systems:Potential and chal - lenges. *IEEE Communications Survey and Tutorials*, 19(2):721 - 742.

Jiang, Rui, Wang, Qi, Haas, Harald, and Wang, Zhaocheng. 2018. Joint user association and power allocation for cell - free visible light communication networks. *IEEE Journal on Selected Areas in Communications*, 36(1):136 - 148.

Kahn, J. M., and Barry, J. R. 1997. Wireless infrared communications. *Proceedings of the IEEE*, 85(2):265 - 298.

Kashef, Mohamed, Abdallah, Mohamed, Qaraqe, Khalid, Haas, Harald, and Uysal, Murat. 2014. On the benefits of cooperation via power control in OFDM - based visible light communication systems. *Proceedings of the IEEE 25th Annual International Symposium on Personal, Indoor, and Mobile Radio Communication (PIMRC)*, Washington, DC, 856 - 860.

Kazmi, S. M. A., Tran Nguyen, H., Ho Tai, Manh, Manzoor, Aunas, Niyato, Dusit, and Hong, Choong Seon. 2018. Coordinated device – to – device communication with non – orthogonal multiple access in future wireless cellular networks. *IEEE Access*,6:39860 – 39875.

Kim,Kyuntak,Lee,Kyesan,and Lee,Kyujin. 2016. Appropriate RLL coding scheme for effective dimming control in VLC. *Electronics Letters*,52(19):1622 – 1624.

Kizilirmak, Refik Caglar, Rowell, Corbett, and Uysal, Murat. 2015. Non – orthogonal multiple access(NOMA) for indoor visible light communications. *2015 4th International Workshop on Optical Wireless Communications(IWOW)*,Istanbul,98 – 101.

Komine, Toshihiko, and Nakagawa, Masao. 2004. Fundamental analysis for visible – light com – munication system using LED lights. *IEEE Transactions on Consumer Electronics*,50(1):100 – 107.

Lahby, Mohamed, Cherkaoui, Leghris, and Adib, Abdellah. 2014. Performance analysis of normalization techniques for network selection access in heterogeneous wireless net – works. *Proceedings of the 9th International Conference on Intelligent Systems:Theories and Applications(SITA – 14)*,Rabat,1 – 5.

Lapidoth Amos,Moser Stefan M. and Wigger Michele. 2009. On the capacity of free – space optical intensity channels. *IEEE Transactions on Information Theory*,55(10):4449 – 4461.

Li,Juan,Bao,Xu,Zhang,Wance,and Bao,Nan. 2020. QoE probability coverage model of indoor visible light communication network. *IEEE Access*,8:45390 – 45399.

Li Xuan,Zhang Rong and Hanzo Lajos. 2015. Cooperative load balancing in hybrid visible light communications and WiFi. *IEEE Transactions on Communications*,63(4):1319 – 1329.

Lin Bangjiang,Tang Xuan and Ghassemlooy Zabih. 2019. Optical power domain NOMA for visible light communications. *IEEE Wireless Communications Letters*, 8 (4):1260 – 1263.

Marshoud, Hanaa, Kapinas Vasileios, M., Karagiannidis, George K., and Muhaidat, Sami. 2016. Non – orthogonal multiple access for visible light communications. *IEEE Photonics Technology Letters*,28(1):51 – 54.

Marshoud, Hanaa, Sofotasios Paschalis, C., Muhaidat, S., Karagiannidis, George K., and Sharif, Bayan. 2017. On the performance of visible light communication systems with non – orthogonal multiple access. *IEEE Transaction on Wireless Communication*,16(10):6350 – 6364.

Nuwanpriya, Asanka, Ho Siu, Wai, and Chen, Chung Shue. 2015. Indoor MIMO visible light communications: Novel angle diversity receivers for mobile users. *IEEE Journal on Selected Areas in Communications*, 33(9):1780-1792.

Obeed, Mohanad, Salhab Anas, M., Zummo Salam, A., and Alouini, M.-S. 2018. Joint power allocation and cell formation for energy-efficient VLC networks. *Proceedings of the IEEE International Conference on Communications(ICC)*, Kansas City, MO, 1-6.

Pathak, Parth, Feng, Xiaotao, Hu, Pengfei, and Mohapatra, Prasant. 2015. Visible light com-munication, networking, and sensing: A survey, potential and challenges. *IEEE Communications Surveys & Tutorials*, 17(4):2047-2077.

Proposed solutions for new radio access. 2015. Mobile and Wireless Communications Enablers for the Twenty-twenty Information Society (METIS), Deliverable D.2.4, February.

Rodoplu, Volkan, Hocaoğlu, Kemal, Adar, Anil, Çikmazel Rifat, Orhan, and Saylam, Alper. 2020. Characterization of line-of-sight link availability in indoor visible light communi-cation networks based on the behavior of human users. *IEEE Access*, 8:39336-39348.

Selvam, K., and Kumar, Krishan. 2019. Energy and spectrum efficiency trade-off of non-orthogonal multiple access (NOMA) over OFDMA for machine-to-machine communication. *Proceedings of the 5th International Conference on Science Technology Engineering and Mathematics(ICONSTEM)*, Chennai, India, 523-528.

Sewaiwar, Atul, Tiwari, Samrat Vikramaditya, and Chung, Yeon Ho. 2015. Smart LED alloca-tion scheme for efficient multiuser visible light communication networks. *Optics Express*, 23(10):13015-13024.

Shahjalal, M., Islam, M. Mainul, Hasan, M. Khalid, Chowdhury, Mostafa Zaman, and Jang, Yeong Min. 2019. Multiple access schemes for visible light communication. *Proceedings of the Eleventh International Conference on Ubiquitous and Future Networks(ICUFN)*, Zagreb, Croatia, 115-117.

Shang, Qian Li, Tao, Tang, and Dong, Zanyang. 2019. Optimal power allocation scheme based on multi-factor control in indoor NOMA-VLC systems. *IEEE Access*, 7:82878-82887.

Shen, Cong, Lou, Shun, Gong, Chen, and Xu, Zhengyuan. 2016a. User association with light-ing constraints in visible light communication systems. *2016 Annual Conference on Information Science and Systems(CISS)*, Princeton, NJ, 222-227.

Shen, Hong, Deng, Yuqin, Xu, Wei, and Zhao, Chunming. 2016b. Rate maximization for downlink multiuser visible light communications. *IEEE Access*, 4:6567–6573.

Shen, Hong, Wu, Yanfei, Xu, Wei, and Zhao, Chunming. 2017a. Optimal power allocation for downlink two-user non-orthogonal multiple access in visible light communication. *Journal of Communications and Information Networks*, 2(4):57–64.

Shen, Hong, Deng, Yuqin, Xu, Wei, and Zhao, Chunming. 2017b. Rate maximization for downlink multiuser visible light communications. *IEEE Access*, 4(99):6567–6573.

Smola Alex, J., Vishwanathan, S. V. N., and Hofmann, Thomas. March 2005. Kernel methods for missing variables. *Proceedings of the 10th International Workshop on Artificial Intelligence and Statistics*, Barbados, 325–332.

Sohail, Muhammad Farhan, Leow, Chee Yen, and Won Seung, Hwan. 2018. Non-orthogonal multiple access for unmanned aerial vehicle assisted communication. *IEEE Access*, 6:22716–22727.

Stoica, Petre, and Selén, Yngve. 2004. Cyclic minimizers, majorization techniques, and the expectation-maximization algorithm: a refresher. *IEEE Signal Processing Magazine*, 21(1):112–114.

Tao Si-yu, Yu Hongyi, Li Qing and Yanqun Tang. 2018. Performance analysis of gain ratio power allocation strategies for non-orthogonal multiple access in indoor visible light communication networks. *EURASIP Journal of Wireless Communication Network*, 1:154.

Tao, Siyu, Yu, Hongyi, Li, Qing, and Tang, Yanqun. 2019. Strategy-based gain ratio power allocation in non-orthogonal multiple access for indoor visible light communication net-works. *IEEE Access*, 7:15250–15261.

Thakur, Prabhat, and Singh, G. November 2019. Sum-rate analysis of MIMO based CR-NOMA communication systems. *Proceedings of the 4th IEEE International Conference on Image Information Processing (ICIIP -2019)*, Waknaghat, India, 1–6.

Thakur, Prabhat, and Singh, G. April 2020. Performance analysis of MIMO based CR-NOMA communication systems. *IET Communication*, 14(6), 2676–2687, 2020.

Thakur, Prabhat, Kumar, Alok, Pandit, S., Singh, G., and Satashia, S. N. 2019. Frameworks of non-orthogonal multiple access techniques in cognitive radio communication systems. *China Communication*, 16(6):129–149.

Timotheou, Stelios, and Krikidis, Ioannis. 2015. Fairness for non-orthogonal multiple access in 5G systems. *IEEE Signal Processing Letters*, 22(10):1647–1651.

Tran, Manh Le, and Kim, Sunghwan. 2019. Joint power allocation and orientation for uniform illuminance in indoor visible light communication. *Optics Express*, 27(20):28575 – 28587.

Varma Praneeth, G. V. S. S. 2018. Optimum power allocation for uniform illuminance in indoor visible light communication. *Optics Express*, 26(7):8679 – 8689.

Varma Praneeth, G. V. S. S., Kumar, Abhinav, and Sharma, Govind. 2018. Resource allocation for visible light communication using stochastic geometry. *2018 11th International Symposium on Communication Systems, Networks & Digital Signal Processing(CSNDSP)*, Budapest, 1 – 6.

Vega, Maria Torres, Koonen, Antonius Marcellus Jozef, Liotta, Antonio, and Famaey, Jeroen. 2018. Fast millimeter wave assisted beam – steering for passive indoor optical wireless networks. *IEEE Wireless Communications Letters*, 7(2):278 – 281.

Wang, Ying Ming. 2003. A method based on standard and mean deviations for determining the weight coefficients of multiple attributes and its applications. *Application of Statics and Management*, 22:22 – 26.

Wang, Zhaocheng, Wang, Qi, Chen, Sheng, and Hanzo, Lajos. 2014. An adaptive scaling and biasing scheme for OFDM – based visible light communication systems. *Optics Express*, 22(10):12707.

Wang, Zixiong, Yu, Changyuan, Zhong, Wen – De, Chen, Jian, and Chen, Wei. 2012. Performance of a novel LED lamp arrangement to reduce SNR fluctuation for multi – user visible light communication systems. *Optics Express*, 20(4):4564 – 4573.

Wei, Zhiqiang, Yuan, Jinhong, Ng, Derrick Wing Kwan, Elkashlan, Maged, and Ding, Zhiguo. 2016. A survey of downlink non – orthogonal multiple access for 5G wireless communi – cation networks. *ZTE Communications*, 14(4):17 – 25.

Xiao, Kaiyi, and Li, Changgeng. 2018. Vertical handoff decision algorithm for heterogeneous wireless networks based on entropy and improved TOPSIS. *Proceedings of the IEEE 18th International Conference on Communication Technology(ICCT)*, Chongqing, 706 – 710.

Xu, Fangcheng, Yu, Xiangbin, Li, Minglu, and Wen, Benben. 2019. Energy – efficient power allocation scheme for hybrid precoding mmWave – NOMA system with multi – user pair – ing. *2019 IEEE International Conference on Communications Workshops (ICC Workshops)*, Shanghai, China, 1 – 5.

Yang, Kai, Yang, Nan, Ye, Neng, Jia, Min, Gao, Zhen, and Fan, Rongfei. 2019. Non – orthogonal multiple access: Achieving sustainable future radio access. *IEEE Communications Magazine*, 57(2):116 – 121.

Yang, Zhaohui, Xu, Wei, and Li, Yiran. 2017. Fair non – orthogonal multiple access for visible light communication downlinks. *IEEE Wireless Communications Letters*, 6(1):66–69.

Yapici, Yavuz, and Guvenc, Ismail. 2019. Non–orthogonal multiple access for mobile VLC networks with random receiver orientation. *2019 IEEE Global Communications Conference(GLOBECOM)*, Waikoloa, HI, USA, 1–6.

Yin, Liang, Popoola, Wasiu, Wu, Xiping, and Haas, Harald. 2016. Performance evaluation of non–orthogonal multiple access in visible light communication. *IEEE Transactions on Communications*, 64(12):5162–5175.

Yuichi, Tanaka, Toshihiko, Komine, Haruyama S., and Masao, Nakagawa. October/September 2001. Indoor visible communication utilizing plural white LEDs as lighting. *12th IEEE International Symposium on Personal, Indoor and Mobile Radio Communications. PIMRC 2001. Proceedings(Cat. No. 01TH8598)*, San Diego, CA, USA, F–81–F–85.

Zhang, Xiaoke, Gao, Qian, Gong, Chen, and Xu, Zhengyuan. 2017a. User grouping and power allocation for NOMA visible light communication multi–cell networks. *IEEE Communications Letters*, 21(4):777–780.

Zhang, Yi, Wang, Hui–Ming, Zheng, Tong–Xing, and Yang, Qian. 2017b. Energy–efficient transmission design in non–orthogonal multiple access. *IEEE Transactions on Vehicular Technology*, 66(3):2852–2857.

Zhang, Yi, Yang, Qian, Zheng, Tong–Xing, Wang, Hui–Ming, Ju, Ying, and Meng, Yue. 2016. Energy efficiency optimization in cognitive radio inspired non–orthogonal multiple access. *Proceedings of the 27th Annual International Symposium on Personal, Indoor, and Mobile Radio Communications(PIMRC)*, Valencia, Spain, 1–6.

Zhao, Xiang, Chen, Hongbin, and Sun, Jinyong. 2018. On physical–layer security in multiuser visible light communication systems with non–orthogonal multiple access. *IEEE Access*, 6:34004–34017.

Zhou, Jing, and Zhang, Wenyi. 2017. On the capacity of bandlimited optical intensity channels with Gaussian noise. *IEEE Transactions on Communications*, 65(6):2481–2493.

Zhu, Jianyue, Wang, Jiaheng, Huang, Yongming, He, Shiwen, You, Xiaohu, and Yang, Luxi. 2017. On optimal power allocation for downlink non–orthogonal multiple access systems. *IEEE Journal on Selected Areas in Communications*, 35(12):2744–2757.

Zhu, Lipeng, Xiao, Zhenyu, Xia, Xiang–Gen, and Wu, Dapeng Oliver. 2019. Millimeter–wave communications with non–orthogonal multiple access for B5G/6G. *IEEE Access*, 7:116123–116132.

第 5 章

多天线系统——大规模 MIMO

巴斯克·古普塔(Bhasker Gupta)

5.1 引　言

在过去十年里,得益于网络流量明显增长(Cudak 等,2013 年)和 MIMO 系统等技术显著升级,无线通信技术取得了长足进步。MIMO 技术有助于解决无线信道中的大多数挑战和各种约束问题,被纳入 WLAN、WiMAX 和长期演进(long term evolution,LTE)等各种宽带标准。MIMO 系统在时间域和频域基础上同时引入空间域,主要针对空间维度(由发射端和接收端的多根天线提供),如图 5.1 所示。

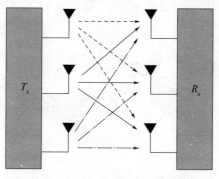

图 5.1　通用 MIMO 系统

MIMO 的优势在于,可显著提高数据吞吐量、数据速率和频谱效率,而无须额外的频谱或功率。MIMO 系统利用分集技术对信道进行估计,即使在信道严重衰落或存在过多干扰的情况下,吞吐量也更高。基于以上原因,MIMO 技术成为当前及未来无线系统的 4G 标准和接口。在数学上,香农 – 哈特利定理中给出了信道容量的理论上界(Shannon,1948 年)。

$$C = B \log_2(1 + \text{SNR}) \tag{5.1}$$

式中:C 为容量(b/s);B 为带宽;SNR 为信噪比。

由式(5.1)可知,可通过分配更多带宽、提高信噪比或同时采取两种方法来提升容量。而在 MIMO 系统中(Rappaport 等,2013 年),信道容量可表示为

$$C = N \times B \log_2(1 + \text{SNR}) \tag{5.2}$$

式中:N 为空间流的数量。因此,除了分配成本较高的带宽外,还可通过增加空间流的数量来提升容量(Gutierrez 等,2009 年)。空间流的数量越多,容量提升越大。毫无疑问,MIMO 技术提高了现有无线网络在 QoS 方面的性能。但由于技术不断改进,客户群不断增加,还需进一步扩展整体网络容量。因此,需探索下一代无线系统,即"B4G"或"5G"。

大规模 MIMO(Rappaport 等,2011 年;Rappaport 等,2012 年;Marzetta,2015 年)作为 5G 系统的关键技术之一,突破了传统 MIMO 系统的可扩展性障碍。一般而言,若任何无线系统在基站或两端都拥有极大数量的天线,则可将该系统称为"大规模 MIMO"系统(Hoydis 等,2013 年),如图 5.2 所示。大规模 MIMO 系统的确切天线数量可能因系统而异(Hoydis 等,2013 年)。实际情况

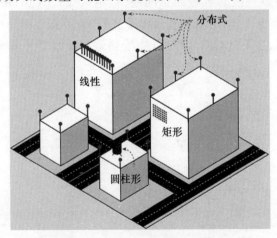

图 5.2　大规模 MIMO 天线配置

中,基站可能安装了数百根天线,而用户设备可能有几十根天线。升级天线将显著提高能效、可靠性、覆盖范围和频谱效率等参数。

5.2 大规模MIMO的上下行链路

图5.3所示为大规模MIMO(Marzetta,2015年)通信系统中K个活跃用户和M根基站天线的下行链路场景。

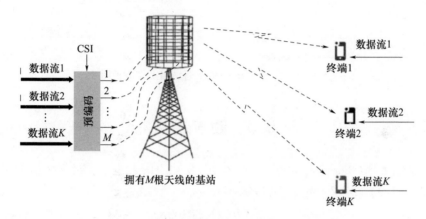

图5.3 大规模MIMO的下行链路工作原理图

通常,M根基站天线采用小型天线阵的形式,K个用户各拥有一根天线,其基本思路是,通过不同时间帧和频率的数据流,实现每个用户发送一路单独的数据流,并只接收预期数据流。在大规模MIMO系统中不同的空间域但相同的时间频率窗口中传输数据流。数据流占用的时频资源相当,但空间维度不同。在LOS传播条件下,有源终端将接收集中的数据流。但在非视距(non-line-of sight,NLOS)环境下,可通过对数据流进行结构性组合获得高信噪比,或通过对数据流进行破坏性组合来减少码间串扰(intersymbol interference,ISI)。发射端部分的预编码块用于获取CSI,确定每个天线单元与用户之间的信道频率响应。通过利用基站天线来缩小波束面向的目标用户范围,也可提高能量效率。

上行传输过程中,对数据流采用时间频率复用,如图5.4所示。

基站的天线阵列接收编码后的数据流,并将其传递给解码器。解码器利用各用户的CSI来生成数据流。M/K的比值较大,可改善频谱效率,提高数据吞吐量,减小辐射功率,有效控制功率,并简化信息处理。

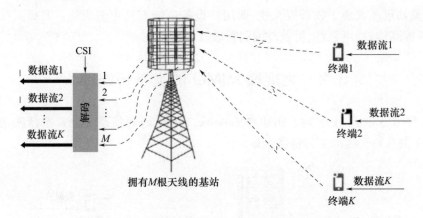

图 5.4　大规模 MIMO 的上行链路工作原理图

5.3　频谱效率

频谱效率(Björnson 等,2017 年)可用(b/s)/Hz 来表示。最大频谱效率可通过式(5.3)来定义(Shannon,1948 年)。

$$C = \sup_{f(x)} (H(y) - H(y|x)) \tag{5.3}$$

式中:$H(y)$为系统输出处的熵;$H(y|x)$为输出相对于输入的条件熵,其上限值可由$f(x)$计算,确定性信道(h)的信道容量可定义为

$$C = \log_2\left(1 + \frac{\rho(h)^2}{\sigma^2}\right) \tag{5.4}$$

式中:$\frac{\rho(h)^2}{\sigma^2}$为接收信号功率与噪声的方差$\sigma^2$的比值。因受到来自同一蜂窝和其他附近蜂窝的干扰,蜂窝系统可能遭受破坏。这些信道的下界可作为随机实现的期望值,并根据下式求出:

$$C \geq \mathbb{E}\left\{\log_2\left(1 + \frac{\rho(h)^2}{\rho_I + \sigma^2}\right)\right\} \tag{5.5}$$

式中:ρ_I为干扰功率,干扰 I 的均值为零,已知方差,但与输入值 x 无关,即$\mathbb{E}(x*I)=0$。蜂窝网络设计可减弱这些干扰信号,因此可将这类信号视为附加噪声。在强干扰情况下,可先解码干扰信号,再去除接收信号中的干扰信号,再检测所需信号。在低干扰情况下,由式(5.5)求出的 SE 在本质上最优。式(5.5)可改写为

$$C \geq \mathbb{E}\{\log_2(1 + \text{SINR})\} \tag{5.6}$$

式中：$\frac{\rho(h)^2}{\rho_I+\sigma^2}$ 为信干噪比。在 MIMO 系统中，发射端和接收端均配备多根天线，使得系统数据速率和频谱效率比 SISO 系统更高（Marzetta，2015 年）。在 MIMO 系统中，多根天线传输的多数据流将进一步增加系统容量，表示如下：

$$C = \min(M,K)\log_2(\text{SNR}) \qquad (5.7)$$

上式表明，通过增加天线数量，而非增加光谱带宽或辐射功率，可提高吞吐量。式(5.7)有效的条件是信噪比值足够大，且信道矩阵中各元素相互独立、恒等分布。可对式(5.7)进一步进行广义化处理，表示如下：

$$C = \log_2\det\left(I_K + \frac{\text{SNR}}{M}\boldsymbol{H}^\text{H}\boldsymbol{H}\right) \qquad (5.8)$$

式中：$\boldsymbol{H}$ 为基站天线和用户天线之间信道的 $M\times K$ 频率响应，I_K 为 $K\times K$ 阶单位矩阵。上标"H"表示矩阵的共轭转置。式(5.8)假设噪声为复高斯噪声，接收端的下行 CSI 已知，而发射端未知。若发射端和接收端的 CSI 均为已知，就可简化操作，但会增加费用。式(5.8)为下行模式的表达式，在该模式下，基站配有 M 根天线，接收端配有 K 根天线。同一链路的上行操作中，发送端配有 K 根天线，而接收端配有 M 根天线。将 $\frac{\text{SNR}}{M}$ 项替换为 $\frac{\text{SNR}}{K}$ 项，I_K 替换为 I_M，则可将式(5.8)转换为

$$C = \log_2\det\left(I_M + \frac{\text{SNR}}{K}\boldsymbol{HH}^\text{H}\right) \qquad (5.9)$$

FDD 系统的上行信道与下行信道不同，但理论上时分双工（time division duplex，TDD）系统的上行信道与下行信道相同。对于信道估计，发送端在功率约束下通过信道发送已知导频。为获得最佳性能，这些导频应相互正交。下行数据传输要求导频序列的采样时长应大于 M。同样，上行数据传输要求上行导频的采样时长大于 K。因此，无论是 FDD 还是 TDD 系统，总导频负担都大于 M 和 K 之和。

多用户 MIMO 相当于 K 个用户共用一根天线，代替一个用户用 K 根天线的配置。与点对点 MIMO 相比，由于用户间不能相互通信，多用户 MIMO 的可实现吞吐量较低。式(5.9)中的容量公式也适用于上行链路模式下的多用户 MIMO，前提是基站处信道已知。多用户 MIMO 中的下行链路容量为下式解。

$$C = \sup_a\left\{\log_2\det\left(I_M + \frac{\text{SNR}}{K}\boldsymbol{H}\text{diag}(\boldsymbol{a})\boldsymbol{H}^\text{H}\right)\right\} \quad (a\geqslant 0, \boldsymbol{I}^T a = 1) \qquad (5.10)$$

式中：$\boldsymbol{a}$ 为 $k\times 1$ 向量，$\text{diag}(\boldsymbol{a})$ 为 $k\times k$ 的对角矩阵，$\boldsymbol{I}^T$ 为 $k\times 1$ 向量。由于涉及额外 CSI，下行链路多用户容量超过了式(5.9)中的容量。此外，可采用预编码

技术来提升 MIMO 系统容量。通过脏纸编码获取最佳性能时,CSI 必须非常准确。与点对点 MIMO 相比,使用多用户 MIMO 的最大优势在于不易受环境影响。

在大规模 MIMO 系统中,可在完全 CSI 和共轭波束赋形条件(Yang、Marzetta,2013b)下计算容量下界:

$$C > K\log_2\left(1 + \frac{M\mathrm{SNR}}{k(1 + \mathrm{SNR})}\right) \qquad (5.11)$$

图 5.5 所示为大规模 MIMO 的总频谱效率性能随基站天线数量 K 的变化情况。图 5.5 表明,大规模 MIMO 可在传统 MIMO 系统无法使用的区域工作。图 5.5 中所示为固定信干噪比为 $-6.0\mathrm{dB}$ 条件下,用户数量随业务天线数量变化的 4 条曲线。在点(64,16)处,频谱效率达到 13.6(b/s)/Hz,而在获得完整 CSI 的条件下,在点 8×4(点对点 MIMO)处,频谱效率仅为 1.3(b/s)/Hz。

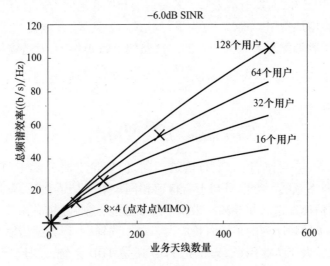

图 5.5　总频谱效率随基站天线数量 K 的变化图

5.4　区域吞吐量

区域吞吐量(Björnson 等,2017 年)是未来无线通信系统的另一个重要性能指标。在数学上,可用式(5.12)来表示。

区域吞吐量 $[\mathrm{bit/s/km^2}] = B[\mathrm{Hz}] \cdot D[蜂窝数/\mathrm{km}^2] \cdot SE[\mathrm{bit/s/Hz/蜂窝}]$
(5.12)

式中:B 为带宽;D 为平均蜂窝密度;SE 为每个蜂窝的频谱效率。从式(5.12)中可以明显看出,区域吞吐量与 B、D 和 SE 等参数相关。

通过以下方式可提高区域吞吐量:
(1)增加频谱分配量。
(2)增加网络密度。
(3)采用方法提升每个蜂窝的频谱效率。

为解决高通(Qualcomm)提出的"1000 倍数据挑战"问题(Staff,2012 年),带宽需达到 1THz 以上。由于在全球范围内许多业务需共享频谱,而这种带宽要求将限制业务范围和可靠性,因此要想解决问题并不切实际。30~300GHz 频段(毫米波频段)可提供巨大的带宽插槽(Qingling、Li,2006 年),但这些频段的频率仅适用于短距离,因此,频率的覆盖范围和性能有限。其他方案包括通过增加每个预定义蜂窝区域的基站来增加蜂窝密度。基站内的距离以米为单位,在布置基站时应避免在蜂窝中产生阴影,这限制了基站的可扩展性。因此,我们只能选择将基站移近用户终端,而此举会导致阴影增加,进而降低系统覆盖范围。上述问题可通过毫米波来解决,但仅限在距离较短的蜂窝内。由上所述,可得出这样的结论,即增加带宽和蜂窝密度并非可行的解决方案,但通过大规模 MIMO,可显著改善频谱效率,如 5.3 节所述。

5.5 预编码

大规模 MIMO 的基站基本上都配置了大量天线。采用预编码方法可进一步提高这些系统的频谱效率。设 P 为线性预编码矩阵,s 为预编码前的源码元,ρ 为基站功率,则基站的信号向量表示如下:

$$x = \sqrt{\rho} P s \tag{5.13}$$

预编码矩阵可基于已知信道矩阵 H 进行设计。假设对发射功率进行正则化处理,即 $\|s\|^2 = 1$。同样,$\mathrm{tr}(PP^H) = 1$,则用户终端的信号表示如下:

$$y = H^T x + n \tag{5.14}$$

$$y = \sqrt{\rho} H^T P s + n \tag{5.15}$$

式中:n 为噪声。预编码方法以不同方式应用于单蜂窝或多蜂窝场景。

5.5.1 单蜂窝预编码方法

下文将介绍几种主要的单蜂窝(single-cell,SC)预编码方法。

5.5.1.1 匹配滤波器

匹配滤波器(matched filter,MF)实施起来比较简单,主要基于对信道矩阵进行共轭转置:

$$P_{MF} = \sqrt{\alpha}H^* \tag{5.16}$$

所有发射码元的幂按 α 缩小,得到归一化幂。将式(5.16)改写为式(5.17),得出匹配滤波器响应:

$$y_{MF} = \sqrt{\alpha\rho}H^T H^* s + n \tag{5.17}$$

该方法最大限度地提高目标用户的信噪比,因此可称为最大比传输(maximum ratio transmission,MRT)(Kammoun 等,2014 年;Parfait 等,2014 年)。Selvan 等(2014 年)在下行链路场景中采用 MRT,获得其容量和功率的表达式。Björnson 等(2015b)求出 M 和 K 的优化值,从而建立了一套高能效系统。但是,M 和 K 的优化值会影响大规模 MIMO 系统的性能。因此,当 $M \gg K$ 时,最大比传输方案表现出最优性能。

5.5.1.2 迫零预编码

当干扰功率远高于噪声功率时,匹配滤波预编码效率较低。在这种情况下,倾向于采用迫零(zero forcing,ZF)预编码方法(Parfait 等,2014 年)。迫零预编码的基本思路是减少非目的用户造成的码间串扰。迫零预编码矩阵表示为

$$P_{ZF} = \sqrt{\alpha}H^*(H^T H^*)^{-1} \tag{5.18}$$

用迫零预编码矩阵将式(5.17)改写为

$$y = \sqrt{\rho\alpha}H^T H^*(H^T H^*)^{-1}s + n \tag{5.19}$$

用户之间的相关性可通过 $H^T H^*$ 的非对角元素来表示。信道之间的相关性使得容量降低(Gao 等,2011 年)。迫零预编码的最大缺点是会增强噪声,但在无噪声系统中的表现优异。

5.5.1.3 正则化迫零

正则化迫零(regularized zero forcing,RZF)预编码法(Hoydis 等,2013 年)将最大比传输和迫零预编码器进行优化组合。正则化迫零预编码矩阵的表达式如下:

$$P_{RZF} = \sqrt{\alpha}H^*(H^T H^* + X + \lambda I_K)^{-1} \tag{5.20}$$

式(5.17)中的已接收信号可改写为

$$y = \sqrt{\rho\alpha}H^T H^*(H^T H^* + X + \lambda I_K)^{-1}s + n \tag{5.21}$$

从上式可明显看出,当设 X、λ 的值为零时,式(5.21)为迫零预编码矩阵,

而当 X、λ 分别为 0 和 ∞ 时,式(5.21)为匹配滤波器矩阵。

5.5.1.4 截断多项式展开

通过截断多项式展开(truncated polynomial expansion,TPE)实现正则化迫零时,计算较为简单。相应的预编码矩阵(Kammoun 等,2014 年)为

$$P_{\text{TPE}} = \sum_{j=0}^{J-1} w_j (H^T H^*)^j H^T \tag{5.22}$$

式中:w_j 为预编码器权重系数的集合。

5.5.1.5 相控迫零

该方案亦称混合预编码法(Liang 等,2014 年),其中预编码器系数是其射频和基带系数的组合。由于受波束赋形限制,仅采用模拟预编码是无效的;由于复杂程度较高,也不推荐仅采用数字预编码。为此,研究人员提出了模拟/数字混合预编码法。

开始时仅允许相变,之后从相应信道的厄米特响应导出相变。这种相位校准方式可使大规模 MIMO 系统产生更高的信道增益。数字预编码可表示为

$$F_{i,j} = \frac{1}{\sqrt{N_t}} e^{-j\theta_{i,j}} \tag{5.23}$$

式中:$\theta_{i,j}$ 为信道元素的相位。信道 H 可改写为

$$H_{\text{eq}} = HxF \tag{5.24}$$

则相控迫零可通过以下方式实现:

$$P_{\text{PZF}} = H_{\text{eq}}^H (H_{\text{eq}} H_{\text{eq}}^H)^{-1} C \tag{5.25}$$

式中采用对角矩阵对功率进行归一化处理。

5.5.2 多蜂窝场景下行链路预编码方法

在多蜂窝场景,用户设备可同时接收从多个蜂窝发出的信号,因此更加实用。其可行的主要优势如下:

(1)提高用户移动性。
(2)增强覆盖范围。
(3)分集增益。
(4)提升容量。
(5)改善频谱效率。

尽管传统的单蜂窝预编码法也适用于多蜂窝场景,但下文将介绍一些针对多蜂窝制定的最佳预编码方法。

5.5.2.1 最大信干噪比预编码

Jing 和 Zheng(2014 年)提出了一种算法,通过增加信号功率与混合噪声和蜂窝间干扰的比值来提高信干噪比。作者认为,功率利用率应尽可能高,同时总功率消耗应尽可能小。令 r 表示功率利用率,ρ 表示可用总功率,则目标函数可表示为 $\min\limits_{r,w_{j,k}} r\rho$。目标函数可改写为

$$\sum_{k=1}^{K} |w_{j,k}|^2 \leq r\rho \text{ 或 } \text{SINR}_{j,k} \geq \gamma_{j,k} \quad (5.26)$$

式中:$\gamma_{j,k}$ 为蜂窝 j 中的用户 k 为实现成功通信所需的阈值信干噪比。

5.5.2.2 多层预编码

Alkhateeb 等(2014 年)提出了一种新的多层预编码解决方案,其中每一层都是由前一层推导而来,可降低复杂度,如图 5.6 所示。

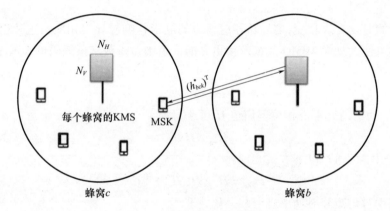

图 5.6 多层预编码系统模型

系统模型假设用户设备可发现蜂窝间干扰,同时采用下行链路预编码。蜂窝 c 中用户 k 已接收信号的表达式为

$$y_{ck} = \sum_{b=1}^{B} h_{bck}^{*} F_b s_b + n_{ck} \quad (5.27)$$

式中:h_{bck}^{*} 为蜂窝 c 的基站 b 和用户 k 之间的信道;s_b 为发射码元向量;n_{ck} 为高斯噪声。

式(5.27)可展开为

$$y_{ck} = h_{cck}^{*}[F_c]_{:,k} s_{c,k} + \sum_{m \neq k} h_{ccm}^{*}[F_c]_{:,m} s_{c,m} + \sum_{b \neq c} h_{bck}^{*} F_b s_b + n_{ck} \quad (5.28)$$

蜂窝 b 的预编码矩阵 F_b 可设计为

$$F_b = F_b^{(1)} F_b^{(2)} F_b^{(3)} \tag{5.29}$$

每一个预编码矩阵都针对某个特定的期望结果。第一个预编码矩阵 $F_b^{(1)}$ 中的蜂窝间干扰为零,第二个预编码矩阵 $F_b^{(2)}$ 旨在最大化用户已接收信号功率,第三个预编码矩阵 $F_b^{(3)}$ 旨在使蜂窝间干扰为零。

5.5.2.3　大规模 MIMO 的量化预编码器

数字模拟转换器(digital-to-analog converter,DAC)所需的比特数越少,复杂性越低,因此可能更容易实现,基于这样的事实,量化预编码器(Jacobsson 等,2017 年)被提出并应用。虽然有研究人员建议使用 1-bit 分辨率的 DAC,但也有一些研究者认为,需在比特数与可达效率之间进行权衡。

5.5.2.4　大规模 MIMO 的非线性量化预编码

虽然非线性预编码器相对于线性预编码器来说相当复杂,但性能更佳。Jacobsson 等(2017 年)证明,在无限分辨率情况下,对于 1-bit DAC,非线性预编码只会产生 3dB 的惩罚,而线性预编码会产生 8dB 的惩罚。本章讨论了线性量化预编码算法和非线性预编码算法,尝试解决 DAC 有限基数带来的难题。系统模型假设有 16 个单天线用户且基站配有 128 根天线。线性量化问题的数学表达式为

$$\begin{cases} \min \mathbb{E}[\parallel s - \beta H_{eq} F W s \parallel_2^2] + \beta^2 U N_0 \\ P \in \mathbb{C}^{B \times U}, \beta \in \mathbb{R} \\ \text{s. t } \mathbb{E}[\parallel X \parallel_2^2] \leq P \quad \& \quad \beta > 0 \end{cases} \tag{5.30}$$

研究结果证明,即使使用 3~4bit DAC,其 BER 和可实现的速率性能也与无限分辨率 DAC 大致相同。此外,Jacobsson 等(2017 年)还推导出有效信干噪比+失真比(signal-to-interference noise ratio + distortion ratio,SINDR)的渐近估计。该估计可用于预测精确的系统性能。

5.5.2.5　基于 1-bit 量化预编码的多用户大规模 MIMO

Saxena 等(2017 年)研究分析了基于 1-bit DAC 的线性预编码算法的优点。该方法复杂程度较低,且 BER 方面的性能也相当不错,因此推荐使用。作者利用布斯冈定理(Bussgang theorem)对迫零预编码法进行分析,但对使用相对热门的混合预编码法持批评态度。此外,作者指出,在整个频带中使用同一波束赋形网络并非最优方案,且使用移相器会增加复杂性。作者建议使用 1-bit DAC,因为这无须改变射频设计,而其他方法则需改变设计。

图 5.7 表明,大规模 MIMO 网络的性能取决于基站中天线数量与单天线用

户数量之比,而不单是某一数值。本节提出的预编码算法的性能优于 NLS 预编码算法,其信噪比值趋于中等,且复杂度稍有增加。

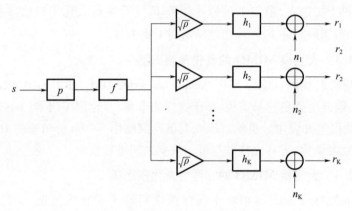

图 5.7　1-bit 量化预编码系统模型

5.6　混合预编码

混合预编码算法(Sohrabi、Yu,2016 年)是最新提出的方法之一,包括低维基带预编码器和射频预编码器,后者通常通过移相器阵列来实现。基带预编码器亦称数字预编码器,射频预编码器在信号处理领域亦称模拟预编码器。Sohrabi 和 Yu(2016 年)利用以下目标函数和一些功率约束条件,提出了最佳混合预编码方法。

$$\max_{P_{BB}C_D P_{RF}C_{RF}} \sum_{k=1}^{K} \beta_k R_k \tag{5.31}$$

表 5.1 综述了该领域的研究工作。

表 5.1　混合预编码的最新研究

序号	作者与年份	标题	研究成果
1	Ribeiro 等 (2018 年)	Energy Efficiency of mmWave Massive MIMO Precoding with Low-Resolution DACs	研究表明,与数字预编码器相比,部分连接型混合预编码器的能量效率更高。而全连接型混合预编码器的能量效率通常较低
2	Ratnam 等 (2018 年)	Hybrid Beamforming with Selection for Multiuser Massive MIMO Systems	作者提出了一种 HBwS 通用架构,可降低大规模 MIMO 系统的复杂性和总体成本

第5章 多天线系统——大规模MIMO

续表

序号	作者与年份	标题	研究成果
3	Zhao等 (2018年)	Multi-cell Hybrid Millimeter Wave Systems: Pilot Contamination and Interference Mitigation	作者通过一个闭式表达式粗略估计各用户的平均可实现速率,还证明了通过增加基站天线数量可有效减少(蜂窝内和蜂窝间)干扰
4	Du等 (2018年)	Hybrid Precoding Architecture for Massive Multiuser MIMO with Dissipation: Sub Connected or Fully-Connected Structures?	研究结果表明,在低信噪比系统中,与复杂的全连接型结构相比,部分连接型结构的系统频谱效率更佳。但在其他情况下,全连接型结构的性能更佳
5	Xie等 (2018年)	Geometric Mean Decomposition Based Hybrid-Precoding for Millimeter-Wave Massive MIMO	该技术避免了复杂的位分配,同时改善了性能
6	Zhu等 (2018年)	Low-Complexity Hybrid Precoding with Dynamic BeamAssignment in mmWave OFDM Systems	作者通过将来自多个子阵列的不同(多个,>1)波束分配给一个用户,从而在降低复杂度的同时提高了性能
7	Buzzi等 (2018年)	Single-Carrier Modulation versus OFDM for Millimeter-Wave Wireless MIMO	研究证明,通过使用单载波调制和时域均衡方法可提高性能。研究发现,发射功率越低,距离越大(>90m),性能越差

5.7 基于线性预编码和检测的大规模MIMO

5.2节讨论了大规模MIMO上行和下行链路的操作。本节将使用线性预编码和检测方法(Chien、Björnson,2017年)对5.2节所述内容进行扩展。假设大规模MIMO系统中有L个蜂窝,每个蜂窝包括M根基站天线和K根用户天线。蜂窝i中,从某个基站到用户k间的信道可表示为

$$\boldsymbol{h}_{i,k} = \{h_{i,k,1} \cdots h_{i,k,M}\}^{\mathrm{T}} \tag{5.32}$$

$\boldsymbol{h}_{i,k}$的平均和随机实现可表示为

$$\boldsymbol{h}_{i,k} = \mathbb{E}\{\boldsymbol{h}_{i,k}\} = \{h_{i,k,1} \cdots h_{i,k,M}\}^{\mathrm{T}} \tag{5.33}$$

每个上行链路码元会产生对应的接收信号,表示如下:

$$\boldsymbol{y} = \sum_{i=1}^{L} \sum_{k=1}^{K} \boldsymbol{h}_{i,k} \sqrt{\rho_{i,k}} x_{i,k} + \boldsymbol{n} \tag{5.34}$$

式中:$x_{i,k}$为归一化发射码元;$\rho_{i,k}$为蜂窝I中用户k的发射功率;$\boldsymbol{n}$为均值为零且方差为σ^2的加性高斯白噪声。当所有用户都传输τ_{UL}导频时,即进行信道估计,

如图 5.8 所示。

在系统设计中，应为各用户分配独立的导频序列。导频传输期间，上行链路接收信号表示为

$$y_{\text{pilot}} = \sum_{i=1}^{L} H_i P_i^{\frac{1}{2}} \varphi_i^{\text{H}} + n_{\text{pilot}} \tag{5.35}$$

式中：$y_{\text{pilot}} \in \mathbb{C}_{UL}^{M \times \tau}$，$H_i = \{h_{i,1} \cdots h_{i,K}\}^{\text{T}}$，$P_i = \text{diag}(\rho_{i,1} \cdots \rho_{i,K}) \in \mathbb{C}^{K \times K}$，且导频矩阵 $\varphi_i^{\text{H}} = \{\varphi_{i,1} \cdots \varphi_{i,K}\} \in \mathbb{C}^{\tau_{UL} \times K}$。

利用信道均值、方差以及线性最小均方误差(linear minimum mean square error, LMMSE)估计函数(Kammoun 等,2014 年)，根据式(5.35)中定义的接收导频信号来估计信道系数($\hat{h}_{i,K}$)。对于蜂窝 i 中的用户 k，基于 LMSSE 的信道估计函数($\hat{h}_{i,K}$)为

$$\hat{h}_{j,K} = \vec{h}_{j,k} + \frac{\sqrt{\rho_{j,k}} \alpha_{j,k}}{\sum_{i=1}^{L} \sum_{k=1}^{K} \rho_{i,k} \tau_{UL} \alpha_{i,k} + \sigma^2} (y_{\text{pilot}} \varphi_{j,K} - \sum_{i=1}^{L} \sum_{k=1}^{K} \sqrt{\rho_{i,k}} \tau_{UL} \vec{h}_{i,k}) \tag{5.36}$$

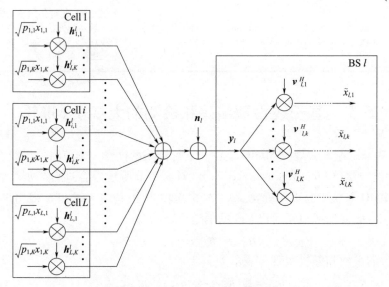

图 5.8　多蜂窝多用户 MIMO 系统中基于线性检测的上行传输

估计误差 $e_{j,k} = h_{j,K} - \hat{h}_{j,K}$ 的均值和方差($n_{j,k}^v$)为零：

$$n_{j,k}^v = \alpha_{j,k} \left(1 - \frac{\rho_{j,k} \tau_{UL} \alpha_{j,k}}{\sum_{i=1}^{L} \sum_{k=1}^{K} \rho_{i,k} \tau_{UL} \alpha_{i,k} + \sigma^2} \right) \tag{5.37}$$

第5章 多天线系统——大规模MIMO

由式(5.37)可知，$n_{j,k}^v$ 并不会因增加基站天线数量 M 而改变，但会受到来自同一蜂窝的噪声和干扰影响。由此可得出结论，应为同一蜂窝中的用户配置不同的导频序列。若特定蜂窝的基站将自身已接收的信号作为期望信号，并将来自附近用户的信号作为蜂窝间干扰，则可提升大规模 MIMO 的性能。将式(5.34)乘以 $\beta_{i,k} \in \mathbb{C}^M$，求出期望信号：

$$\beta_{i,k}^H y = \sum_{i=1}^{L} \sum_{l=1}^{K} \beta_{i,k}^H h_{i,l} \sqrt{\rho_{i,l}} x_{i,l} + \beta_{i,k}^H n \tag{5.38}$$

式(5.38)可改写为

$$\beta_{i,k}^H y = \beta_{i,k}^H h_{i,k} \sqrt{\rho_{i,k}} x_{i,k} + \sum_{\substack{i=1 \\ L \neq k}}^{L} \sum_{l=1}^{K} \beta_{i,k}^H h_{i,l} \sqrt{\rho_{i,l}} x_{i,l} +$$

$$\sum_{\substack{i=1 \\ i \neq j}}^{L} \sum_{l=1}^{K} \beta_{i,k}^H h_{i,l} \sqrt{\rho_{i,l}} x_{i,l} + \beta_{i,k}^H n \tag{5.39}$$

式中已接收信号由预期信号、同一蜂窝内的干扰、来自邻近蜂窝的干扰和矫正噪声四部分组成。主要目标是增强第一项，并抑止其他三项。这一任务可通过对线性检测向量 $\beta_{UL} = \{\beta_1 \cdots \beta_k\} \in \mathbb{C}^{M \times K}$ 进行 MR 或 ZF 检测来实现。MR 检测通常旨在实现信号平均增益与检测向量范数之比的最大化，其表达式如下：

$$\mathbb{E}\left\{\frac{\beta_{i,k}^H h_{i,k}}{\beta_{i,k}}\right\} = \frac{\beta_{i,k}^H \hat{h}_{i,k}}{\beta_{i,k}} \leqslant \hat{h}_{i,k} \tag{5.40}$$

另一方面，ZF 检测可最大限度减少同一蜂窝内的干扰并增强预期信号，表示如下：

$$\mathbb{E}\{\beta_{UL}^H H P^{\frac{1}{2}} X\} = \beta_{UL}^H \hat{H} P^{\frac{1}{2}} X = ((\hat{H})^H H)^{-1} ((\hat{H})^H H) P^{\frac{1}{2}} X \tag{5.41}$$

在大规模 MIMO 系统下行链路操作过程中，对发射信号向量进行线性预编码，表示如下：

$$X^n = \sum_{l=1}^{K} \sqrt{\rho_l^n} \vartheta_l^n x_l^n \tag{5.42}$$

式中：X^n 为从第 n 个基站发射的信号的向量；x_l^n 为针对具有单位发射功率的蜂窝 n 中用户 k 的码元；$\vartheta_l^n \in \mathbb{C}^M$ 为线性预编码向量。蜂窝 n 中用户 k 的接收信号如下：

$$y_k^n = \sum_{i=1}^{L} (h_{i,k}^n)^H X_i + n_k^n \tag{5.43}$$

式中：$h_{i,k}^n$ 为信道频率响应，由于其采用 TDD 运行模式，因此与上行链路信道类似。由于无下行导频，因此不存在影响 MIMO 系统性能的瞬时信道状态信息。由于 M 天线的值较大，预编码信道会迅速趋近于其平均值。所以，即使缺少

CSI,也不会影响大规模 MIMO 系统。由于上行链路和下行链路信道处于相干区间,使得两者的性能相通。设下行链路预编码向量的表达式为

$$\vartheta_k^n = \frac{\beta_k^n}{\sqrt{\mathbb{E}\{\beta_k^{n2}\}}} \tag{5.44}$$

由于上行链路和下行链路存在对偶关系,因此两个方向的总功率相同,但用户之间的总功率不同。可改变 MR 和 ZF 预编码的表达式,表示如下:

$$\vartheta_k^n = \begin{cases} \dfrac{\hat{\boldsymbol{h}}_k^n}{\sqrt{\mathbb{E}\{\hat{\boldsymbol{h}}_k^{n2}\}}} & \text{for MR} \\ \dfrac{\hat{\boldsymbol{H}}_k^n((\hat{\boldsymbol{H}})^{\mathrm{H}}\hat{\boldsymbol{H}})_{\text{kth-column}}^{-1}}{\sqrt{\mathbb{E}\{\hat{\boldsymbol{H}}_k^n((\hat{\boldsymbol{H}})^{\mathrm{H}}\hat{\boldsymbol{H}})_{\text{kth-column}}^{-1}{}^2\}}} & \text{for ZF} \end{cases} \tag{5.45}$$

5.8 能量效率

能量效率(energy efficiency,EE)(Björnson 等,2014 年)指完成某项工作所消耗的能量,适用于所有科学领域,尤其是无线通信领域,其定义可由频谱效率的定义推导而来,如下所示。

无线网络的能量效率指每单位能量能够可靠传输的总比特数。

能量效率在数学上可表示为

$$\text{能量效率(EE)} = \frac{\text{吞吐量(b/s/蜂窝)}}{\text{功率消耗(W/蜂窝)}} \tag{5.46}$$

本节将逐一讨论功率标度律(Björnson 等,2015a)和 SE/EE 权衡。单蜂窝系统的上行链路场景包含 K 个单天线的用户和配有 M 根天线的基站,且 $M \gg K$。本节假设信道与用户不相关。在这种场景下,MF、ZF 和最小均方误差(minimum mean squared error,MMSE)等检测算法的效果会更好。在完全信道估计下,$M \to \infty$ 时,用户 k 处 MF 检测算法的遍历上行链路数据速率(Ngo 等,2013 年)的表达式为

$$\mathcal{R}_k^{UL} \approx \log_2(1 + M\gamma_k\rho_{UL}) \tag{5.47}$$

式中:$\mathcal{R}_k^{UL}$ 为用户 k 的上行链路数据速率;γ_k 为用户 k 的大尺度衰减系数;ρ_{UL} 为发射频率。对于 SISO 系统,式(5.47)中的数据速率表达式可改写为

$$\mathcal{R}_k^{UL} \approx \log_2(1 + \gamma_k\rho_{UL}) \tag{5.48}$$

由式(5.47)和式(5.48)可以看出,在 M 数值较大的情况下,MU–MIMO 系统(Lu 等,2014 年)中发射频率为 $\dfrac{\rho_{UL}}{M}$ 时,其用户性能与 SISO 系统发射频率为 ρ_{UL}

时的用户性能相同。因此,在完全信道状态信息情况下,单个用户的功率减小了 M 倍,频谱效率增大了 K 倍。在不完全信道状态信息的情况下,MF 检测的遍历上行链路数据速率(Ngo 等,2013)的表达式为

$$\mathcal{R}_{k,\text{imperfect}}^{UL} \approx \log_2(1 + \tau_{UL} M \gamma_k^2 \rho_{UL}^2) \tag{5.49}$$

由式(5.48)和式(5.49)可看出,在 M 数值较大的情况下,MU – MIMO 系统中发射频率为 $\frac{\rho_{UL}}{M}$ 时,其用户性能会逐渐与 SISO 系统中修正频率为 $\tau_{UL}\gamma_k\rho_{UL}^2$ 时的用户性能相同。因此,为获得相同性能,必须将功率减小 $\frac{1}{\sqrt{M}}$ 倍。在多蜂窝情况下,各用户可根据其信道状态信息的完全或不完全性分别将其发射功率减小 $1/M$ 或 $\frac{1}{\sqrt{M}}$ 倍。

由于在完全 CSI 条件下进行 SE/EE 权衡(Yang、Marzetta,2013a;Björnson 等,2014 年),EE 降低,则 SE 相应提高。在不完全信道状态信息情况下,在低功率区域,EE 提高时,SE 也会提高,而在高功率区域,EE 降低时,SE 会提高。

最初,电路功耗(Lu 等,2014 年)未被视为 EE 的影响因素,但 Pei 等(2012 年)认为,电路功耗对提高 EE 起着重要作用。电路功耗一般取决于天线的选择方式,进而有助于提高 EE。Pei 等(2012 年)探讨了如何在完全或不完全信道状态信息条件下通过适当选择射频链路来使频谱效率最大化。研究表明,在 MISO 系统中,最优射频链路是最大射频链路的一半(Shashank 等,2012 年)。

参考文献

Alkhateeb, Ahmed, Geert Leus, and Robert W. Heath. 2014. "Multi – Layer Precoding for Full – Dimensional Massive MIMO Systems." In *2014 48th Asilomar Conference on Signals, Systems and Computers*, Pacific Grove, CA, 815 – 819.

Björnson, Emil, Jakob Hoydis, Marios Kountouris, and Merouane Debbah. 2014. "Massive MIMO Systems with Non – Ideal Hardware: Energy Efficiency, Estimation, and Capacity Limits." *IEEE Transactions on Information Theory* 60(11): 7112 – 7139.

Björnson, Emil, Jakob Hoydis, and Luca Sanguinetti. 2017. "Massive MIMO Networks: Spectral, Energy, and Hardware Efficiency." *Foundations and Trends in Signal Processing* 11(3 – 4): 154 – 655.

Björnson, Emil, Michail Matthaiou, and Mérouane Debbah. 2015a. "Massive MIMO with Non – Ideal Arbitrary Arrays: Hardware Scaling Laws and Circuit – Aware Design." *IEEE Transactions on*

Wireless Communications 14(8):4353 – 4368.

Björnson, Emil, Luca Sanguinetti, Jakob Hoydis, and Mérouane Debbah. 2015b. "Optimal Design of Energy – Efficient Multi – User MIMO Systems: Is Massive MIMO the Answer?" *IEEE Transactions on Wireless Communications* 14(6):3059 – 3075.

Buzzi, S., C. D'Andrea, T. Foggi, A. Ugolini, and G. Colavolpe. 2018. "Single – Carrier Modulation versus OFDM for Millimeter – Wave Wireless MIMO." *IEEE Transactions on Communications* 66(3):1335 – 1348. doi:10.1109/TCOMM.2017.2771334.

Chien, van Trinh, and Emil Björnson. 2017. "Massive MIMO Communications." In *5G Mobile Communications*, 77 – 116. Springer.

Cudak, Mark, Amitava Ghosh, Thomas Kovarik, Rapeepat Ratasuk, Timothy A. Thomas, Frederick W. Vook, and Prakash Moorut. 2013. "Moving towards Mmwave – Based beyond – 4G (B – 4G) Technology." In *2013 IEEE 77th Vehicular Technology Conference (VTC Spring)*, Dresden, Germany, 1 – 5.

Du, J., W. Xu, H. Shen, X. Dong, and C. Zhao. 2018. "Hybrid Precoding Architecture for Massive Multiuser MIMO with Dissipation: Sub – Connected or Fully Connected Structures?" *IEEE Transactions on Wireless Communications* 17(8):5465 – 5479.

Gao, Xiang, Ove Edfors, Fredrik Rusek, and Fredrik Tufvesson. 2011. "Linear Pre – Coding Performance in Measured Very – Large MIMO Channels." In *2011 IEEE Vehicular Technology Conference (VTC Fall)*, San Francisco, CA, 1 – 5.

Gutierrez, Felix, Shatam Agarwal, Kristen Parrish, and Theodore S. Rappaport. 2009. "On – Chip Integrated Antenna Structures in CMOS for 60 GHz WPAN Systems." *IEEE Journal on Selected Areas in Communications* 27(8):1367 – 1378.

Hoydis, Jakob, Stephan Ten Brink, and Mérouane Debbah. 2013. "Massive MIMO in the UL/ DL of Cellular Networks: How Many Antennas Do We Need?" *IEEE Journal on Selected Areas in Communications* 31(2):160 – 171.

Jacobsson, Sven, Giuseppe Durisi, Mikael Coldrey, Tom Goldstein, and Christoph Studer. 2017. "Quantized Precoding for Massive MU – MIMO." *IEEE Transactions on Communications* 65(11):4670 – 4684.

Jing, Jiang, and Xu Zheng. 2014. "A Downlink Max – SINR Precoding for Massive MIMO System." *International Journal of Future Generation Communication and Networking* 7(3):107 – 116.

Kammoun, Abla, Axel Müller, Emil Björnson, and Mérouane Debbah. 2014. "Linear Precoding Based on Polynomial Expansion: Large – Scale Multi – Cell MIMO Systems." *IEEE Journal of Selected Topics in Signal Processing* 8(5):861 – 875.

Liang, Le, Wei Xu, and Xiaodai Dong. 2014. "Low – Complexity Hybrid Precoding in Massive Multiuser MIMO Systems." *IEEE Wireless Communications Letters* 3(6):653 – 656.

Lu, Lu, Geoffrey Ye Li, A. Lee Swindlehurst, Alexei Ashikhmin, and Rui Zhang. 2014. "An

Overview of Massive MIMO: Benefits and Challenges." *IEEE Journal of Selected Topics in Signal Processing* 8(5): 742 – 758.

Marzetta, Thomas L. 2015. "Massive MIMO: An Introduction." *Bell Labs Technical Journal* 20: 11 – 22.

Ngo, Hien Quoc, Erik G. Larsson, and Thomas L. Marzetta. 2013. "Energy and Spectral Efficiency of Very Large Multiuser MIMO Systems." *IEEE Transactions on Communications* 61(4): 1436 – 1449.

Parfait, Tebe, Yujun Kuang, and Kponyo Jerry. 2014. "Performance Analysis and Comparison of ZF and MRT Based Downlink Massive MIMO Systems." In *2014 Sixth International Conference on Ubiquitous and Future Networks(ICUFN)*, Shanghai, China, 383 – 388.

Pei, Yiyang, The – Hanh Pham, and Y. Liang. 2012. "How Many RF Chains Are Optimal for Large – Scale MIMO Systems When Circuit Power Is Considered?" In *2012 IEEE Global Communications Conference(GLOBECOM)*, Anaheim, CA, 3868 – 3873.

Qingling, Zhao, and Jin Li. 2006. "Rain Attenuation in Millimeter Wave Ranges." In *2006 7th International Symposium on Antennas, Propagation & EM Theory*, Guilin, China, 1 – 4. Rappaport, Theodore S. , Eshar Ben – Dor, James N. Murdock, and Yijun Qiao. 2012. "38GHz and 60GHz Angle – Dependent Propagation for Cellular & Peer – to – Peer Wireless Communications." In *2012 IEEE International Conference on Communications(ICC)*, Ottawa, ON, Canada, 4568 – 4573.

Rappaport, Theodore S. , James N. Murdock, and Felix Gutierrez. 2011. "State of the Art in 60GHz Integrated Circuits and Systems for Wireless Communications." *Proceedings of the IEEE* 99(8): 1390 – 1436.

Rappaport, Theodore S. , Shu Sun, Rimma Mayzus, Hang Zhao, Yaniv Azar, Kevin Wang, George N Wong, Jocelyn K. Schulz, Mathew Samimi, and Felix Gutierrez. 2013. "Millimeter Wave Mobile Communications for 5G Cellular: It Will Work!" *IEEE Access* 1: 335 – 349.

Ratnam, V. V. , A. F. Molisch, O. Y. Bursalioglu, and H. C. Papadopoulos. 2018. "Hybrid Beamforming with Selection for Multiuser Massive MIMO Systems." *IEEE Transactions on Signal Processing* 66(15): 4105 – 4120. doi: 10. 1109/TSP. 2018. 2838557.

Ribeiro, L. N. , S. Schwarz, M. Rupp, and A. L. F. de Almeida. 2018. "Energy Efficiency of mmWave Massive MIMO Precoding with Low – Resolution DACs." *IEEE Journal of Selected Topics in Signal Processing* 12(2): 298 – 312. doi: 10. 1109/JSTSP. 2018. 2824762. Saxena, Amodh Kant, Inbar Fijalkow, and A. Lee Swindlehurst. 2017. "Analysis of One – Bit Quantized Precoding for the Multiuser Massive MIMO Downlink." *IEEE Transactions on Signal Processing* 65(17): 4624 – 4634.

Selvan, V. P. , M. S. Iqbal, and H. S. Al – Raweshidy. 2014. "Performance Analysis of Linear Precoding Schemes for Very Large Multi – User MIMO Downlink System." In *Fourth Edition of the International Conference on the Innovative Computing Technology(INTECH 2014)*, Luton, UK, 219 – 224.

Shannon, Claude E. 1948. "A Mathematical Theory of Communication." *The Bell System Technical*

Journal 27(3):379–423.

Shashank, S. B., M. Wajid, and S. Mandavalli. 2012. "Fault Detection in Resistive Ladder Network with Minimal Measurements." *Microelectronics Reliability* 52(8).

Sohrabi, Foad, and Wei Yu. 2016. "Hybrid Digital and Analog Beamforming Design for Large – Scale Antenna Arrays." *IEEE Journal of Selected Topics in Signal Processing* 10(3):501–513.

Staff, Qualcomm. 2012. "Rising to Meet the 1000x Mobile Data Challenge." QUALCOMM Incorporated.

Xie, T., L. Dai, X. Gao, M. Z. Shakir, and J. Li. 2018. "Geometric Mean Decomposition Based Hybrid Precoding for Millimeter – Wave Massive MIMO." *China Communications* 15(5):229–238.

Yang, Hong, and Thomas L. Marzetta. 2013a. "Performance of Conjugate and Zero – Forcing Beamforming in Large – Scale Antenna Systems." *IEEE Journal on Selected Areas in Communications* 31(2):172–179.

Yang, Hong, and Thomas L. Marzetta. 2013b. "Total Energy Efficiency of Cellular Large Scale Antenna System Multiple Access Mobile Networks." In *2013 IEEE Online Conference on Green Communications(OnlineGreenComm)*, Piscataway, NJ, 27–32.

Zhao, L., Z. Wei, D. W. K. Ng, J. Yuan, and M. C. Reed. 2018. "Multi – Cell Hybrid Millimeter Wave Systems: Pilot Contamination and Interference Mitigation." *IEEE Transactions on Communications* 66(11):5740–5755.

第 6 章

MIMO-OFDM 系统中的信道估计技术

阿西夫·阿拉姆·乔伊(Asif Alam Joy)
穆罕默德·纳西姆·法鲁克(Mohammed Nasim Faruq)
穆罕默德·阿卜杜勒·马丁(Mohammad Abdul Matin)

6.1 引 言

现有无线技术正尝试运用 MIMO 和 OFDM 来提高数据速率和频谱效率。MIMO 的主要目标是提高吞吐量,而 OFDM 的目标是将多个频率选择性信道转换为平坦衰落的并行信道集合。因此,通过将 MIMO 与 OFDM 技术融合在一起,即将多个频率选择性衰落信道转换为平坦衰落的并行信道集合,可以提高吞吐量并简化接收机处理。此外,MIMO 和 OFDM 的结合提高了整个系统的容量和可靠性(Cho 等,2010 年;Ahmed、Matin,2015 年;Alizadeh 等,2016 年)。平坦衰落的 MIMO 信道中需消除 MIMO 的码间串扰,因此需用到 MIMO 均衡算法。然而,MIMO-OFDM 技术省去了对均衡算法的需求,并通过将其转换为平坦衰落的 MIMO 信道集来简化接收机的处理工作。在 OFDM 的发射端和接收端应用快速傅里叶逆变换(inverse fast Fourier transform,IFFT)和快速傅里叶变换(fast Fourier transform,FFT),可以实现无码间串扰传输,同时更具可靠性。

为实现最大吞吐量和最大分集增益,需精确评估并跟踪 MIMO-OFDM 框架的 CSI。此外,CSI 的已知状态是接收端获得满意码元检测结果的基础

(Suraweera、Armstrong,2005年)。但由于受信道估计误差的影响,在 CSI 估计时的信号接收面临许多挑战,MIMO-OFDM 接收机吸引了许多研究人员的兴趣(Li 等,1999年;Liu 等,2002年;Stuber 等,2004年;Balakumar 等,2007年;Ho、Chen,2007年)。通常来说,需根据两步法来获得信道状态信息,即所有用户需先接收从基站(Base Station,BS)发送的训练数据流,对信道进行估计后再将数据流发回基站。因此,获取信道状态信息所需的时间取决于发射机使用的天线数量(Pappa 等,2017年)。

本章旨在让研究人员了解 MIMO-OFDM 系统中不同信道估计方法的优缺点,从而让其对信道估计方法有一个清晰的认识。本章其余部分组织如下:6.2 节简要介绍了传统 MIMO,6.3 节阐释了大规模 MIMO-OFDM 的基本思想,6.4 节介绍了不同信道估计方法,6.5 节阐述了不同估计方法的优缺点,6.6 节为结论部分。

6.2 传统 MIMO

MIMO 是一种基于天线的创新技术,在无线通信领域的影响力举足轻重。在 MIMO 系统中,发射机和接收机两端均装有大量天线,可确保系统在数据传输速率和吞吐量方面实现适当性能。由于 MIMO 的通信框架基本上由一个基站与不同便携式终端(MS)构成,因此大量多用户终端可以与基站进行通信(Wei 等,2016年)。

在这种通信结构中,安装在接收端或发射端的众多天线是共享的,可以减少误差,优化数据速率。MIMO 是许多不同类型智能天线技术中的一种,其中,单发单收(single input single output,SISO)、多发单收(multiple input single output,MISO)和单发多收(single input multiple output,SIMO)等属于特殊类别的技术。当发射端(N_T)和接收端(N_R)的天线数量均为 1 时,则为 SISO 系统。当 $N_T=1$ 且 $N_R=2$ 时,则为 SIMO 系统。当 $N_T=2$ 且 $N_R=1$ 时,则为 MISO 系统(Goldsmith,2005年)。MIMO 的应用在保证传输功率和带宽不变的同时,提高了频谱效率。总体而言,通过实施 MIMO,可以实现速率增益和分集增益。

在常见无线通信中,发射端和接收端都只安装了一根天线。在少数通信框架中,这会导致多径衰落。在源端和目标端均安装两根或两根以上天线,可减轻不必要的多径衰落。对通信天线进行数字信号处理,可提高频谱效率(Larsson、Van der Perre,2017年)。

6.3 大规模 MIMO

大规模 MIMO 是 MIMO 的延伸,其本质上是将位于发射端和接收端的大量天线组合在一起,提高吞吐量和频谱效率。此外,通过采用大量天线配置,能量主要集中到更小空间区域内,以大幅提升吞吐量、提高数据速率,从而改善无线通信系统性能(Foschini、Gans,1998 年;Amihood 等,2007 年)。因此,大规模 MIMO 系统由发射端的大量发射天线(向无线信道提供多输入)和接收端的多根接收天线(预计有多个元素或多个测量值作为无线通信信道的输出)组成(Stuber 等,2004 年;Pun 等,2010 年)。图 6.1 为 $N \times N$ 大规模 MIMO 的图解。

每对发射与接收天线之间均存在衰落信道的信道系数。因此,MIMO 系统是大量这类系数的集合,能并行传输多个信息流。这一特性使大规模 MIMO 的可靠性高于传统 MIMO。在发射机和接收机之间并行传输多个数据信息称之为空间多路复用。此外,每根发射天线均与每根接收天线相连,从而提高数据传输的可靠性。这一点可以通过基于增益分集原理的方法来实现(Stuber 等,2004 年)。而传统 MIMO 系统则无法做到这些,所以大规模 MIMO 更具优势。这是大规模 MIMO 颇具魅力的一个特点,引起了很多研究人员的广泛关注。

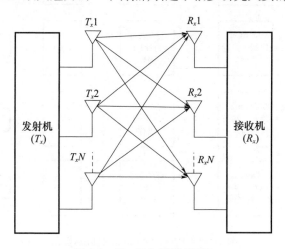

图 6.1 $N \times N$ 大规模 MIMO

所有连接发射端和接收端的信道均易发生深度衰落,因此具有频率选择性。OFDM 与 MIMO 相结合,将信道的频率选择性衰落转变为并行的平坦衰落。对于 MIMO – OFDM 系统,需对每根发射天线进行离散傅里叶逆变换

（inverse discrete Fourier transform, IDFT）或快速傅里叶逆变换（IFFT）（Larsson 等，2017 年；Nahar 等，2017 年）。此时，需发射的不仅只有一个码元，而是每根发射天线均需发射一个码元。下文将举例说明发射机原理图的思路。假设有 256 个子载波，即 $N=256$，发射天线 $t=4$，已知一个块由 1024 个输入码元组成。此时，必须按照图 6.2 所示方式在 4 根发射天线输入这些码元。这样，每根天线上都有 256 个码元。

然后在 4 根发射天线之间传输这 256 个码元。因此，得到 $N \times t$ 个码元，再对这些码元进行 IFFT。该过程首先进行串并转换运算。将这 256 个码元流通过 DEMUX 运算转换成并行码元集合，并分别沿 4 根天线加载到子载波上。对这些码元进行 IFFT，以生成相应的样本（Nahar 等，2017 年）。接着，通过 MUX 运算将这些样本再次转换为串行流。然后从序列尾部取部分特定样本复制到头部，这就是所谓的循环前缀（cyclic prefix，CP）。

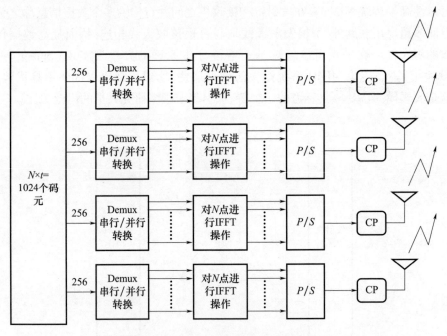

图 6.2　MIMO – OFDM 发射机原理图

假设加载的码元为 $[X(0), X(1), X(3), \cdots, X(N)]$，对应样本或 IFFT 输入值为 $[x(0), x(1), x(3), \cdots, x(n)]$。加上循环前缀后，样本变为 $[x(n), x(n-1), x(n-2), \cdots, x(0), x(1), x(3), \cdots, x(n)]$。然后，加上循环前缀的样本通过发射天线沿着存在衰落或码间串扰的信道传输。传输完成后，输

出变为时域中的通道与发射样本加上噪声的循环卷积,即

$$y = h \otimes x + v \tag{6.1}$$

图 6.3 中的接收天线接收到样本序列,然后接收机马上删除属于循环前缀的输出。这些样本只用于传输,本身不携带信息。

设相应接收到的发射样本为 $[y(0), y(1), y(3), y(4), \cdots, y(n)]$。先进行串并转换运算,即对解复用器的输出进行 DEMUX 运算,然后在接收端进行 FFT 运算。FFT 块的输出值为 $[Y(0), Y(1), Y(2), Y(3), \cdots, Y(N)]$。对循环卷积进行 FFT 运算后,转换成频域相乘。

$$FFT(y) = FFT(h) \cdot FFT(x) + FFT(v) \Rightarrow Y(k) = H(k)X(k) + V(k) \tag{6.2}$$

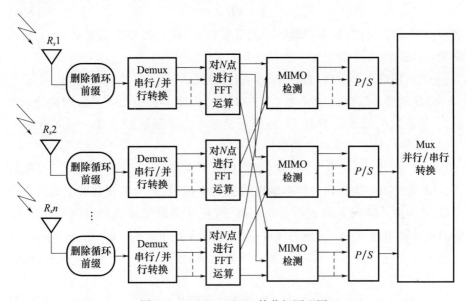

图 6.3　MIMO – OFDM 接收机原理图

从图 6.3 可明显看出,在接收端进行 FFT 运算后,子载波上不再存在码间串扰。此时,码元中含有误差和信道降级。因此,可通过更好的检测方法来获得这些码元。建议采用迫零法来检测信号。

$$\hat{X} = [H^H H]^{-1} H^H Y \tag{6.3}$$

检测完成后,将码元复用到一个流中。

6.4　信道估计法

对系统信道系数进行估计的方法称之为信道估计。在接收机处检测出信

息前,信道传输的信息可能已发生了衰落。

信道是通信的基本特征之一,为进行正常通信,必须掌握有关信道的基本知识(Farzamnia 等,2018 年)。下文将阐释公开文献中提出的多种估算信道系数的方案。

6.4.1 最小二乘估计

主要在信道和噪声分布未知的情况下使用最小二乘(Least Square,LS)估计(Kaur 等,2018 年)。

系统在频域中的整个模型用向量——矩阵形式表示为

$$Y = XH + V \qquad (6.4)$$

式中:Y 为导频输出;X 为子载波中的导频矩阵;H 为信道系数矩阵;V 为噪声向量。

随后,用最小二乘法对系数矩阵进行信道估计(Chow 等,2013 年)。

系统的最小二乘表达式为 $\|Y - XH\|^2$,接着求最小二乘函数的微分。然后,令其值为 0,以求出 H 的值,该值可使最小二乘函数最小化。根据 Hussein 等(2016 年),最小二乘函数的解可表示为

$$\hat{H} = (X^H X)^{-1} X^H Y \qquad (6.5)$$

式中:Y 为时域中接收到的样本输出值的 FFT 函数;$\bar{Y}$ 为各子载波上的输出值向量;X 为由导频码元组成的对角矩阵,这些导频码元将被加载到子载波上。我们还可以注意到一个有趣的现象:对角矩阵 X 是可逆的。因此,

$$(X^H X)^{-1} = X^{-1} (X^H)^{-1} \qquad (6.6)$$

故

$$\hat{H} = X^{-1} (X^H)^{-1} X^H Y \qquad (6.7)$$

$$\hat{H} = X^{-1} Y \qquad (6.8)$$

X 为对角矩阵,由此计算出 X^{-1},

$$X^{-1} = \begin{bmatrix} \dfrac{1}{X(0)} & 0 & 0 & 0 \\ 0 & \dfrac{1}{X(1)} & 0 & 0 \\ 0 & 0 & \dfrac{1}{X(2)} & 0 \\ 0 & 0 & 0 & \dfrac{1}{X(N)} \end{bmatrix} \qquad (6.9)$$

$$\begin{bmatrix} \hat{\boldsymbol{H}}(0) \\ \hat{\boldsymbol{H}}(1) \\ \hat{\boldsymbol{H}}(2) \\ \vdots \\ \hat{\boldsymbol{H}}(l) \end{bmatrix} = \begin{bmatrix} \frac{1}{X(0)} & 0 & 0 & 0 \\ 0 & \frac{1}{X(1)} & 0 & 0 \\ 0 & 0 & \frac{1}{X(2)} & 0 \\ \vdots & \vdots & \vdots & \vdots \\ 0 & 0 & 0 & \frac{1}{X(l)} \end{bmatrix} \begin{bmatrix} Y(0) \\ Y(1) \\ Y(2) \\ \vdots \\ Y(l) \end{bmatrix} \tag{6.10}$$

$$\hat{\boldsymbol{H}}(0) = \frac{Y(0)}{X(0)} \tag{6.11}$$

$$\hat{\boldsymbol{H}}(1) = \frac{Y(1)}{X(1)} \tag{6.12}$$

$$\hat{\boldsymbol{H}}(2) = \frac{Y(2)}{X(2)} \tag{6.13}$$

$$\hat{\boldsymbol{H}}(l) = \frac{Y(l)}{X(l)} \tag{6.14}$$

即,每个子载波上信道系数的估计值为子载波上的导频输出值除以子载波上的导频输入值。

6.4.2 最大似然估计

本节基于信道系数的最大似然估计法对 MIMO – OFDM 的信道进行估计。MIMO – OFDM 系统的模型可表达为

$$y(k) = hx(k) + v(k) \tag{6.15}$$

基于该模型,可将联合概率密度函数(probability density function,PDF)改写为 $\left(\frac{1}{2\pi\sigma^2}\right)^{\frac{N}{2}} e^{-\frac{\sum_{k=1}^{N}(y(k)-hx(k))^2}{2\sigma^2}}$。

求解该函数对数的微分,设该值为零,则可通过下式求出最大似然估计结果:

$$\hat{h} = \frac{\sum_{k=1}^{N} x(k)y(k)}{\sum_{k=1}^{N} (x(k))^2} \tag{6.16}$$

接着,可基于以下向量表达式使其形式上更加紧凑,即

$$\boldsymbol{y} = \begin{pmatrix} y(1) \\ y(2) \\ \vdots \\ y(N) \end{pmatrix} \text{和} \; \boldsymbol{x} = \begin{pmatrix} x(1) \\ x(2) \\ \vdots \\ x(N) \end{pmatrix}$$

完成部分数学运算后,可将信道估计表达式写为

$$\hat{h} = \frac{\sum x(k)y(k)}{\sum (x(k))^2} \tag{6.17}$$

通过该式可求出实参信道系数的最大似然估计值。

式(6.17)还可整理为

$$\hat{h} = \frac{\boldsymbol{x}^{\mathrm{T}}\boldsymbol{y}}{\boldsymbol{x}^{\mathrm{T}}\boldsymbol{x}} \tag{6.18}$$

可将该式扩展到复参数场景。对于复参数,简单的方式是用厄米特算子代替转置,结果为

$$\hat{h} = \frac{\boldsymbol{x}^{\mathrm{H}}\boldsymbol{y}}{\boldsymbol{x}^{\mathrm{H}}\boldsymbol{x}} \tag{6.19}$$

$$\Rightarrow \hat{h} = \frac{\sum x^*(k)y(k)}{\sum |x(k)|^2} \tag{6.20}$$

通过该式可求出复参数信道系数的最大似然估计值(Yang、Kwak,2006 年;Tiiro 等,2009 年)。

6.4.3　MMSE 信道估计

MMSE 估计法是贝叶斯估计的一种特殊形式(White,1982 年)。MMSE 信道估计函数能够基于 MIMO 信道的空间关系进行估计,但需先对信道相关矩阵进行估计。该过程有两大重要构成要素:

(1) 测量概率 $P(\boldsymbol{y}|h)$,$\boldsymbol{y} = \begin{bmatrix} y(1) \\ y(2) \\ \vdots \\ y(N) \end{bmatrix}$。

(2) $P(h)$ 为参数 h 的先验概率密度函数。

$\hat{h}$ 为 h 的估计值。$\hat{h}$ 为测量向量的函数,即 $\hat{h}(y)$。估计值 $\hat{h}$ 只能是 y 的函数,因为 h 未知,因此需估计 h 值。接下来,求出使估计误差最小化的估计值。估计误差为估计值与参数之间的差值,即 $\hat{h}(y) - h$(Ahmed、Matin,2015 年)。

求误差的平方,即 $(\hat{h}(y) - h)^2$,最小化平均估计误差,这种方式称为均方误

差(mean squared error, MSE)。$(\hat{h}(y) - h)^2$ 的均值通过期望算子 $E\{(\hat{h}(y) - h)^2\}$ 表示。接下来,重点求出最小化 MSE 的估计值。MSE 的表达式可展开为

$$E\{(\hat{h}(y) - h)^2\} = \int_{-\infty}^{\infty}\int_{-\infty}^{\infty} ((\hat{h}(y) - h)^2) P(y,h) \mathrm{d}h \mathrm{d}y \tag{6.21}$$

相关系数最重要的特性之一是其始终小于1,且位于 -1 与 1 之间(Saha 等,2009 年)。相关系数表示 h 和 y 之间相关的程度,对于高斯随机变量,如果 $\rho = 0$,那么 h 和 y 不相关。要求出 h 和 y 的 MMSE 估计值,首先要构建一个 h 和 y 的联合分布。先创建向量

$$\begin{bmatrix} h \\ y \end{bmatrix}$$

将该向量的协方差矩阵用 $\boldsymbol{R}$ 表示为

$$\boldsymbol{R} = E\left(\begin{bmatrix} h \\ y \end{bmatrix}\begin{bmatrix} h & y \end{bmatrix}\right) = E\left(\begin{bmatrix} h^2 & hy \\ yh & y^2 \end{bmatrix}\right) \tag{6.22}$$

再取各项的期望值,

$$\boldsymbol{R} = \begin{bmatrix} \sigma_h^2 & \rho\sigma_h\sigma_y \\ \rho\sigma_y\sigma_h & \sigma_y^2 \end{bmatrix} \tag{6.23}$$

取矩阵 $\boldsymbol{R}$ 的倒数,即

$$\boldsymbol{R}^{-1} = \begin{bmatrix} \sigma_h^2 & \rho\sigma_h\sigma_y \\ \rho\sigma_y\sigma_h & \sigma_y^2 \end{bmatrix}^{-1} = \frac{1}{\det(\boldsymbol{R})}\begin{bmatrix} \sigma_y^2 & -\rho\sigma_h\sigma_y \\ \rho\sigma_h\sigma_y & \sigma_y^2 \end{bmatrix} \tag{6.24}$$

然后计算出 MMSE 估计值,即 $E(h \mid y)$。需使用条件概率密度函数来计算 MMSE 的估计值,可表示为

$$F_{H|Y}(h|y) = \frac{F_{H,Y}(h,y)}{F_Y(y)} \tag{6.25}$$

接着计算出各项的结果:

$$F_Y(y) = \frac{\mathrm{e}^{-\frac{1}{2}\frac{y^2}{\sigma_y^2}}}{\sqrt{2\pi\sigma_y^2}} \tag{6.26}$$

随后求出 $F_{H,Y}(h, y)$ 的联合概率密度函数,表达式如下(Alam 等,2018 年):

$$F_{(H,Y)}(h,y) = \frac{\exp\left(-\frac{1}{2}\begin{bmatrix} h & y \end{bmatrix} R^{-1}\begin{bmatrix} h \\ y \end{bmatrix}\right)}{\sqrt{(2\pi)^2 \det(\boldsymbol{R})}} \tag{6.27}$$

可进一步简化指数幂,则联合概率密度函数变为

$$F_{(H,Y)}(h,y) = \frac{1}{\sqrt{(2\pi)^2(1-\rho)^2\sigma_y^2\sigma_h^2}} \times \exp\left(-\frac{1}{2}\frac{h^2\sigma_y^2 + y^2\sigma_h^2 - 2\rho\sigma_h\sigma_y hy}{\sigma_y^2\sigma_h^2(1-\rho)^2}\right)$$
(6.28)

现在得出以下两个函数：
(1) y 的边缘概率密度函数。
(2) 联合分布函数 (Yang、Kwak, 2006 年)。
代入这两个值，即可得到条件概率密度函数的表达式：

$$F_{H|Y}(h|y) = \frac{F_{H,Y}(h,y)}{F_Y(y)} = \frac{1}{\sqrt{(2\pi)(1-\rho)^2\sigma_h^2}} \times$$
$$\exp\left\{-\frac{1}{2}\left(\frac{h^2\sigma_y^2 + y^2\sigma_h^2 - 2\rho\sigma_h\sigma_y hy}{\sigma_y^2\sigma_h^2(1-\rho)^2} - \frac{y^2}{\sigma_y^2}\right)\right\}$$
(6.29)

数学运算完成后，简化形式的指数可表示为 $\dfrac{\left(h - \rho\dfrac{\sigma_h}{\sigma_y}y\right)^2}{(1-\rho^2)\sigma_h^2}$。排除诸多因素后，表达式 (6.29) 可进一步简化为 $\tilde{\sigma}^2 = (1-\rho^2)\sigma_h^2, \tilde{\mu} = \rho\dfrac{\sigma_h}{\sigma_y}y$。再将其代入表达式 (6.29)，得到更加简洁的表达式，这便是我们所需的联合概率密度函数的表达式：

$$F_{H|Y}(h|y) = \frac{1}{\sqrt{2\pi\tilde{\sigma}^2}}\exp\left(-\frac{1}{2}\left(\frac{(h-\tilde{\mu})^2}{\tilde{\sigma}^2}\right)\right)$$
(6.30)

参数 $h|y$ 为高斯分布，其均值为 $\tilde{\mu}$，方差为 $\tilde{\sigma}^2$，即 $(H|Y \sim \mathbb{N}(\tilde{\mu}, \tilde{\sigma}^2))$，$h|y$ 的期望值等于 $\tilde{\mu}$

$$E(h|y) = \tilde{\mu} = \rho\frac{\sigma_h}{\sigma_y}y$$
(6.31)

$h|y$ 的期望值大致相当于基于 MMSE 的信道估计值，即

$$\hat{h} = E(h|y) = \rho\frac{\sigma_h}{\sigma_y}y$$
(6.32)

随后对 MMSE 估计值和方差进行简化，得到另一个更加简洁的表达式：

$$E(h^2) = \sigma_h^2 = r_{hh}$$
(6.33)
$$E(y^2) = \sigma_y^2 = r_{yy}$$
(6.34)
$$E(hy) = \rho\sigma_h\sigma_y = r_{hy}$$
(6.35)

将表达式 (6.32) 的分子分母同时乘以 σ_y，可进一步简化该式。
代入表达式 (6.34) 和式 (6.35)，MMSE 信道估计表达式可简化为

$$\hat{h} = r_{hy} r_{yy}^{-1} y \tag{6.36}$$

由此得出简化、方便的 MMSE 估计表达式,以用于信道估计。

6.4.4 基于导频或训练的信道估计

由发射机传输的已知数据码元或标准码元集被称为导频码元或训练码元。在接收机处已观察到关于训练序列的相应输出或导频输出,接收机可以利用已知导频码元减少信道效应并确定信道。在接收机处利用 MMSE 估计,可以消除传输过程中的噪声干扰(Hayter,2012 年)。由于导频已知,因此可提取潜在未知信道行为。Pappa 等(2017 年)提出了一种导频序列的解决方案,即设计短正交序列集合能设置相同功率的导频子载波,以减少发射天线导频序列之间干扰。

6.4.5 盲信道估计

根据接收到的数据信号对信道进行估计,这一方法称之为盲信道估计法。该方法在频谱效率方面具有优势,侧重于自然约束,而不是使用导频序列,即无须使用训练或导频序列。此外,加入少量导频序列有助于提升信道估计的性能。假定信道模型为瑞利衰落信道,除了使用预先估计的信道参数外,还可在噪声信道传输过程中对数据流进行盲估计。观察发现,相较于导频方法,该方法的带宽效率更高,但计算复杂度较大。

多位研究人员曾围绕盲信道估计展开讨论(如 Zhang 等,2007 年;Sarmadi 等,2009 年;Chen、Wu,2012 年;Ercan、Kurnaz,2015 年)。Zhang 等(2007 年)通过一系列解耦线性方程,求出信道积矩阵,并基于接收数据统计协方差矩阵,提出一种零填充(zero padding,ZP)MIMO OFDM 系统的盲信道估计法。此外,该方法可在相当弱的条件下追踪更多的输入信道。另一种基于半正定松弛(semi-definite relaxation,SDR)算法的盲信道估计方法,将信道估计问题转换为凸问题,然后使用现代凸优化工具进行有效求解(Chen、Wu,2012 年)。Sarmadi 等(2009 年)利用两个不同的频率选择性信道,提出了一种基于独立分量分析(independent component analysis,ICA)和梳状导频算法的盲算法。研究发现,信道估计性能与基于导频的算法和信道频率选择性有关。

6.4.6 半盲信道估计

半盲法折衷考虑频谱效率和计算复杂度,在估计过程中用到的导频位和统计信道很少。该算法还可用于对频率选择性 MIMO 信道矩阵进行估计。该方法的主要改进之处在于,导频利用率更低,在传输容量方面比基于导频的信道估计法更有效(Ercan、Kurnaz,2015 年)。

Zhang 等(2015 年)在信道矩阵估计方面取得了新的进展,如下:

$$\hat{G}_{l+1} = (Y_p S_P^H + Y_d E(S_d|,\hat{G}_l,Y)^H) \times (S_p S_P^H + E(S_p S_d^H|,\hat{G}_l,Y))^{-1} \quad (6.37)$$

由于每根天线与每个子载波之间仅传输一个训练序列,传统导频或 STBC 导频不适用于下一代移动系统,因此采用优化的正交导频来估计信道,该方法在保持高频谱效率的同时可减少估计误差。

6.5 现有估算方法的优点和局限性

许多研究人员都对 MIMO – OFDM 系统的信道估计进行了全面研究(Enescu 等,2003 年;Miao、Juntti,2004 年;Zhang 等,2005 年;Rana,2011 年;Sagar、Palanisamy,2015 年;Trimeche 等,2015 年)。最常用的估计方法有最大似然法(maximum likelihood,ML)、最小二乘法和 MMSE。在 MIMO – OFDM 框架中,MMSE 估计函数的性能似乎优于最小二乘法估计函数。此外,研究人员基于 DFT 估计方法,结合大量导频对最小二乘法和 MMSE 估计函数进一步做出了改进(Sagar、Palanisamy,2015 年),如表 6.1 所列。

研究结果表明,最大似然法在消除 ISI 上的整体系统性能明显优于 MMSE 法。Trimeche 等(2015 年)提出使用最小二乘估计函数来减少信源与接收机之间的平方差,并检测了一种基于维纳滤波的迭代信道估计方法,以提高估计函数的精度。但该方法的主要缺点是受限于信道相关性的概念。

表 6.1 不同信道系数的数学公式表

最小二乘估计	$\therefore \hat{H}(0) = \dfrac{Y(0)}{X(0)}, \hat{H}(1) = \dfrac{Y(1)}{X(1)}, \hat{H}(l) = \dfrac{Y(l)}{X(l)}$
最大似然估计	$\hat{h} = \dfrac{\sum x^*(k)y(k)}{\sum |x(k)|^2}$($h$ 为负参数时) $\hat{h} = \dfrac{\sum x(k)y(k)}{\sum (x(k))^2}$($h$ 为实参数时)
MMSE 估计	$\hat{h} = r_{hy} r_{yy}^{-1} y$

最小二乘法和 LMMSE 最初被认为是簇空间信道内基于导频的信道估计过程。基于 LMMSE 的过程还利用了信道关系的早期信息,因此被效果更佳的最小二乘估算函数所取代(Enescu 等,2003 年;Miao、Juntti,2004 年;Rana,

2011年)。Zhang等(2005年)提出了一种新的盲信道估计法,即使码元来自低阶星座,也可根据有限的接收块估计信道,从而降低计算复杂度,并获得更好的性能。许多研究人员更倾向于使用半盲法来克服基于导频的估计法和盲估计法存在的缺点(Aldana等,2003a;Wautelet等,2007年;Zhang等,2015年)。使用半盲法,训练和数据码元都集中在估计信道上,在某些条件下可以完全检测到信道系数,因此比盲信道估计法效率更高(De Carvalho、Slock,1997年)。另一方面,信道只能在一些模糊的范围内被识别。即使数据码元不可用,也可使用该方法。而基于导频的估计法需使用导频序列来进行信道估计。

基于期望最大化算法(expectation-maximization,EM)的迭代半盲法适用于数据不足的领域。该方法唯一的缺点是,计算复杂度相对于星座规模显著增加,且不适用于时不变信道(Aldana等,2003b;Abuthinien等,2008年)。

6.6 小　　结

大规模MIMO是当前无线技术中最振奋人心的技术之一,近年来在学术界备受关注。有效的信道估计是解决导频污染的关键挑战。本章全面介绍了MIMO-OFDM无线通信系统中的各种信道估计方法。研究表明,盲信道估计法比其他信道估计法更能有效解决导频污染问题。此外,相比其他估计方法,半盲估计法的计算更加简易。

参考文献

Abuthinien, M., S. Chen, and L. Hanzo. 2008. "Semi-blind Joint Maximum Likelihood Channel Estimation and Data Detection for MIMO Systems." *IEEE Signal Processing Letters* 15:202-205.

Ahmed, B., and M. A. Matin. 2015. *Coding for MIMO-OFDM in Future Wireless Systems*. Cham: Springer.

Alam, M. S., G. Kaddoum, and B. L. Agba. 2018. "Bayesian MMSE Estimation of a Gaussian Source in the Presence of Bursty Impulsive Noise." *IEEE Communications Letters* 22(9):1846-1849.

Aldana, C. H., E. de Carvalho, and J. M. Cioffi. 2003a. "Channel Estimation for Multicarrier Multiple Input Single Output Systems Using the EM Algorithm." *IEEE Transactions on Signal Processing* 51(12):3280-3292.

Aldana, C. H., E. de Carvalho, and J. M. Cioffi. 2003b. "Channel Estimation for Multicarrier Multiple Input Single Output Systems Using the EM Algorithm." *IEEE Transactions on Signal Processing* 51(12):3280-3292.

Alizadeh, M. R., G. Baghersalimi, M. Rahimi, M. Najafi, and X. Tang. 2016. "Performance Improvement of a MIMO – OFDM Based Radio – over – Fiber System Using Alamouti Coding." *2016 10th International Symposium on Communication Systems, Networks and Digital Signal Processing(CSNDSP)*, Prague, 1 – 5.

Amihood, P., E. Masry, L. B. Milstein, and J. G. Proakis. 2007. "Performance Analysis of High Data Rate MIMO Systems in Frequency – Selective Fading Channels." *IEEE Transactions on Information Theory* 53(12):4615 – 4627.

Balakumar, B., S. Shahbazpanahi, and T. Kirubarajan. 2007. "Joint MIMO Channel Tracking and Symbol Decoding Using Kalman Filtering." *IEEE Transactions on Signal Processing* 55(12):5873 – 5879.

Chen, Y. S., and J. Y. Wu. 2012. "Statistical Covariance – matching Based Blind Channel Estimation for Zero – padding MIMO – OFDM Systems." *EURASIP Journal on Advances in Signal Processing* 2012(1):139.

Cho, Y. S., J. Kim, W. Y. Yang, and C. G. Kang. 2010. *MIMO – OFDM Wireless Communications with MATLAB*. Singapore: John Wiley & Sons.

Chow, C. W., C. H. Yeh, Y. F. Liu, and P. Y. Huang. 2013. "Background Optical Noises Circumvention in LED Optical Wireless Systems Using OFDM." *IEEE Photonics Journal* 5(2):7900709 – 7900709.

De Carvalho, E., and D. T. Slock. 1997. "Cramer – Rao Bounds for Semi – blind, Blind and Training Sequence Based Channel Estimation." *First IEEE Signal Processing Workshop on Signal Processing Advances in Wireless Communications*, Paris, 129 – 132.

Enescu, M., T. Roman, and V. Koivunen. 2003. "Channel Estimation and Tracking in Spatially Correlated MIMO OFDM Systems." *IEEE Workshop on Statistical Signal Processing*, St. Louis, 347 – 350.

Ercan, S. Ü., and Ç. Kurnaz. 2015. "Investigation of Blind and Pilot Based Channel Estimation Performances in MIMO – OFDM System." *2015 23nd Signal Processing and Communications Applications Conference(SIU)*, Malatya, 1869 – 1872.

Farzamnia, A., E. Moung, N. W. Hlaing, L. E. Kong, M. K. Haldar, and L. C. Fan. 2018. "Analysis of MIMO System through Zero Forcing and Minimum Mean Square Error Detection Scheme." *2018 9th IEEE Control and System Graduate Research Colloquium(ICSGRC)*, Shah Alam, 172 – 176.

Foschini, G., and M. Gans. 1998. "On Limits of Wireless Communications in a Fading Environment When Using Multiple Antennas." *Wireless Personal Communications* 6(3):311 – 335.

Goldsmith, A. 2005. *Wireless Communications*. Cambridge University Press.

Hayter, A. 2012. *Probability and Statistics for Engineers and Scientists*, 4th edition. Boston, MA: Brooks/Cole.

Ho, T., and B. Chen. 2007. "Tracking of Dispersive DS – CDMA Channels: An AR – embedded Modified Interacting Multiple – model Approach." *IEEE Transactions on Wireless Communications 6(1):166-174.

Hussein, Y. S., M. Y. Alias, and A. A. Abdulkafi. 2016. "On performance analysis of LS and MMSE for channel estimation in VLC systems." *2016 IEEE 12th International Colloquium on Signal Processing & Its Applications(CSPA)*, Malacca City, 204-209.

Kaur, H., M. Khosla, and R. K. Sarin. 2018. "Channel Estimation in MIMO-OFDM System: A Review." *2018 Second International Conference on Electronics, Communication and Aerospace Technology(ICECA)*, Coimbatore, 974-980.

Larsson, E. G., and L. Van der Perre. 2017. "Massive MIMO for 5G." *IEEE 5G Tech Focus* 1(1).

Larsson, E. G., D. Danev, M. Olofsson, and S. Sorman. 2017. "Teaching the Principles of Massive MIMO: Exploring Reciprocity-based Multiuser MIMO Beamforming Using Acoustic Waves." *IEEE Signal Processing Magazine* 34(1):40-47.

Li, Y., N. Seshadri, and S. Ariyavisitakul. 1999. "Channel Estimation for OFDM Systems with Transmitter Diversity in Mobile Wireless Channels." *IEEE Journal on Selected Areas in Communications* 17(3):461-471.

Liu, Z., X. Ma, and G. B. Giannakis. 2002. "Space-time Coding and Kalman Filtering for Time-selective Fading Channels." *IEEE Transactions on Communications* 50(2):183-186.

Miao, H., and M. J. Juntti. 2004. "Spatial Signature and Channel Estimation for Wireless MIMO-OFDM Systems with Spatial Correlation." *IEEE 5th Workshop on Signal Processing Advances in Wireless Communications*, 2004, Lisbon, 522-526.

Nahar, A. K., S. A. Gitaffa, M. M. Ezzaldean, and H. K. Khleaf. 2017. "FPGA Implementation of MC-CDMA Wireless Communication System Based on SDR—a Review." *Review of Information Engineering and Applications* 4(1):1-19.

Pappa, M., C. Ramesh, and M. N. Kumar. 2017. "Performance Comparison of Massive MIMO and Conventional MIMO Using Channel Parameters." *2017 International Conference on Wireless Communications, Signal Processing and Networking(WiSPNET)*, Chennai, 1808-1812.

Pun, M. O., V. Koivunen, and H. V. Poor. 2010. "Performance Analysis of Joint Opportunistic Scheduling and Receiver Design for MIMO-SDMA Downlink Systems." *IEEE Transactions on Communications* 59(1):268-280.

Rana, M. M. 2011. "Performance Comparison of LMS and RLS Channel Estimation Algorithms for 4G MIMO OFDM Systems." *14th International Conference on Computer and Information Technology(ICCIT 2011)*, Dhaka, 635-639.

Sagar, K., and P. Palanisamy. 2015. "Optimal Pilot-aided Semi blind Channel Estimation for MIMO-OFDM System." *2015 Global Conference on Communication Technologies(GCCT)*, Thuckalay, 290-293.

Saha, S., Y. Boers, H. Driessen, P. K. Mandal, and A. Bagchi. 2009. "Particle Based MAP State Estimation: A Comparison." *2009 12th International Conference on Information Fusion*, Seattle,

WA,278 –283.

Sarmadi, N. , S. Shahbazpanahi, and A. B. Gershman. 2009. "Blind Channel Estimation in Orthogonally Coded MIMO – OFDM Systems: A Semidefinite Relaxation Approach." *EEE Transactions on Signal Processing* 57(6):2354 –2364.

Stuber, G. L. , J. R. Barry, S. W. McLaughlin, Y. Li, M. A. Ingram, and T. G. Pratt. 2004. "Broadband MIMO – OFDM Wireless Communications." *Proceedings of the IEEE* 92(2):271 –294.

Suraweera, H. A. , and J. Armstrong. 2005. "Alamouti Coded OFDM in Rayleigh Fast Fading Channels—Receiver Performance Analysis." *TENCON 2005—2005 IEEE Region 10 Conference*, Melbourne, 1 –5.

Tiiro, S. , J. Ylioinas, M. Myllyla, and M. Juntti. 2009. "Implementation of the Least Squares Channel Estimation Algorithm for MIMO – OFDM Systems." *Proceedings of the International ITG Workshop on Smart Antennas(WSA 2009)*, Berlin, 16 –18.

Trimeche, A. , A. Sakly, and A. Mtibaa. 2015. "FPGA Implementation of ML, ZF and MMSE Equalizers for MIMO Systems." *Procedia Computer Science* 73:226 –233.

Wautelet, X. , C. Herzet, A. Dejonghe, J. Louveaux, and L. Vandendorpe. 2007. "Comparison of EM – Based Algorithms for MIMO Channel Estimation." *IEEE Transactions on Communications* 55(1): 216 –226.

Wei, H. , D. Wang, H. Zhu, J. Wang, S. Sun, and X. You. 2016. "Mutual Coupling Calibration for Multiuser Massive MIMO Systems." *IEEETransactions on Wireless Communications* 15(1):606 –619.

White, H. 1982. "Maximum Likelihood Estimation of Misspecified Models." *Econometrica: Journal of the Econometric Society* 50(1):1 –25.

Yang, Q. , and K. S. Kwak. 2006. "Superimposed Pilot Aided Multiuser Channel Estimation for MIMO – OFDM Uplinks." *ETRI Journal* 28(5):688 –691.

Zhang, H. , Y. Li, A. Reid, and J. Terry. 2005. "Channel Estimation for MIMO OFDM in Correlated Fading Channels." *IEEE International Conference on Communications, 2005. ICC 2005*, Seoul, 2626 –2630.

Zhang, J. , W. Zhou, H. Sun, and G. Liu. 2007. "A Novel Pilot Sequences Design for MIMO OFDM Systems with Virtual Subcarriers." *2007 Asia – Pacific Conference on Communications*, Bangkok, 501 –504.

Zhang, W. , F. Gao, and Q. Yin. 2015. "Blind Channel Estimation for MIMO – OFDM Systems with Low Order Signal Constellation." *IEEE Communications Letters* 19(3):499 –502.

第7章

WSN 的定位协议

阿什·穆罕默德·阿巴斯(Ash Mohammad Abbas)
哈姆扎·阿里·阿卜杜勒·拉赫曼·卡西姆
(Hamzah Ali Abdul Rahman Qasem)

7.1 引　言

　　无线传感器网络(wireless sensor network, WSN)由多个相互协作的传感器组成,传感器之间通过无线链路进行通信。WSN 中的传感器可用于收集指定目的或任务所需的特定参数信息。WSN 具有许多有别于有线或无线网络的特性:传感器节点(motes)的传输范围非常小,因此,通信能力有限;与有线或无线网络节点相比,传感器节点的存储和处理能力要弱得多;传感器节点通常由电池供电才可运行,电池电量耗尽时可能会导致节点和相关链路或路径发生故障。因此,与其他有线或无线网络相比,这些特点为设计 WSN 协议或方案带来了不同问题和挑战。

　　在大部分 WSN 的应用中,有关对象或传感器节点本身位置的信息都是必不可少的。例如,需定位周围温度突然升高的特定传感器,并采取纠正措施,否则可能会引发森林火灾等危险。也可通过定位传感器来监控幼儿园教室里孩童的运动情况和位置(Srivastava 等,2001 年)。WSN 定位传感器还应用于医疗保健领域(如老年痴呆症患者定位)(Alemdar、Ersoy,2010 年)、交通领域(如交通监测(Li 等,2008 年)和路面监测(Eriksson 等,2008 年))以及森林野生动物定位等。J. Zhao 等(2012 年)提出了一种用于森林定位的 WSN 系统,即"绿野千传"(GreenOrbs)。

除民用应用外,军事应用也需用到定位功能。例如,定位传感器可用于发送跨控制线(line of control,LoC)渗透检测中的渗透数据,或估计随时间变化的对象位置(对象跟踪应用)。无线声学传感器网络(wireless acoustic sensor network,WASN)中的对象可通过音频监控来进行跟踪和监测(Cobos 等,2014 年)。在部分 WSN 应用中,有些网络协议(如拓扑控制、集群和地理路由协议等)需几何位置信息才能运作,因此,几何位置信息被视为传感器节点记录数据的固有部分。WSN 中节点位置计算是主要问题之一,通常称为"定位问题"。

有人可能会问,为何不在 WSN 中的所有节点都安装全球定位系统(global positioning system,GPS)(Hofmann – Wellenhof 等,2012 年)接收机。原因在于,这并不是一个划算的解决方案。因此,WSN 中只有一小部分节点装有 GPS 接收机,这些特殊节点称之为"锚节点"或"信标节点",其他普通节点的位置可通过锚节点的位置信息计算得出。

本章讨论了 WSN 中的各种定位协议或方案,指明了定位协议面临的问题和挑战,并对协议进行分类,阐述各类协议的要点以及各类协议或采用相似策略的协议的优缺点。

本章余下部分内容如下:7.2 节对 WSN 中的定位协议或定位方法进行分类;7.3 节介绍了基于测距的定位方法的相关研究;7.4 节介绍了无需测距定位方法;7.5 节介绍了基于锚节点的定位方法;7.6 节介绍了对无需锚节点的定位方法;7.7 节说明了定向定位的相关研究;最后一节为结论部分。

7.2 定位方法分类

根据分类依据,WSN 的定位方法或协议有多种分类方式。例如,根据是否使用测量距离(或范围)的技术,可将其分为基于距离(或基于测距)和无需距离(无需测距)的定位方法。

(1)基于测距的定位:通过测出某个未知位置节点到某个信标(或锚)节点的距离,从而估计出该节点位置,该方法通常称为基于距离(基于测距)的定位方法。

(2)无需测距定位:无需依赖于某个节点从其邻居节点接收到的位置信息或跳数信息,该方法称为无需测距定位方法。无需测距法通常会采用数学或几何法来计算出某个未知位置传感器的位置。

另一种分类依据是网络中特定节点的位置是否已知。因此,可将其分为基于锚节点和无锚节点的定位方法。

(1)基于锚节点的定位:锚节点或信标节点是坐标已知的特殊节点,可根据是否使用这类节点来区分定位方法。布置锚节点有助于确定网络中其他节点的位置,或在网络中引入静态坐标。

(2)无锚节点定位:在未设置锚节点的网络中,节点需要创建自己的坐标系来确定自己的相对位置。

定位方法还可根据应用网络的类型来分类。例如,该方法是应用于静态网络还是移动网络,以及应用网络是各向同性网络还是各向异性网络。有些方法可应用于特定的 WSN,如水下无线传感器网络(underwater sensor networks, UWSN),有些方法可能需要传感器使用定向天线。图 7.1 列出了 WSN 中根据特定依据对定位方法进行的不同分类。需注意,这些类别之间可能并不互斥。也就是说,有的方法可能会属于多个类别。例如,某个定位方法可能同时基于锚节点、测距,且也可适用于移动 WSN。

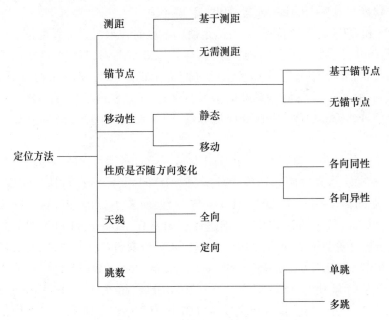

图 7.1 基于特定依据的 WSN 定位方法分类

7.3 基于测距的定位

基于距离(基于测距)的定位方法通常指通过测出某传感器到某个锚节点的距离,从而计算出该传感器位置的方法。这类方法采用不同距离估算法,例如,无线电信号强度指示器法(radio signal strength indicator,RSSI)(Bahl、Padmanabhan,2000年;Liu等,2007年)、到达角法(angle of arrival,AoA)(Niculescu、Nath,2003年;Boushaba等,2009年)或到达时差法(time-difference of arrival,TDoA)(Priyantha等,2000年)等。通过这些方法测量的距离对距离误差很敏感,因此通常需要用到额外的硬件。

基于时间的定位方法(time-based positioning scheme,TPS)适用于户外WSN(Cheng等,2004年)。Thaeler等(2005年)提出了TPS方法的改进版,称为 iTPS。iTPS 与 TPS 一样,两种方法都基于 TDoA。二者区别在于,TPS 基于三个传感器的距离差,而 iTPS 基于4个传感器的距离差。随后,用三边测量法通过这些距离差计算出某个传感器的位置。相比 TPS,iTPS 中对传感器位置的模糊估计的数量大大减少(Thaeler等,2005年)。

TPS 和 iTPS 的主要特点如下:由于使用本地时钟来测量无线电信号的到达时差,基站和传感器之间无需同步操作;与其他方案不同,TPS 无需定向天线来测量到达角;TPS 中通过计算多个信标间隔上的平均值来测量时差,因此无需严格细化位置估计;该方案降低了瞬时干扰和衰落的影响;在 TPS 中,由基站发送信号,传感器无需发送任何信标信号,从而节约能源,减少射频信道的使用。

已转换的最小二乘法(transformed least-squares,TLS)是一种基于距离估计的定位方法,将高维问题转换为一维(1-D)问题,然后进行迭代求解,从而解决定位问题(Yan等,2010年)。与非线性最小二乘法(nonlinear least squares,NLS)等现有方法相比,一维迭代法(1-D iterative,1DI)可明显减少每次迭代所需计算量。Yan等(2010年)提出了一维参数的选择方法,并分析了收敛速度和误差(指均方根误差(root-mean squared error,RMSE))。研究人员通过测量办公环境中信号带宽为 0.5~7.5GHz 的超宽带(ultra-wide band,UWB),对该方法进行验证。研究发现,1DI 在均方根误差方面优于线性最小二乘(linear least-squares,LLS)法。

Zhou 和 Shi(2011年)分析了各种因素(如部署区域几何形状、节点分布、基于距离的误差分布和锚节点分布等)对均方误差(MSE)和克拉美-罗下界

(Cramér – Rao lower bound,CRLB)的影响。研究表明,当锚节点均匀分布时,定位误差最小。锚节点密度较大,可以提升定位精度;但当锚节点(作为某节点的邻居时)数量超过 8 时,提升效果并不明显。此外,通过 CRLB 和 MSE 定位的误差随锚节点数量的增加而减小。

Costa 等(2006 年)提出了分布式加权多维尺度(distributed weighted Multi – Dimensional Scaling,dwMDS)节点定位算法。网络中的每个节点以自适应的方式选择自己的邻居节点,然后该节点会更新其位置的估计值,从而对表示更新成本的函数进行优化,最后将更新后的位置传递给邻居。研究人员指出,基于距离的方法容易产生定位误差,尤其是在噪声环境中。Costa 等(2006 年)的主要研究贡献之一便是解决了偏置效应的问题。偏置效应是指节点(即使是被选作邻居的节点)的测量距离小于实际距离的情况。在该研究中,通过两步法来选择邻居节点,从而减轻偏置效应。

Dil 等(2006 年)提出了基于测距的蒙特卡罗定位(range – based version of Monte Carlo Localization,rMCL)方法,利用距离待定位传感器不超过两跳的锚节点来获取距离信息,从而提高定位的准确性。该方法中只考虑连接良好的节点,即从三个或三个以上锚节点获得位置信息的节点,虽然提高了准确性,但在传递锚节点位置的通信过程中却产生了更多功耗。

Lee 等(2006 年)提出了基于比例向量迭代(ratiometric vector iteration,RVI)的定位方法,基于距离比(而非绝对距离)进行估计,利用三个传感器获得的距离比迭代地更新估计位置,同时跟踪并向用户报告目标位置。该方法还会动态调整报告频率,减少报告消息的数量。此外,RVI 采用一种报告调度算法,根据目标的移动进行调整,减少定位误差和传输消息的数量。X. Liu 等(2018 年)提出了一种基于测距的 WSN 三维定位方法。本节将其简化为基于组件的稀疏网络三维定位(component based localization in 3D for sparse networks,CBL3DS)法。文中利用公共节点和连接相邻子网的边,推导了在三维空间中合并两个或多个子网的条件。表 7.1 比较了 WSN 基于测距的定位方法。

表 7.1　传感器网络中基于测距定位方法的比较

方法	依据	特点	说明
iTPS(Thaeler 等,2005 年)	基于到达时差	三边测量法	异步
TLS(Yan 等,2010 年)	一维迭代	通过 UWB 进行了验证	将 MDLP 转换为 LDLP
dwMDS(Costa 等,2006 年)	自适应地选择传感器的邻居节点	优化	减轻了偏置效应

续表

方法	依据	特点	说明
rMCL(Dil 等,2006 年)	测距信息	两跳锚节点	实现了精度和能量之间的权衡
RVI(Lee 等,2006 年)	迭代	距离比	使用自适应报告调度算法
CBL3DS(X. Liu 等,2018 年)	基于组件	子网合并	稀疏网络

7.4 无需测距定位

无需测距定位方法不需测量传感器与锚节点之间的距离,而是依赖于某个节点从其邻居接收到的位置信息或跳数信息。无需测距定位方法的优点之一是对距离测量值的误差不敏感,且无需额外硬件。通常借助各类数学方法来计算某个传感器节点的位置(Bulusu 等,2000 年;He 等,2003 年;Nagpal 等,2003 年;Niculescu、Nath,2003 年;Moore 等,2004 年),例如,Bulusu 等(2000 年)提出在无需测距定位法中,使用基于锚节点位置质心的数学方法来计算位置。

Zhong 和 He(2009 年)提出了一种根据相距一跳的相邻节点的相对距离,通过邻居节点排序实现定位的方法。该方法使用了监管签名距离(regulatory signature distance, RSD)(邻近度指标)的概念,可为传感器网络中的节点提供唯一的位置签名。已知某节点相邻节点已接收信号的强度,首先可按如下方式计算出邻居节点排序,根据信号强度将邻居节点按降序排列,然后将该节点放在节点排序列表的首位,最终得出对于每一个节点 i 都是唯一的节点排序列表 S_i。该方法依赖于节点 i 的位置,属于无需测距的遥感观测方法。

鲁棒安全定位(Secure and Robust Localization, SeRLoc)的无需测距分布式定位方法,解决了在不受信任的环境中 WSN 中的定位问题(Lazos、Poovendran,2005 年)。SeRLoc 采用两级网络结构,在无需与其他传感器节点交互的情况下,被动确定出传感器节点的位置,其特性是对 WSN 的一些已知安全攻击(包括虫洞、Sybil 和网络组件的危害)具有鲁棒性。文中分析了各类攻击,并计算出攻击成功的概率。经证明,即使是在发生这类攻击的情况下,SeRLoc 也可得到准确的测量结果。

针对锚节点或非锚节点可能随机移动的传感器网络,Hu 和 Evans

(2004年)提出了蒙特卡罗定位法(Monte Carlo localization,MCL)。这是一种无需测距的定位方法,假定传感器和锚节点具有相同大小的感知范围,且均可能以最小速度和最大速度之间均匀随机分布的速度移动。此假设旨在提高定位精度和减少锚节点数量。MCL 主要包括初始化、预测和筛选三个阶段。在初始化阶段,节点随机选择一个样本集,其中包含该节点在部署区域内可能的随机位置。在预测阶段,传感器使用之前样本集计算出新样本集。样本集中的位置受节点最大速度和之前位置样本的约束。在筛选阶段,从样本集中删除不可能的位置。重复进行预测和筛选,从而获得所需样本数量。

Baggio 和 Langendoen(2006年)提出了蒙特卡罗盒定位(Monte Carlo localization boxed,MCB)算法,这是一种基于 MCL 的改进定位算法。顾名思义,即在位置未知的某个节点周围构建一个锚节点盒,其覆盖范围为该节点能接收到的锚节点传输范围重叠的区域。MCL 和 MCB 的主要区别是锚节点信息的使用方式和根据旧样本生成新样本的方法不同。在筛选阶段采用 MCL(Hu、Evans,2004年),节点会利用从相距不超过两跳的邻居节点获取的信息来排除不相关的样本。MCB(Baggio、Langendoen,2006年)则会使用从锚节点获取的信息来限定提取样本的区域。与 MCL 相比,MCB 缩小了取样区的大小,节点能更轻松、快捷地提取相关样本。生成"相关"样本意味着样本在筛选阶段的排除率较低,从而减少该算法获得所需样本数量所需的迭代次数。

Rudafshani 和 Datta(2007年)提出了蒙特卡罗传感器定位(Monte-Carlo sensor localization,MSL)。MSL 是一种无需测距定位的方法,也是 MCL 的改进版,使用从相距一跳或两跳的传感器和锚节点获取的信息。若传感器从邻居节点获得了更准确的位置估计信息,便会更新其位置估计。但在高移动场景中,MSL * 的定位精度有所下降。

Sheu 等(2009年)提出了改进 MCL(improved MCL,IMCL)分布式定位方法,该方法适用于移动 WSN。IMCL 的原理为,若有效样本中包含的位置更接近传感器的实际位置,则估计位置与传感器的实际位置之间的差异会很小。IMCL 通过锚节点、邻居节点和移动方向三个约束条件将有效样本限制在传感器实际位置附近区域。IMCL 设计过程中所做的假设与 MCL 相同。IMCL 包括以下三个阶段:选择样本、邻居节点约束交换以及细化。第一阶段,各传感器从锚节点获得的多个样本中选择一个样本集,形成一个可能位置集。第二阶段,传感器将其允许位置集发送给邻居节点。最后,通过邻居节点和移动方向约束条件对样本进行细化,提高定位的准确性。然后,取细化位置集样本的平均值,从而估计出传感器的位置。

上述蒙特卡罗定位方法均采用了序列蒙特卡罗法,其中大多数方法存在锚定点密度大,或是采样效率低等问题。为此,Zhang 等(2008 年)提出了加权蒙特卡罗定位法(weighted Monte Carlo localization,WMCL)。WMCL 与现有蒙特卡罗算法相似,也是基于边界框法,通过缩小候选样本的取值范围来提高采样频率。但 WMCL 的范围缩小比例比其他方法大得多,因此 WMCL 的采样效率明显提高,进而大大降低计算成本。为解决高移动性场景中的定位问题,Zhang 等(2008 年)提出了 WMCL 的迭代版本,称为迭代 WMCL 法(iterative version of WMCL,IWMCL)。表 7.2 比较了 WSN 中的无需测距定位方法。

表 7.2 传感器网络中无需测距定位方法的比较

方法	依据	特点	说明
质心(Bulusu 等,2000 年)	无需测距	基于锚节点	几何
RSD(Zhong、He,2009 年)	无需测距	相对距离	邻居节点排序
SeRLoc(Lazos、Poovendran,2005 年)	无需测距	安全、稳定	两层网络架构
MCL(Hu、Evans,2004 年)	随机移动和滤波	初始化、预测、估算	不建议在存在障碍物的情况下使用
MSL*(Rudafshani、Datta,2007 年)	使用来自传感器和锚节点的信息	在 MCL 的基础上改进	在高机动性场景中精度会降低
WMCL(Zhang 等,2008 年)	边界框	高采样效率	低锚节点密度
MCB(Baggio、Lagendoen,2006 年)	相关样本和锚框	更快	两跳锚节点可生成样本
IMCL(Sheu 等,2009 年)	有效样本在实际位置附近	使用锚节点、邻居节点和移动方向约束条件	样本选择、邻居节点约束条件交换

另一方面,可以组合使用基于测距和无需测距的定位方法。Zhao 等(2012 年)提出了综合与差异化定位法(combined and differentiated localization,CDL)。该技术作为绿野千传 WSN 的一部分部署在森林中,用于定位野生动物。因此,测距的效果对定位效果(或精度)有很大影响。

7.5 基于锚节点的定位

锚节点或信标是可利用全球定位系统或其他方法确定其位置的特殊节点。

基于锚节点的定位方法是指利用锚节点的位置计算网络中普通节点位置的算法。布置锚节点有助于确定网络中其他节点的位置，或在网络中引入静态坐标。在未使用锚节点的网络中，节点需要创建自己的坐标系统来建立自己的相对位置。一般而言，锚节点的数量越多，位置估计的精度越高。但是，增加锚节点数量会使系统的成本升高，因此该方法不适用于提高定位精度。

Sheu 等（2009 年）提出了分布式无需测距定位方法（distributed range-free localization scheme，DRLS），该方法有助于节点利用位于两跳距离内的锚节点来进行定位。DRLS 包含两个主要阶段：①网格扫描或初始化；②细化。采用网格扫描算法可计算出未知位置传感器的位置。在此基础上，利用一种基于矢量的细化算法，提高传感器位置估计的精度。

Kim 等（2012 年）提出了基于锚节点的分布式定位方法（anchor-based distributed localization，ADL），该方法可提高定位精度，降低定位成本。ADL 以网格扫描算法为基础，使用来自与待定位节点之间可能有两跳距离的锚节点的信息。ADL 的定位精度明显高于分布式无需测距定位方法的定位精度。但是，在使用 ADL 时，由于使用的是估计值，所以仍存在误差传播的可能，特别是对于锚节点密度较低的网络。节点在估计自己的位置后，会检查是否应修正自己的位置，减少因其两跳邻居节点内锚节点数量不足而引起的误差。如需进行修正，则利用从距离节点两跳之外的锚节点获得的概率定位信息，重新计算节点的初始位置。这种概率定位信息称为前进跳距，以找到给定数量传感器节点的概率为基础。

Mourad 等（2009 年）提出了基于针对移动 WSN 的基于锚节点的定位方法，该方法以区间分析方案为基础，利用状态空间模型估计定位误差，将定位问题转化为满足约束条件的问题，然后用华尔兹算法解决问题。该方法可确保对移动节点位置进行在线估计，并考虑了观测误差和锚节点缺陷，可在锚节点与待定位节点之间有多跳距离的情况下估计锚节点位置。

在某些方法中，锚节点在沿指定路径移动时，会广播自己的位置，帮助普通传感器进行自定位。与其他方法相比，这种方法可降低定位成本，提供相对更高的精度。但是，这种方法存在以下问题：如何规划锚节点的移动路径？理想情况下，锚节点应沿着适当路径移动，以便对所有节点进行定位，并将定位误差降到最小。Han 等（2013 年）提出了一种基于三边测量法的移动锚节点定位方法（localization with a mobile anchor based on trilateration，LMAT），在 LMAT 中，移动锚节点沿着适当轨迹移动并广播自己的位置，以使节点能使用三边测量法计算自己的位置。

Xiao 等(2008 年)提出了带移动信标的分布式定位(distributed localization with a moving beacon,DLMB),使用无需测距技术来估计位置,并利用移动信标在 WSN 中定位节点。他们认为,位置估计的精度取决于信标的发射距离和信标需要广播位置信息的次数。确切而言,当信标经过的路径是一条直线时,信标的传输范围和其广播位置信息的频率决定了误差估计的上界。他们扩展了位置估计,即使在随机选择信标经过路径,且这种路径不是直线的情况下,位置估计也包含定位信息。他们还进一步指出,信标节点的移动模式在定位过程中起到了重要作用。为将定位误差的影响降到最低,传感器可根据信标的移动模式使用各种算法。

Pathirana 等(2005 年)提出了一种利用移动机器人(mobile robots,MR)在延迟容忍传感器网络中定位节点的方法。值得注意的是,在延迟容忍网络(delay-tolerant network,DTN)中,延迟并非严格的约束条件。因此,不必对所有节点进行实时定位。此外,Pathirana 等(2005 年)提出了一种延迟容忍传感器网络模型,其中,通常将传感器装置组织为可相互分离的集群,并利用移动机器人从集群中收集数据。当机器人经过时,可根据已接收信号的强度来估计传感器的位置。与其他方法相比,这种方法可将移动机器人视为移动锚节点,不受静态传感器节点的处理约束条件限制,也不使用静态锚节点。与标准卡尔曼滤波器相反,Pathirana 等(2005 年)提出的上述方法使用了鲁棒扩展卡尔曼滤波器(robust extended Kalman filter,REKF)。与标准卡尔曼滤波器相比,REKF 具有更高的鲁棒性和计算效率。

Ou 和 He(2012 年)提出了路径规划算法(path planning algorithm,PPA),该方法是一种移动 WSN 中基于锚节点的定位方法,试图最小化移动锚节点的轨迹,从而最小化定位误差,并确保对网络中的所有节点进行定位。为减轻障碍物的影响,需选择合适的轨迹,以确保轨迹沿线不存在障碍物。

在无需测距算法中,节点利用对移动锚节点位置施加的几何约束条件来估计自己的位置。但是,锚节点应如何移动以最小化定位误差和锚节点移动距离的问题仍待解决。Chang 等(2012 年)提出了锚节点导向机制(anchor guiding mechanism,AGM)方法,该方法可确定移动锚节点的位置,并为其构建运动路径,可解决上述问题。AGM 包含 4 个主要阶段:①识别有潜力的区域;②进行加权计算;③选择锚节点位置;④构建路径。此外,为了选择移动锚节点位置,研究还提出了基于效益和距离的两种策略。表 7.3 比较了 WSN 中基于锚节点的定位方法。

表 7.3 传感器网络中基于锚节点的定位方法的比较

方法	依据	特点	说明
DLRS (Sheu 等,2009 年)	基于锚节点以 及无需测距	改进估计	利用两跳内的锚节点
ADL (Kim 等,2012 年)	基于锚节点	提高精度并降低费用	网格扫描算法
DLMB (Xiao 等,2008 年)	移动信标与滤波	也适用于非直线路径	信标传输的范围 和频率决定误差
LMAT (Han 等,2013 年)	三边测量法	移动锚节点	尽量降低定位误差
MR (Pathirana 等,2005 年)	基于锚节点	移动机器人	使用鲁棒扩展 卡尔曼滤波器
PPA (Ou、He,2012 年) AGM (Chang 等,2012 年)	路径规划 移动锚节点	轨迹避开障碍物 确定位置并构建路径	尽量减少轨迹 基于效益和距离的 位置选择

7.6 无锚节点定位

虽然基于锚节点的定位方法的成本明显低于全球定位方法(如全球定位系统),但为了实现稳定且精确定位,必须提供足够多的锚节点,进而增加了系统成本。因此,需设计一种不使用锚节点的定位方法。但是,无锚节点定位方法的主要问题仍是找到某种形式的参考点,以便传感器计算自己的位置。

Priyantha 等(2003 年)提出了无锚节点定位方法(anchor - free localization,AFL),其中网络中的所有节点同时计算和改进自己的位置信息。AFL 基于无环嵌入图的概念,主要包含两个步骤。第一步,根据原始的图形嵌入构建一个无环嵌入。然后,选择 5 个参考节点为需定位的节点建立近似坐标。第二步,采用基于质点 - 弹簧的优化方法对定位误差进行调整。

Fang 等(2007 年)提出了基于部署知识的系统定位方法(knowledge - based positioning system,KPS),该方法基于两个基本假设。第一个假设:将传感器预先分为较小的传感器组,预先确定传感器组部署点的坐标,将这些部署点作参考点;为估计传感器的位置,建立传感器与参考点之间的空间关系。第二个假设:在部署区域内,传感器的位置可能不是均匀随机分布的;因此,属于不同部署点的传感器可能具有不同的邻居节点集。使用概率分布函数,建模分析传感器在距离其部署点一定距离处被丢弃的概率。在基于部署知识的定位系统中,每个传感器从每组中识别出一个邻居节点集,这一过程称为传感器的观测。然后,传感器会利用最大似然估计原理估计自己的位置。

Tan 等(2013 年)提出了适用于带凹形区的大规模 WSN 的基于连通性的无锚节点三维定位方法(connectivity-based and anchor free three dimensional localization,CATL)。CATL 基于对陷波特殊节点的识别。陷波处源与目的地之间的最短路径是弯曲的。在陷波处,可观察到欧几里得距离和基于跳数的距离之间开始出现显著差异。CATL 由一种迭代算法组成,利用多边定位法来避免陷波。在全局最短路径树中,相比普通节点,陷点通常具有更胖的子树,基于此识别网络中的陷点。为了识别陷波,需检测最短路径树中的胖树异常。CATL 的一个主要特点在于其独立于网络边界。

Efrat 等(2010 年)研究提出了多尺度航迹推算(multi-scale dead-reckoning,MSDR)无锚节点定位算法。MSDR 是分布式的,可扩展且抗噪的,基于力导向图(force-directed graphs,FDG)的计算布局,利用 FDG 的多尺度扩展来处理可扩展性问题,并利用航迹推算扩展来缓解由相对简单的拓扑带来的问题。航迹推算或航位推算是一种利用物体移动的方向和距离(参照先前确定的位置),估计移动物体当前位置的方法。

Xu 等(2007 年)提出了无锚节点移动地理分布式定位方法(anchor-free mobile geographic distributed localization,MGDL),该方法适用于包含移动节点子集的传感器网络,利用每个节点中的加速度计来估算微粒移动的距离,并通过一系列步骤来定位节点。Guo 和 Liu(2013 年)提出了无锚节点定位算法(anchor-free localization algorithm,AFLA),该方法适用于 UWSN,利用每个节点的邻居节点(而非锚节点)来确定节点的位置。

还有一种定位方法称为补丁与拼接定位算法(patch and stitch localization algorithms,PSLA)。在 PSLA 中,由节点构建局部地图,称为补丁。一个补丁通常包含一个节点及其邻居节点,可将其视为一个嵌入相对坐标系的组成传感器。对补丁或局部地图进行拼接而构建全局地图的现象称为补丁拼接。在 PSLA 中,补丁所拼接地图的错误反射称为翻转误差。为了检测和预防这种误差,Kwon 等(2010 年)提出了一种无锚节点定位方法。为防止翻转误差,可使用以下两种滤波方法:①模糊度测试;②翻转冲突检测。表 7.4 比较了传感器网络中无锚节点定位方法。

表 7.4 传感器网络中无锚节点定位方法的比较

方法	依据	特点	说明
AFL(Priyantha 等,2003 年)	无需折叠的图嵌入	基于质点-弹簧优化	位置的并行计算
KPS(Fang 等,2007 年)	关于部署点的先验知识	最小似然估计	需要部署点的精确位置
CATL(Tan 等,2013 年)	陷点	独立于网络边界	全局最短路径树
MSDR(Efrat 等,2010 年)	力导向图	可扩展、分布式	航迹推算 多尺度
MGDL(Xu 等,2007 年) PSLA(Kwon 等,2010 年)	基于距离 补丁与拼接	移动节点子集 局部和全局地图	使用加速度计 滤波方法可防止 翻转误差
AFLA(Guo、Liu,2013 年)	基于邻居节点	无锚节点	UWSN

7.7 定向定位

波达角(AoA)是指参考方向与入射波的传播方向之间的夹角。参考方向亦称方位,用于测量所有波达角。基于邻居节点间波达角信息的定位方法,利用来自相距多跳距离的节点信息进行定位(Peng、Sichitiu,2006 年)。Peng 和 Sichitiu(2006 年)提出了基于方位信息的概率定位(probabilistic localization with orientation information,PLOI),由于节点的位置是利用概率分布函数估计而得,因此该算法具有概率性。假设每个传感器节点的方位是已知的。值得注意的是,对于方位已知的节点,须利用两个或更多锚节点来估计其位置。但是,在稀疏 WSN 中,每个节点的锚节点数量可能小于 2。因此,为了定位每个节点,需利用从相距多跳距离的锚节点获得的位置信息。

Nasipuri 和 Li(2002 年)提出了基于方向性的定位方法(directionality based location discovery,DLD),该方法适用于 WSN。该方法基于 AoA 技术,传感器节点可利用来自三个或更多固定信标节点的无线传输来确定自己的位置,定向信标信号的波束宽度是误差的主要来源。为减小误差,波束宽度应在 15°以下 (Nasipuri、Li,2002 年)。DLD 基于角度估计,其性能不依赖于网络部署区域的绝对维度,这是该方法的优点之一。但是,该方法需信标节点配备专用天线,用于发射旋转定向波束。

Falletti 等(2006 年)提出了基于智能天线的移动定位系统(smart antenna based movable localiza- tion system,SAM LOST),该系统是一种自主定位系统,利用由移动传感器节点发射的到达方向(direction-of-arrival,DoA)信号进行定位。其特点是可以根据需要移动到任何位置。定位站的定位和定向是自动执行的,因此该系统具有自主性。用户只需使用简单的发射器和接收器,而无需拥有特定的定位仪。

Akcan 和 Evrendilek(2012 年)提出了双无线电定位法(dual wireless radio localization,DWRL),该方法在本质上具有定向性,基于测距,无需使用锚节点。DWRL 的局限性在于,只能用于对静态 WSN 中的传感器进行定位,且需为每个节点添加一个无线电台。而 DWRL 的优点是鲁棒性好,即该方法能在存在噪声的情况下对节点进行定位。

Akcan 和 Evrendilek(2012 年)提出了在利用定向信息的 WSN 中无需锚节点进行定位的两种算法,即无全球定位系统的定向定位(GPS-free directed localization,GDL)和无全球定位系统且无罗盘的定向定位(GPS and compass-free directed localization,GCDL)。这两种算法是分布式的,允许节点以协作方式移动。它们的不同之处在于,GDL 假设每个节点都具有一个指向北方的数字罗盘作为参考方向;而 GCDL 无需为每个节点都提供罗盘。在 GDL 中,定位分两个阶段完成:①核心定位;②验证。第一阶段,对于参与定位过程的每个邻居节点,将生成一组(两个)可能的相对位置。第二阶段,借助两个相对位置的集合,用另一个邻居节点来计算最终位置。

另一方面,在 GCDL 中,考虑到额外硬件成本,以及某些不利条件可能改变磁场,从而减少使用罗盘的机会(特别是在不利环境中),因此放宽了对罗盘的要求。GCDL 可控制传感器节点的协同运动,该算法将节点分成两组,即红组和蓝组,并允许每组以一种逐步方式移动,即当其中一组移动时,另一组保持静止。在每组以逐步方式移动的过程中,利用几何性质对邻居节点进行定位。节点不使用罗盘,而是遵循一个共用的虚拟北方向,使其能作为一个队列移动。与 GDL 相比,GCDL 不会出现与罗盘相关的故障和误差。

Karakaya 和 Qi(2014 年)提出了利用可视化传感器网络中的协作进行定位的方法,解决了从故障传感器接收到的信息不准确的问题,还提出了一种基于投票机制的分布式容错算法,检测传感器故障,并采取与摄像头方位相关的纠正措施,从而减轻故障传感器的影响。表 7.5 比较了 WSN 中的定向定位方法。

表7.5 传感器网络中定向定位方法的比较

方案	依据	特点	说明
DLD(Nasipuri、Li,2002年)	无锚节点	基于波达角	旋转定向波束
DWRL(Akcan、Evrendilek,2012年)	基于锚节点	鲁棒	双无线电
SAMLOST(Falletti等,2006年)	到达方向	按需移动	自主
GDL(Akcan、Evrendilek,2012年)	基于罗盘	核心定位与验证	将北方作为参考方向
GCDL(Akcan、Evrendilek,2012年)	无锚节点	群组移动	虚拟北方

Goverdovsky等(2016年)针对软件定义无线电网络,提出了一种用于定位算法快速原型设计的测试平台。该测试平台成本效益高,可利用宽带,并支持重新配置。Saeed和Nam(2016年)提出了一种基于集群和多维度尺度的定位方法(cluster based localization scheme using multi-dimensional Scaling, CBMDS),该方法适用于认知无线电网络(cognitive radio networks, CRN)。Wang等(2017年)提出了一种基于深度学习的无设备定位和活动识别(deep learning based device-free localization and activity recognition, DFLAR)方法。Y. Zhao等(2019年)介绍了如何使用半正定规划来选择传感器,以简化定位过程。

7.8 小 结

WSN定位方法的设计是一项具有挑战性的任务。本章综述了文献中提出的WSN定位方法,并介绍了静态和移动传感器网络的各类定位方法,如基于锚节点、无需锚节点、基于测距、无需测距以及定向的定位方法,还比较了各种方法的依据、主要特点及优缺点。

参考文献

Akcan, Hüseyin, and Cem Evrendilek. 2012. "GPS-Free Directional Localization via Dual Wireless Radios." *Computer Communications* 35(9):1151-1163.

Alemdar, Hande, and Cem Ersoy. 2010. "Wireless Sensor Networks for Healthcare: A Survey." *Computer Networks* 54(15):2688-2710.

Baggio, Aline, and Koen Langendoen. 2006. "Monte-Carlo Localization for Mobile Wireless Sensor Networks." *Ad Hoc Networks* 6(5):713-718.

Bahl, Paramvir, and Venkata N. Padmanabhan. 2000. "RADAR: An In-Building RF-Based User Location and Tracking System." In *Proceedings IEEE INFOCOM 2000. Conference on Computer*

Communications. Nineteenth Annual Joint Conference of the IEEE Computer and Communications Societies(Cat. No. 00CH37064), Tel Aviv, Isreal, 2:775 – 784.

Boushaba, Mustapha, Abdelhakim Hafid, and Abderrahim Benslimane. 2009. "High Accuracy Localization Method Using AoA in Sensor Networks." *Computer Networks* 53(18):3076 – 3088.

Bulusu, Nirupama, John Heidemann, and Deborah Estrin. 2000. "GPS – Less Low – Cost Outdoor Localization for Very Small Devices." *IEEE Personal Communications* 7(5):28 – 34.

Chang, Chao – Tsun, ChiehYoung Chang, and Chih – Yu Lin. 2012. "Anchor – Guiding Mechanism for Beacon – Assisted Localization in Wireless Sensor Networks." *IEEE Sensors Journal* 12(5): 1098 – 1111.

Cheng, Xiuzhen, Andrew Thaeler, Guoliang Xue, and Dechang Chen. 2004. "TPS: A Time – Based Positioning Scheme for Outdoor Wireless Sensor Networks." In *IEEE INFOCOM 2004* 4:2685 – 2696.

Cobos, Maximo, Juan J. Perez – Solano, Santiago Felici – Castell, Jaume Segura, and Juan M. Navarro. 2014. "Cumulative – Sum – Based Localization of Sound Events in Low – Cost Wireless Acoustic Sensor Networks." *IEEE/ACM Transactions on Audio, Speech, and Language Processing* 22 (12): 1792 – 1802.

Costa, Jose A., Neal Patwari, and Alfred O. Hero III. 2006. "Distributed Weighted – Multidimensional Scaling for Node Localization in Sensor Networks." *ACM Transactions on Sensor Networks (TOSN)* 2(1):39 – 64.

Dil, Bram, Stefan Dulman, and Paul Havinga. 2006. "Range – Based Localization in Mobile Sensor Networks." In *European Workshop on Wireless Sensor Networks*, Zurich, Switzerland, 164 – 179.

Efrat, Alon, David Forrester, Anand Iyer, Stephen G. Kobourov, Cesim Erten, and Ozan Kilic. 2010. "Force – Directed Approaches to Sensor Localization." *ACM Transactions on Sensor Networks (TOSN)* 7(3):1 – 25.

Eriksson, Jakob, Lewis Girod, Bret Hull, Ryan Newton, Samuel Madden, and Hari Balakrishnan. 2008. "The Pothole Patrol: Using a Mobile Sensor Network for Road Surface Monitoring." In *Proceedings of the 6th International Conference on Mobile Systems, Applications, and Services*, Breckenridge, CO, 29 – 39.

Falletti, Emanuela, Letizia Lo Presti, and Fabrizio Sellone. 2006. "SAM LOST Smart Antennas – Based Movable Localization System." *IEEE Transactions on Vehicular Technology* 55(1):25 – 42.

Fang, Lei, Wenliang Du, and Peng Ning. 2007. "A Beacon – Less Location Discovery Scheme for Wireless Sensor Networks." In *Secure Localization and Time Synchronization for Wireless Sensor and Ad Hoc Networks*, Miami, FL, 33 – 55. Springer.

Goverdovsky, Valentin, David C. Yates, Marc Willerton, Christos Papavassiliou, and Eric Yeatman. 2016. "Modular Software – Defined Radio Testbed for Rapid Prototyping of Localization Algorithms." *IEEE Transactions on Instrumentation and Measurement* 65(7):1577 – 1584.

Guo, Ying, and Yutao Liu. 2013. "Localization for Anchor – Free Underwater Sensor Networks." *Computers and Electrical Engineering*, 39(6):1812 – 1821.

Han, Guangjie, Huihui Xu, Jinfanf Jiang, Lei Shu, Takahiro Hara, and Shojiro Nishio. 2013. "Path Planning Using a Mobile Anchor Node Based on Trilateration in Wireless Sensor Networks." *Wireless Communication and Mobile Computing* 13(14):1324 – 1336.

He, Tian, Chengdu Huang, Brian M. Blum, John A. Stankovic, and Tarek Abdelzaher. 2003. "Range – Free Localization Schemes for Large Scale Sensor Networks." In *Proceedings of the 9th Annual International Conference on Mobile Computing and Networking*, San Deigo, CA, 81 – 95.

Hofmann – Wellenhof, Bernhard, Herbert Lichtenegger, and James Collins. 2012. Global *Positioning System*: *Theory and Practice*. Wein, Austria: Springer – Verlag.

Hu, Lingxuan, and David Evans. 2004. "Localization for Mobile Sensor Networks." In *Proceedings of the 10th Annual International Conference on Mobile Computing and Networking*, Philadelphia, PA, 45 – 57.

Karakaya, Mahmut, and Hairong Qi. 2014. "Collaborative Localization in Visual Sensor Networks." *ACM Transactions on Sensor Networks* (*TOSN*) 10(2):1 – 24.

Kim, Taeyoung, Minhan Shon, Mihul Kim, Dongsoo S. Kim, and Hyunseung Choo. 2012. "Anchor – Node – Based Distributed Localization with Error Correction in Wireless Sensor Networks." *Hindawi International Journal of Distributed Sensor Networks* 2012:1 – 14. doi:10. 1155/2012/975147

Kwon, Oh – Heum, Ha – Joo Song, and Sangjoon Park. 2010. "Anchor – Free Localization through Flip – Error – Resistant Map Stitching in Wireless Sensor Network." *IEEE Transactions on Parallel and Distributed Systems* 21(11):1644 – 1657.

Lazos, Loukas, and Radha Poovendran. 2005. "SeRLoc: Robust Localization for Wireless Sensor Networks." *ACM Transactions on Sensor Networks* (*TOSN*) 1(1):73 – 100.

Lee, Jeongkeun, Kideok Cho, Seungjae Lee, Taekyoung Kwon, and Yanghee Choi. 2006. "Distributed and Energy – Efficient Target Localization and Tracking in Wireless Sensor Networks." *Computer Communications* 29(13 – 14):2494 – 2505.

Li, Xu, Wei Shu, Minglu Li, Hong – Yu Huang, Pei – En Luo, and Min – You Wu. 2008. "Performance Evaluation of Vehicle – Based Mobile Sensor Networks for Traffic Monitoring." *IEEE Transactions on Vehicular Technology* 58(4):1647 – 1653.

Liu, Chong, Tereus Scott, Kui Wu, and Daniel Hoffman. 2007. "Range – Free Sensor Localisation with Ring Overlapping Based on Comparison of Received Signal Strength Indicator." *International Journal of Sensor Networks* 2(5 – 6):399 – 413.

Liu, Xuan, Jiangjin Yin, Shigeng Zhang, Bo Ding, Song Guo, and Kun Wang. 2018. "Range – Based Localization for Sparse 3 – D Sensor Networks." *IEEE Internet of Things Journal* 6(1):753 – 764.

Moore, David, John Leonard, Daniela Rus, and Seth Teller. 2004. "Robust Distributed Network Localization with Noisy Range Measurements." In *Proceedings of the 2nd International Conference on Embedded Networked Sensor Systems, Baltimore, MD, 50 – 61.

Mourad, Farah, Hichem Snoussi, Fahed Abdallah, and Cedric Richard. 2009. "Anchor – Based Localization via Interval Analysis for Mobile Ad – Hoc Sensor Networks." *IEEE Transactions on Signal Processing* 57(8):3226 – 3229.

Nagpal, Radhika, Howard Shrobe, and Jonathan Bachrach. 2003. "Organizing a Global Coordinate System from Local Information on an Ad Hoc Sensor Network." In *Information Processing in Sensor Networks*, Palo Alto, CA. 333 – 348.

Nasipuri, Asis, and Kai Li. 2002. "A Directionality Based Location Discovery Scheme for Wireless Sensor Networks." In *Proceedings of the 1st ACM International Workshop on Wireless Sensor Networks and Applications*, Atlanta, GA, 105 – 111.

Niculescu, Dragocs, and Badri Nath. 2003. "DV Based Positioning in Ad Hoc Networks." *Telecommunication Systems* 22(1 – 4):267 – 280.

Ou, Chia – Ho, and Wei – Lun He. 2012. "Path Planning Algorithm for Mobile Anchor – Based Localization in Wireless Sensor Networks." *IEEE Sensors Journals* 13(2):466 – 475.

Pathirana, Pubudu N., Nirupama Bulusu, Andrey V. Savkin, and Sanjay Jha. 2005. "Node Localization Using Mobile Robots in Delay – Tolerant Sensor Networks." *IEEE Transactions on Mobile Computing* 4(3):285 – 296.

Peng, Rong, and Mihail L. Sichitiu. 2006. "Angle of Arrival Localization for Wireless Sensor Networks." In *2006 3rd Annual IEEE Communications Society on Sensor and Ad Hoc Communications and Networks*, Reston, VA, 1:374 – 382.

Priyantha, Nissanka B., Anit Chakraborty, and Hari Balakrishnan. 2000. "The Cricket Location – Support System." In *Proceedings of the 6th Annual International Conference on Mobile Computing and Networking*, Boston, MA, 32 – 43.

Priyantha, Nissanka B., Hari Balakrishnan, Erik Demaine, and Seth Teller. 2003. "Anchor – Free Distributed Localization in Sensor Networks." In *Proceedings of the 1st International Conference on Embedded Networked Sensor Systems*, Boston, MA, 340 – 341.

Rudafshani, Masoomeh, and Suprakash Datta. 2007. "Localization in Wireless Sensor Networks." In *Proceedings of International Conference on Information Processing in Sensor Networks (IPSN)*, Cambridge, MA, 51 – 60.

Saeed, Nasir, and Haewoon Nam. 2016. "Cluster Based Multidimensional Scaling for Irregular Cognitive Radio Networks Localization." *IEEE Transactions on Signal Processing* 64(10):2649 – 2659.

Sheu, Jang – Ping, Wei – Kai Hu, and Jen – Chiao Lin. 2009. "Distributed Localization Scheme for Mobile Sensor Networks." *IEEE Transactions on Mobile Computing* 9(4):516 – 526.

Srivastava, Mani, Richard Muntz, and Miodrag Potkonjak. 2001. "Smart Kindergarten: Sensor – Based Wireless Networks for Smart Developmental Problem – Solving Environments." In *Proceedings of the 7th Annual International Conference on Mobile Computing and Networking*, Rome,

Italy, 132 – 138.

Tan, Guang, Hongbo Jiang, Shengkai Zhang, Zhimeng Yin, and Anne – Marie Kermarrec. 2013. "Connectivity – Based and Anchor – Free Localization in Large – Scale 2D/3D Sensor Networks." *ACM Transactions on Sensor Networks*(*TOSN*) 10(1):1 – 21.

Thaeler, Andrew, Min Ding, and Xiuzhen Cheng. 2005. "ITPS: An Improved Location Discovery Scheme for Sensor Networks with Long – Range Beacons." *Journal of Parallel and Distributed Computing* 65(2):98 – 106.

Wang, Jie, Xiao Zhang, Qinhua Gao, Hao Yue, and Hongyu Wang. 2017. "Device – Free Wireless Localization and Activity Recognition: A Deep Learning Approach." *IEEE Transactions on Vehicular Technology* 66(7):6258 – 6267.

Xiao, Bin, Hekang Chen, and Shuigeng Zhou. 2008. "Distributed Localization Using a Moving Beacon in Wireless Sensor Networks." *IEEE Transactions on Parallel and Distributed Systems* 19(5):587 – 600.

Xu, Yurong, Yi Ouyang, Zhengyi Le, James Ford, and Fillia Makedon. 2007. "Mobile Anchor – Free Localization for Wireless Sensor Networks." In *International Conference on Distributed Computing in Sensor Systems*, Santa Fe, NM, 96 – 109.

Yan, Junlin, Christian C. J. M. Tiberius, Peter J. G. Teunissen, Giovanni Bellusci, and Gerard J. M. Janssen. 2010. "A Framework for Low Complexity Least – Squares Localization with High Accuracy." *IEEE Transactions on Signal Processing* 58(9):4836 – 4847.

Zhang, Shigeng, Jiannong Cao, Lijun Chen, and Daoxu Chen. 2008. "Locating Nodes in Mobile Sensor Networks More Accurately and Faster." In *2008 5th Annual IEEE Communications Society Conference on Sensor, Mesh and Ad Hoc Communications and Networks*, San Francisco, CA, 37 – 45.

Zhao, Jizhong, Wei Xi, Yuan He, Yunhao Liu, Xiang – Yang Li, Lufeng Mo, and Zheng Yang. 2012. "Localization of Wireless Sensor Networks in the Wild: Pursuit of Ranging Quality." *IEEE/ACM Transactions on Networking* 21(1):311 – 323.

Zhao, Yue, Zan Li, Benjian Hao, Pengwu Wan, and Linlin Wang. 2019. "How to Select the Best Sensors for TDOA and TDOA/AOA Localization?" *China Communications* 16(2):134 – 145.

Zhong, Ziguo, and Tian He. 2009. "Achieving Range – Free Localization beyond Connectivity." In *Proceedings of the 7th ACM Conference on Embedded Networked Sensor Systems*, Berkeley, CA, 281 – 294.

Zhou, Junyi, and Jing Shi. 2011. "A Comprehensive Multi – Factor Analysis on RFID Localization Capability." *Advanced Engineering Informatics* 25(1):32 – 40.

第8章

分布式智能网络:5G、AI 与 IoT 的融合

M. Z. 沙米姆(M. Z. Shamim)、M. 帕拉扬加特(M. Parayangat)、
V. P. 萨凡索·伊利亚斯(V. P. Thafasal Ijyas)
S. J. 阿里(S. J. Ali)

8.1 引 言

  5G、AI 和 IoT 是过去十年里出现的新兴技术,这些技术正带领我们迈进分布式智能(distributed intelligence, DI)时代(Fu 等,2018 年;Wang 等,2019 年; Ioannou 等,2020 年;Song 等,2020 年)。人工智能和大数据已帮助各类垂直领域开发出了大量新的应用,如今亟须将其强大的云中心处理能力迁移到边缘物联网设备,进而为人工智能物联网(artificial intelligence of things, AIoT)的边缘计算应用奠定重要基础。简单来说,人工智能物联网可在集成人工智能算法的帮助下实现物联网设备独立执行智能决策任务,无需人为干预。传统做法一般会利用不同的传感器、摄像头和物联网设备阵列来收集数据,将数据传输到云集中式数据中心,以便利用人工智能创建情景。到 2020 年,有超过 500 亿台物联网边缘设备与万维网相连(Davis,2018 年);到 2025 年,这些设备每年将产生近 150 泽字节(ZB)的数据(Reinsel 等,2018 年)。不过,要想处理如此庞大的数据并将其传输到云端,还要应对多项挑战。首先,从能耗、带宽容量和所需计算能力等方面来看,从边缘物联网设备向数据中心传输大量数据需要较高成本。其次,据估计,各组织仅对 12% 的传输数据进行了分析。第三,用于数据传输和处

理的电力消耗非常巨大,需要找到新的方法将这种能源浪费和相关传输成本降至最低。边缘计算(edge computing,EC)技术有望通过利用接近边缘的人工智能技术来应对此等挑战(Santoyo Gonzalez、Cervello Pastor,2019年)。此举会带来诸多益处,即改善端到端服务延时,减少大型数据中心能耗,最大程度降低数据隐私方面的网络安全风险,也可以在如今应用程序能在网络中断期间正常运行的背景下,提升网络可靠性。因此,为实现人工智能场景化,大多数本地服务器均使用了融合GPU辅助硬件加速的低功率系统级芯片(systems on chips,SoC)。

在分布式智能愿景中,得益于计算资源的指数式增长,可利用边缘人工智能技术,对数字数据进行分析和情境化,此等数字数据通过物联网的传感器、设备和机器获取。为了在实时用例中将人工智能与物联网相连,实现无处不在的分布式智能愿景,5G的部署至关重要。5G网络可实现超快、超低延时和高带宽连通性,加之使用人工智能物联网设备所获取的大量场景化数据,几乎所有行业均可实现转型,并具有高度的灵活性和适应性,而这是现有网络设计范式无法企及的。5G和边缘计算技术的融合通过加速技术发展,带来了新的颠覆性数字应用和服务,进而改变了我们的生活和工作方式。这种融合还将为电信服务提供商和半导体公司建立新的市场,帮助开发新的软件生态系统。为实现这一愿景,网络转型将至关重要,因为服务提供商将需要调整现有的无线网络,以适应呈指数增长的新主流用例。因此,增强型移动宽带(enhanced mobile broadband,eMBB)、超可靠低延时通信(ultra-reliable low-latency communication,URLLC)和海量机器类通信(massive machine type communication,mMTC)等领域需要具有相当大的灵活性,以支持基于网络编排的新云原生平台(Fu等,2018年)。如图8.1所示,这些转型非常有助于利用5G与人工智能物联网技术的融合来创造新的商机(Lowman,2020年)。

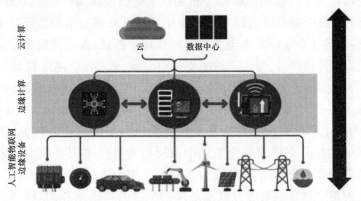

图8.1 利用5G和人工智能物联网的未来分布式智能网络

8.2 5G 和人工智能物联网的全球影响

5G 与人工智能物联网的融合,将帮助推广许多垂直领域的全自动化流程,打造全球范围内产生经济价值的创新商业模式,进而催生出多个技术领域(如工业制造、医疗保健、汽车)。如图 8.2 所示,市场研究表明,到 2025 年,这种融合将创造近 4 万亿美元的收入(Saadi、Mavrakis,2020 年)。预计到 2036 年,这一数字将增长至近 20 万亿美元,占全球国内生产总值(GDP)的 9.7%(Saadi、Mavrakis,2020 年)。

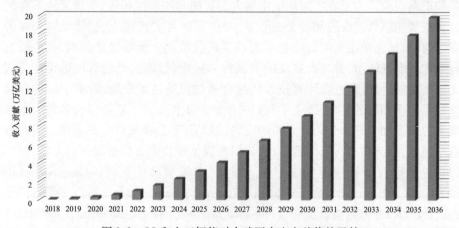

图 8.2　5G 和人工智能对全球国内生产总值的贡献

新冠肺炎疫情也加快了 5G 和人工智能物联网技术的应用普及,这场疫情改变了我们对医疗保健和远程办公相关技术的价值认知(Shen,2020 年)。分布式智能可帮助应对全球追踪新冠肺炎疫情以及减缓疫情扩散所带来的紧迫挑战,在检测的各个方面发挥至关重要的作用。例如,人工智能物联网摄像头配备集成温度传感器后,可用于检测受感染个体,通过 5G 网络自动与相关卫生部门实时通信。后疫情时代,为确保健康和安全的生活方式,公众的态度将发生重大转变,会更加青睐利用人工智能物联网技术(Shen,2020 年)。届时,反对为安全和幸福而牺牲隐私的声音将成为新的常态。例如,未来可实现在非接触式身份识别和安全系统中采用植入物体或面部识别技术。可穿戴人工智能物联网解决方案将成为消费者了解个人健康的切入点。我们相信,5G 将为越来越多的智能互联设备提供所需的基础服务,并辅助这些设备投入应用。

8.3 对下一代分布式智能无线网络的需求

分布式智能网络利用5G和人工智能物联网系统推动整个电信行业不断发展,以满足所有垂直领域不断增长的需求。5G与人工智能的融合将会帮助人们开发出适合的分布式智能基础设施,使其实时渗透各个领域和应用的自主决策过程中。这种具有灵活性和适应性的智能网络将具有以下特点:

(1)可扩展性。5G智能网络利用网络切片和编排技术将满足各种服务和应用对服务质量的不同需求。例如,专用于医疗保健服务的网络切片可在所有应用中获得最高优先级。

(2)去中心化智能。利用智能宏蜂窝与微蜂窝将人工智能算力从中心节点向边缘节点转移,将会带来云计算更加靠近终端用户的范式转变。实现这种转变,需要对智能5G网络进行非常密集的部署,从而在从云到物联网边缘的整个网络上实现智能分布,进一步提高性能,并改善服务体验,也将提高整体基础设施效率。

(3)提高运营效率。人工智能辅助的智能5G网络有助于多种基础设施流程实现自动化,减少各行业资源浪费并能实现智能决策,还可减少人工干预、简化技术复杂性,进而提高生产和运营效率。

(4)提高网络安全。在5G网络中利用分布式智能可对大量数据进行分析,更有效地检测并防御恶意网络攻击。例如,人工智能通过分析异常频谱使用模式检测网络流量的异常情况(如泛洪、干扰),且无需人为干预就可自动采取纠正措施。

(5)无线电感知。如图8.3所示,人工智能物联网设备利用设备端人工智能推理,可在复杂的射频环境中进行情景和环境感知,进而减少网络数据流量,实现高效的无线移动性、频谱利用率和更高的无线电安全性,改善5G端到端系统(Smee、Hou,2020年)。此等设备可用于进行智能波束赋形和功耗管理,提高数据吞吐量,延长电池寿命和提升其鲁棒性。

图8.3 感知设备端情景和环境以减少网络访问开销和延时

8.4　5G 和人工智能物联网系统的使能技术用例

分布式智能无线网络有望成为发展新一波创新和用例的技术平台。无线人工智能物联网边缘设备利用超低延时高带宽 5G 频谱和设备端人工智能推理,将为各类垂直行业和用例提供灵活的解决方案。这种架构将有助于适应各类网络环境,对经济与性能进行适当权衡,实现不同应用的最高要求。5G 与人工智能物联网的融合预计将在工业制造、交通物流、医疗保健、安全和娱乐行业五大关键领域发挥重要作用。下文将讨论五大领域中的一些应用,重点关注 5G 与人工智能物联网的融合如何提高生产率。

8.4.1　工业 4.0

在工业制造领域,分布式智能 5G 网络将有助于实现下一次工业革命,这也被称为工业 4.0 或工业物联网(industrial internet of things,IIoT)(Wollschlaeger 等,2017 年;Aijaz、Sooriyabandara,2018 年)。物流优化、工业自动化和远程遥控的应用可大大减少生产停工时间,实现实时自动化的预防性维护,并增强质量保证,从而提高生产率。

应用:自动化工厂和远程检查。

将超快、超低延时的 5G 连通性与智能 AIoT 设备相结合,可提高一些工业流程和机械的自动化水平(Wollschlaeger 等,2017 年)。例如,与机载人工智能连接的传感器和摄像头可自动预测生产线中的生产缺陷,做出实时纠正决策。实现 5G 连通性以后,人们就能使用带有虚拟现实或增强现实技术的智能手套和智能耳机等交互式工具,借助实时视觉和触觉反馈,对工业机器人进行无缝远程监督和控制(Aijaz、Sooriyabandara,2018 年)。此举能够降低成本,最大限度降低核电站、海上石油钻井平台等危险领域的运营风险。

8.4.2　运输和物流

在汽车行业,人工智能正在改变车辆自动化、运输和物流管理方式。如今的自动驾驶汽车利用车载传感器、摄像头以及人工智能辅助机器视觉模型,可在复杂和动态变化的环境中实现自动驾驶、导航甚至交通监控(Zhao 等,2018 年;Tanwar 等,2019 年)。5G 与人工智能物联网相结合,可充分发挥此应用的潜力。

应用:智能网联汽车。

带有车载人工智能物联网系统的网联汽车可通过 5G 网络,使用车联网通信协议与其他网联汽车和路旁系统进行实时无线通信,进而实现自主导航(Zhao等,2018年)。这也有助于实现自动化交通管理,最终实现无人驾驶公共交通模式,减少交通事故,改善公共安全。网联车队和无人机(unmanned aerial vehicles,UAV)机队也可用于物流行业(Tanwar等,2019年;Ullah等,2019年)。目前无人机正用于在极具挑战性的地形甚至城市拥堵的环境中运送货物。无人机群利用5G网络和机载人工智能物联网系统,将实现自我协作,避免相互碰撞,避开沿途的其他障碍物。这类系统的维护成本比载人运输系统低得多,因此将为政府部门和终端用户节省大量成本。

8.4.3 医疗5.0

目前,医疗保健领域已将人工智能应用于诊断、药物合成和患者筛查等领域。下一代医疗革命(医疗5.0)将利用5G网络的超低延时、高带宽和高数据速率,结合人工智能物联网医疗设备,实现创新性应用,如实时个性化监测和护理(也称精准医疗),帮助医疗从业者实施远程人工智能辅助手术(Soldani等,2017年;Mohanta等,2019年;Ullah等,2019年)。

应用1:精准医疗。

当前的医用级边缘设备(如心电图(electrocardiogram,ECG)和血糖监测设备),可利用经过训练的人工智能算法检测患者生命体征中的异常情况,对任何潜在疾病进行早期诊断(Ullah等,2019年)。此等人工智能设备利用5G连通性,可促进远程监测和诊断,提供更有效的护理。这项技术有望彻底改变医疗保健服务行业,打破医疗保健服务从业人员的地理限制。可穿戴的半侵入性或非侵入性生物识别设备(如健身追踪器和皮肤传感器)已逐渐普及(Mohanta等,2019年)。目前这类医疗设备只能进行数据测量,将数据传输到用户的智能手机上进行数据处理并发送通知。未来的医疗设备将融合5G技术和经训练的人工智能模型,持续监测患者生命体征,一旦发现任何医疗异常就向相关部门实时发出紧急医疗护理警报。

应用2:远程诊断和手术。

在某些情况下,有些患者距离医疗机构较远,还有些患者病情太严重无法转移,得益于分布式智能网络具有有形的特点,可利用超可靠、超高速且超低延迟的5G网络,使医生能够使用音频视频连接和实时触觉反馈对此类病例进行远程诊断。医学专家利用基于5G和人工智能物联网的机器人系统,在不久的将来,也将能进行远程手术(Soldani等,2017年)。

8.4.4　安保与安全

分布式智能 5G 网络有望帮助政府机构打击犯罪,大大提高国家和城市的安全性。为此,需要改进安全监控系统和应急服务,同时还需控制成本(Horn、Schneider,2015 年;Ahmad 等,2018 年)。

应用 1:智能监控。

分布式智能 5G 网络可促进部署安全警报、摄像头、传感器等融合人工智能的网联监控系统,这将有助于进行实时监控和自动评估(Horn、Schneider,2015 年)。例如,基于人工智能物联网的安全摄像头可自动分析人类行为(如肢体语言、面部表情),实时检测嫌疑人并向相关部门发出警报。在未来,这种系统将能进一步预测犯罪,优化犯罪预防体系。

应用 2:边境或移民管制与应急服务。

在 5G 网络时代,利用带有机载人工智能推理相机的自主无人机或遥控无人机群,将有助于部署应急服务和灾害管理,还可用于边境管控(Ahmad 等,2018 年)。超高速 5G 网络将有助于应急服务人员在危险环境(如有毒环境和森林火灾)中开展行动,还可用于边境管制区,帮助发现未经授权的侵入者并预防犯罪行为。

8.4.5　娱乐和零售

智能物联网设备的融合可为媒体和娱乐行业带来一定优势。沉浸式增强现实、虚拟现实(Schmoll 等,2018 年)以及 8K 分辨率内容(Inoue 等,2017 年)等创新性应用对计算的要求极高,这必然意味着需将高带宽 5G 网络与人工智能物联网边缘设备相结合,为消费者提供个性化娱乐体验。

应用 1:5G 云游戏。

当前,4G/LTE 网络具有带宽和延迟问题,因此在线游戏体验较差。在线游戏领域中,即使是毫秒的延迟也会影响可玩性。据预测,智能 5G 网络将发挥革命性作用,满足此等要求(Braun 等,2017 年)。诸如谷歌(开发了 Stadia)和微软(开发了 X-cloud)之类的公司正在推出基于智能 5G 骨干网络的在线游戏平台。5G 网络利用超低延时数据传输技术,可将传输延迟降低到 1ms 以下。服务提供商可为在线游戏提供专用的网络切片,进而可根据合同协议保证为玩家提供可靠的服务。5G 网络中的分布式智能将自动分配网络资源,在不同的高峰时间和时期内确保消费者获得可靠性能体验。

应用2:个性化购物体验。

定向广告是一种非常有效的广告形式,可为每位消费者提供量身定制的购物体验,提高购物促销的有效性(Park、Farr,2007年;Kshetri,2018年;Meani、Paglierani,2018年)。5G和人工智能物联网的普及可有效吸引客户,进一步增加收入。例如,在货款支付中利用人工智能增强机器视觉的人脸识别技术正在逐渐得到重视和普及,这将有助于缩短结账时间,减少实体店的销售损失,改善客户体验。

8.4.6 智慧城市

上述所有用例及其他更多用例均为数字社会的形成奠定了基础,未来有助于建立智慧城市。城市的现有基础设施容易引发交通堵塞、污染、公共资源不足等许多问题,具有分布式智能的低延时5G网络能够使得此等挑战迎刃而解。为此,基于人工智能物联网的设备应以更快的网络和硬件技术速度分析数据。传感器技术的进步、网络边缘的人工智能推理和机器学习正在帮助建立智能社会,利用人工智能在网络边缘进行实时数据处理,可使人工智能物联网边缘设备在无人为干预的情况下自动做出决策。例如,自动驾驶汽车在处理潜在的道路危险时,需要在几毫秒内做出即时决策,然而当前的网络基础设施无法做到这一点,因为需要将数据传输到云端进行处理,再将数据传输回汽车。只有将云计算的能力带到网络边缘,才有可能实现此等关键任务应用。为实现这一目标,5G分布式智能网络的千兆速度、超低延迟和超高可靠性至关重要。5G分布式智能网络将实现人工智能物联网传感器与设备之间机器到机器的无缝通信。边缘计算和5G技术的有力融合将有助于优化城市运营的各个方面,从垃圾处理到交通管理、环境监测等,最终实现创新服务。

然而,未来的系统需要保证数据的隐私性、安全性和完整性,且系统在部署到关键城市基础设施中(如发电厂)之前应不易受到黑客攻击。5G网络中集成的端到端安全系统将帮助各类具有定制安全参数和容差的人工智能物联网设备安全接入网络。5G智能网络应允许mMTC在低带宽管道上传输并接收小数据块,以供环境传感、物流等一般应用使用。同时,智能网络还应满足关键型应用的通信系统对不可延迟、安全、可靠传输的需求,如自动驾驶汽车、医疗保健、交通控制、发电厂等。对城市范围内的联网资源和业务进行自动化智能管理是一种高效、经济的解决方案。

8.5 小　　结

众所周知,5G 与人工智能物联网系统的结合将打破现有技术基础设施的传统壁垒,打造创新的商业和运营模式。这种结合也可能加速其他技术的开发,以便建立并维持新的应用。利用 5G 速度可实现整个通信基础设施的智能化部署,从中心云到边缘计算服务器,再到基于人工智能物联网的边缘设备和传感器。这种全面彻底的转型有助于服务提供商和新企业在不损害数据安全和隐私的前提下采用基于人工智能物联网的设备。据预测,5G 技术和人工智能物联网边缘系统的逐渐融合,将有助于许多行业提高生产率,并提高消费者的商品与服务质量。

参考文献

Ahmad, Ijaz, Tanesh Kumar, Madhusanka Liyanage, Jude Okwuibe, Mika Ylianttila, and Andrei Gurtov. 2018. "Overview of 5G Security Challenges and Solutions." *IEEE Communications Standards Magazine* 2(1):36–43. doi:10.1109/MCOMSTD.2018.1700063.

Aijaz, Adnan, and Mahesh Sooriyabandara. 2018. "The Tactile Internet for Industries: A Review." *Proceedings of the IEEE* 107(2):414–435. doi:10.1109/JPROC.2018.2878265.

Braun, Patrik J., Sreekrishna Pandi, Robert-Steve Schmoll, and Frank H. P. Fitzek. 2017. "On the Study and Deployment of Mobile Edge Cloud for Tactile Internet Using a 5G Gaming Application." In *2017 14th IEEE Annual Consumer Communications and Networking Conference, CCNC 2017*, Las Vegas, NV, 154–159. IEEE. doi:10.1109/CCNC.2017.7983098.

Davis, Gary. 2018. "2020: Life with 50 Billion Connected Devices." In *2018 IEEE International Conference on Consumer Electronics (ICCE)*, Las Vegas, NV, 1–1. doi:10.1109/icce.2018.8326056.

Fu, Yu, Sen Wang, Cheng Xiang Wang, Xuemin Hong, and Stephen McLaughlin. 2018. "Artificial Intelligence to Manage Network Traffic of 5G Wireless Networks." *IEEE Network* 32(6):58–64. doi:10.1109/MNET.2018.1800115.

Horn, Günther, and Peter Schneider. 2015. "Towards 5G Security." *Proceedings – 14th IEEE International Conference on Trust, Security and Privacy in Computing and Communications, TrustCom 2015*, Helsinki, Finland, 1:1165–1170. doi:10.1109/Trustcom.2015.499.

Inoue, Yuki, Shohei Yoshioka, Yoshihisa Kishiyama, Satoshi Suyama, Yukihiko Okumura, James Kepler, and Mark Cudak. 2017. "Field Experimental Trials for 5G Mobile Communication System Using 70GHz-Band." *2017 IEEE Wireless Communications and Networking Conference Workshops, WCNCW 2017*, San Francisco, CA. doi:10.1109/WCNCW.2017.7919092.

Ioannou, Iacovos, Vasos Vassiliou, Christophoros Christophorou, and Andreas Pitsillides. 2020. "Distributed Artificial Intelligence Solution for D2D Communication in 5G Networks." *IEEE Systems Journal*, 1–10.

Kshetri, Nir. 2018. "5G in E–Commerce Activities." *IEEE IT Professional* 20(4):73–77.

Lowman, R. 2020. "How AI in Edge Computing Drives 5G and the IoT." *Synopsys Technical Bulletin*.

Meani, Claudio, and Pietro Paglierani. 2018. "Enabling Smart Retail through 5G Services and Technologies." In *European Conference on Networks and Communications (EuCNC)*, Lubljana.

Mohanta, Bhagyashree, Priti Das, and Srikanta Patnaik. 2019. "Healthcare 5.0: A Paradigm Shift in Digital Healthcare System Using Artificial Intelligence, IOT and 5G Communication." *Proceedings – 2019 International Conference on Applied Machine Learning*, ICAML 2019, Bhubaneswar, India, 191–196.

Park, Nam Kyu, and Cheryl A. Farr. 2007. "Retail Store Lighting for Elderly Consumers: An Experimental Approach." *Family and Consumer Sciences Research Journal* 35(4):316–337.

Reinsel, David, John Gantz, and John Rydning. 2018. "The Digitization of the World – From Edge to Core." IDC White Paper, no. November:US44413318.

Saadi, Malik, and Dimitris Mavrakis. 2020. *5G AND AI the Foundations for the Next Societal and Business Leap*. New York: ABIresearch.

Santoyo Gonzalez, Alejandro and Cristina Cervello Pastor. 2019. "Edge Computing Node Placement in 5G Networks: A Latency and Reliability Constrained Framework." *Proceedings – 6th IEEE International Conference on Cyber Security and Cloud Computing*, CSCloud 2019 and 5th IEEE International Conference on Edge Computing and Scalable Cloud, EdgeCom 2019, Paris, France, 183–189.

Schmoll, Robert Steve, Sreekrishna Pandi, Patrik J. Braun, and Frank H. P. Fitzek. 2018. "Demonstration of VR/AR Offloading to Mobile Edge Cloud for Low Latency 5G Gaming Application." *CCNC 2018 – 2018 15th IEEEAnnual Consumer Communications and Networking Conference*, Las Vegas, NV, January 1–3, 2018.

Shen, Jijay. 2020. "The Importance of 5G, AI and Embracing New Technologies in a Post – Covid World." Silicon Republic, June 24, 2020.

Smee, J. E., and J. Hou. 2020. "5G + AI: The Ingredients Fueling Tomorrow's Tech Innovations." Qualcomm Webinar, 2020.

Soldani, David, Fabio Fadini, Heikki Rasanen, Jose Duran, Tuomas Niemela, Devaki Chandramouli, Tom Hoglund, et al. 2017. "5G Mobile Systems for Healthcare." *IEEE Vehicular Technology Conference*, Sydney, NSW, Australia, June 2017.

Song, Hao, Jianan Bai, Yang Yi, Jinsong Wu, and Lingjia Liu. 2020. "Artificial Intelligence Enabled Internet of Things: Network Architecture and Spectrum Access." *IEEE Computational Intelli-

gence Magazine 15(1):44 – 51.

Tanwar, Sudeep, Sudhanshu Tyagi, Ishan Budhiraja, and Neeraj Kumar. 2019. "Tactile Internet for Autonomous Vehicles: Latency and Reliability Analysis." *IEEE Wireless Communications* 26(4):66 – 72.

Ullah, Hanif, Nithya Gopalakrishnan Nair, Adrian Moore, Chris Nugent, Paul Muschamp, and Maria Cuevas. 2019. "5G Communication: An Overview of Vehicle – to – Everything, Drones, and Healthcare Use – Cases." *IEEE Access* 7:37251 – 37268.

Wang, Dan, Bin Song, Dong Chen, and Xiaojiang Du. 2019. "Intelligent Cognitive Radio in 5G: AI – Based Hierarchical Cognitive Cellular Networks." *IEEE Wireless Communications* 26 (3): 54 – 61.

Wollschlaeger, Martin., Thilo Sauter, and Juergen Jasperneite. 2017. "The Future of Industrial Communication: Automation Networks in the Era of the Internet of Things and Industry 4.0." *IEEE Industrial Electronics Magazine*, March 2017.

Zhao, Liang, Xianwei Li, Bo Gu, Zhenyu Zhou, Shahid Mumtaz, Valerio Frascolla, Haris Gacanin, et al. 2018. "Vehicular Communications: Standardization and Open Issues." *IEEE Communications Standards Magazine* 2(4):74 – 80.

第9章

5G天线设计挑战:评估未来方向

S. 阿里夫·阿里(S. Arif Ali)和穆赫德·瓦吉德(M. Wajid)
印度穆罕默德·莎阿南(M. Shah Alam)

9.1 引　　言

在过去四十年里,接连诞生了四代无线移动通信系统,从仅使用模拟传输技术的第一代(1G)无线移动通信系统开始,如今已迎来第五代(5G)。如图9.1所示,新的5G技术预计将为增强型移动宽带、超可靠低延时通信和海量机器类通信三大领域提供创新性服务(Shafi等,2017年)。所提供的各种服务及其特点详情如下(Shafi等,2017年):

(1)通过增强型移动宽带服务,有望实现高数据速率和高流量。

(2)通过超可靠低延时通信服务,有望实现极低延时、极高可靠性和可用性。

(3)通过海量机器类通信服务,可实现海量设备连通性、低成本、低能耗。

在实施5G技术的同时,以较低成本保持高性能和高安全性,是一项巨大挑战。但是,由于运行频率较高,如5G技术天线开发用的毫米波、太赫兹频段等,健康危害(主要是由于辐射暴露)在未来可能会成为一大严重问题。学术界和工业界都致力于以低成本应对这一关键前端组件(如天线)的设计挑战(Chin等,2014年;Shafi等,2017年)。天线设计人员面临的挑战主要是如何能够满足

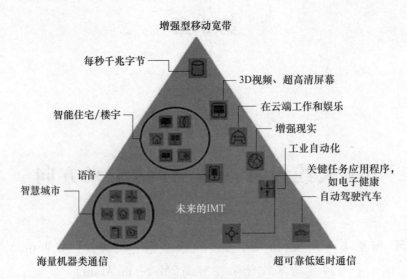

图 9.1　5G 用例

5G 要求(如数吉比特每秒、波束赋形和波束调向能力),实现无干扰且可靠的通信。此外,由于 5G 网络中小型单元数量增加,发射机数量将成倍增长,也可能危害人类健康并导致动物灭绝(Ali 等,2020 年)。

除上述问题外,热效应问题也有待解决,这需要使用多物理场环境来开发热鲁棒设计。因此,有必要开发无危险、高效率、低成本的新型天线(Hong 等,2017 年;Alibakhshikenari 等,2019 年;Parchin 等,2019 年)。天线的创新设计需通过降低制造成本来惠及 5G 相关行业。

天线为建立全球社会提供了无线连接的根基。此外,由于新冠肺炎疫情肆虐,社会对无线设备的依赖程度有所提高。疫情之下的居家办公、在线教学、大小企业经营以及政府部门的运作,都使得无线连接得到了普及和应用。可见,无线连接在消除疫情带来的障碍的同时,也改变了社会。所以,5G 开发商必须加快目前的天线设计步伐,并交付更低成本的解决方案。

鉴于上述 5G 技术细节,如图 9.2 所示,本章首先探讨如何设计天线,介

图 9.2　章节架构

绍两种天线的集成方法，即封装天线（antenna – in – package，AiP）和片上天线（antenna – on – chip，AoC）；然后介绍 5G 天线设计中涉及的性能指标和设计挑战，以及如何量化辐射暴露；最后，文中将阐述天线测量面临的挑战和本章小结。

9.2　天线设计流程

天线是移动电话在无线电收发机设计中需克服的最后一个难点，天线设计程序如图 9.3 所示。

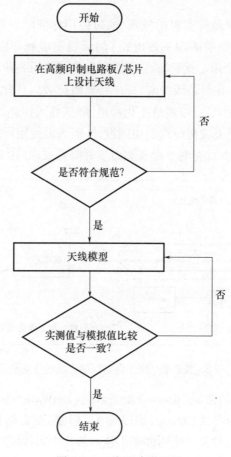

图 9.3　天线设计流程图

9.3 天线与无线电收发机集成电路的集成

早期无线电系统采用的是离散天线。离散天线的插入损耗较高,因此在后来的无线电系统中离散天线被集成天线取代(Song,1986年)。随着互补金属氧化物半导体(CMOS)技术日趋成熟,人们开始将天线和无线电收发机集成到单一芯片上(Song,1986年)。将天线与无线电收发机结合起来的方法有封装天线和片上天线两种(Zhang,2019年)。

9.3.1 封装天线

封装天线是一种经济实惠的技术,通过使用标准的表面贴装包,将带无线电收发机集成电路(如前端和基带电路)的天线集成到印刷电路板上(Zhang,2019年),如图9.4所示。这种方法只需在集成电路封装阶段添加天线和无线电收发机芯片即可。在封装天线时,必须将其阻抗 Z_{ANT} 优化为无线电接收机前端块的最佳噪声阻抗 Z_{LNA}^{OPT},以期最小化噪声,降低插入损耗,并最小化印制电路板面积。此举有助于天线与前端的协同设计,而无需使用传统的50Ω匹配网络(matching network,MN),有利于提高集成度并降低成本(图9.4)。

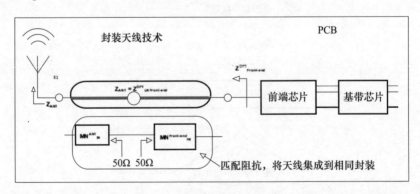

图9.4 封装天线技术:基于单一印制电路板的无线电收发机、天线和匹配网络

封装天线是射频、微波(μwave)和毫米波(mmWave)频段手机无线电开发方法中应用最普遍的方法(Zhang,2019年)。但是,在太赫兹(0.1～10THz)频段(Cherry,2004年),封装天线因性能不佳而被片上天线所取代。

9.3.2 片上天线

在片上天线技术中,将利用后端(back end of the line,BEOL)技术(Thayyil

等,2018年)设计的天线和无线电收发机电路集成到单一芯片上(图9.5)。片上天线在太赫兹频段的成本更低且性能更好,因此成为首选设计方法(Cherry,2004年)。

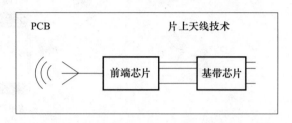

图9.5 片上天线技术:在单一芯片上集成无线电收发机和天线

封装天线技术提供了一种普遍存在的系统级芯片解决方案(Zhang,2019年),因其能更好地平衡成本、尺寸和性能,大多数无线电收发机开发人员更偏爱封装天线。但是,在未来推出6G技术时(Yang等,2019年),太赫兹带宽将成为标准,届时,片上天线或将成为开发单芯片无线电收发机的主流技术。

9.4 多波束天线方向图及其表征

随着第五代(5G)技术(为满足高数据速率需求)的推出,需开发更为先进的天线来提供增强型移动宽带、超可靠低延时通信和海量机器类通信服务(Saunders,2018年;Americas,2019年;Sayidmarie等,2019年)。用波束赋形技术而升级的大规模多输入多输出(MIMO)(相对于上一代的无源、有限多输入多输出)天线技术,是构建天线方向图以实现预期5G通信目标的有效途径。该技术要求驱动 M 个密集有源天线元件,其中 $M=64$ 或更高,以在基站建立不同方向的天线波束图,与各种移动用户设备进行通信,如图9.6(a)所示(Marzetta,2010年)。类似的天线阵列布局也应用于移动用户设备与基站和Wi-Fi用户之间的通信,如图9.6(b)所示(Ojaroudiparchin等,2016年)。

9.4.1 天线方向图表征

5G通信利用大量天线阵列来生成多种天线波束图和调向能力。为了表征,每个方向图都可以按照增益、方向性、辐射模式、回波损耗和带宽进行分类,也可对波束方向图按照有效全向辐射功率、天线覆盖效率和有效波束扫描效率进行分类。

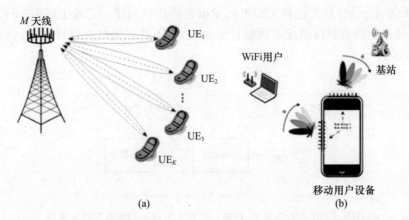

图 9.6 （a）基站中的 $M \times M$ 天线阵列,用于构建不同方向的辐射图型,与各类用户设备（$UE_1, UE_2, UE_3, \cdots, UE_K$）进行通信;(b) 移动用户设备中使用的类似天线阵列布局。

9.4.1.1 增益

天线增益定义为在给定距离下天线的辐射强度 U 与各向同性天线的辐射强度之比。各向同性天线的辐射强度等于天线发射的功率除以立体角 4π（Balanis,1997 年）。因此,增益表示为

$$G = 4\pi \frac{\text{天线的辐射强度}}{\text{接收或发射的总功率}} \tag{9.1}$$

天线增益等于效率与方向性的乘积（Balanis,1997 年）。该效率可解释各种损耗,特别是在输入端和天线结构内部的损耗。就方向性而言,它与方向性质和天线辐射方向图相关（Garg 等,2001 年）。

9.4.1.2 方向性

方向性表示天线在特定方向上的电磁能量流,定义为天线在给定方向上的辐射强度与各向同性天线的平均辐射密度之比。各向同性天线的平均辐射强度等于总辐射功率除以立体角 4π（Fang,2010 年）。因此,方向性可定义为

$$D = 4\pi \left(\frac{U}{P_{\text{rad}}} \right) \tag{9.2}$$

式中:U 为天线的辐射强度（W/sr）;P_{rad} 为各向同性天线的总辐射功率。

9.4.1.3 反射系数

反射系数（Alam,2015 年）等于反射功率 P_{ref} 与入射功率 P_{inc} 之比,用 S_{11} 表示。该系数仅说明了天线输入端的阻抗与馈线（向天线供电）的匹配情况。低反射系数表示阻抗匹配良好,应始终确保低反射系数,以实现低功率损耗。一般而言,在天线

中应将带宽确定为 S_{11} = −10dB 条件下的频率范围。当 S_{11} = −10dB 时,天线会接受 90% 的功率并反射剩余 10% 的功率(Balanis,1997 年;Garg 等,2001 年)。

9.4.1.4 辐射方向图

辐射方向图是天线远场区内辐射特性的图形表示,属于空间坐标 (θ, Φ) 的函数(Balanis,1997 年)。辐射方向图包含给定方向上的辐射强度和场强。如图 9.7 所示,其组成要素分别为主瓣、旁瓣和后瓣。根据不同的应用,辐射方向图既可为全向图也可为双向图(图 9.8)。

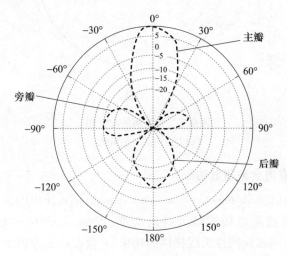

图 9.7 天线辐射方向图

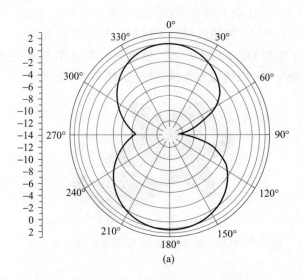

(a)

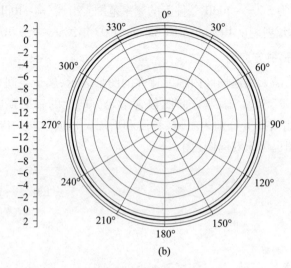

图9.8 天线辐射方向图
(a)双向图;(b)全向图。

9.4.1.5 有效全向辐射功率

有效全向辐射功率(effective isotropic radiated power,EIRP)表示发射天线在特定方向上的增益乘以传输给天线的功率(Zhao 等,2018 年;Remcom,2020年),其本质上是向各向同性天线提供的功率,并会在给定方向上产生相同的信号功率。例如,若天线从发射机获得3.0dBm 的功率,且天线在给定方向上的增益为5.0dB,则该方向上的有效全向辐射功率为8.0dBm。因此,该方向的信号等于输入功率为8.0dBm 的各向同性天线的信号。如图9.9 所示,有效全向辐射功率 E 考虑了辐射的方向 $E(\theta,\phi)$,因此将 θ 和 ϕ 的取值范围分别确定为 $0 \leq \theta \leq \pi$ 和 $0 \leq \phi < 2\pi$,以覆盖整个球面区域(Zhao 等,2018 年)。

图9.9 基于多波束的移动用户设备的球面覆盖率

有效全向辐射功率的概率密度函数定义如下(Remcom,2020年):

$$\int_{-\infty}^{\infty} f(E)\,\mathrm{d}E = \int_{E_{\min}}^{E_{\max}} f(E)\,\mathrm{d}E = 1 \tag{9.3}$$

累积分布函数 $F_E(x)$ 是有效全向辐射功率小于或等于 x 的概率。当 $F_E(x < E_{\min})$ 时,累积分布函数为 0,当 $F_E(x \geq E_{\max})$ 时,累积分布函数为 1。对于 $E_{\min} \leq x \leq E_{\max}$,$F_E(x)$ 给出了所有可能方向的分数,即 $E \leq x$ 条件下的 4π 球面度分数。在有限数量的方向上对整个球面覆盖区的有效全向辐射功率进行采样时,累积分布函数近似为

$$F_E(x) = \mathrm{CDF} \approx \frac{\text{使 } E \leq x \text{ 成立的方向数}}{\text{总方向数}} \tag{9.4}$$

$M(\theta,\phi)$ 是一组辐射方向图的包络,即

$$M(\theta,\phi) = \max(E_1(\theta,\phi), E_2(\theta,\phi), \cdots, E_n(\theta,\phi)) \tag{9.5}$$

在有多个辐射方向图的情况下将 M 的累积分布函数取为 $F_M(x)$,在单一辐射方向图的情况下取为 $F_E(x)$。

9.4.1.6 天线覆盖效率

覆盖效率表示阵列天线的波束扫描能力,定义如下(Xu 等,2018年):

$$\eta_C = \text{覆盖立体角}/\text{总立体角} = \frac{\Omega_C}{\Omega_0} \tag{9.6}$$

式中

$$\Omega_C = \int_{\Omega_0} h(G_{\mathrm{TS}}(\Omega))\,\mathrm{d}\Omega \tag{9.7}$$

$$h(G_{\mathrm{TS}}) = \begin{cases} 1, G_{\mathrm{TS}} \geq G_{\min} \\ 0, G_{\mathrm{TS}} < G_{\min} \end{cases} \tag{9.8}$$

式中:h 为阶跃函数,其中 G_{TS} 高于最小要求增益 $G_{\min}$,并满足系统要求;Ω_0 为全球面覆盖条件下的 4π 球面度。为实现全球面覆盖,Xu 等(2018年)提出了可用于 5G 移动用户设备的多子阵布局。

9.4.1.7 有效波束扫描效率

使用密集阵列天线形成的 N 个天线波束集合的有效波束扫描效率定义如下(Xu 等,2018年):

$$\eta_{\mathrm{EBS}}(G_{\min}, \Omega_d) = \frac{\int_{\Omega_d} |F_{\mathrm{TS}}(\Omega)|^2 h(G_{\mathrm{TS}}(\Omega))\,\mathrm{d}\Omega}{\int_{\Omega_d} |F_{\mathrm{TS}}(\Omega)|^2\,\mathrm{d}\Omega} \tag{9.9}$$

式中:$|F_{\mathrm{TS}}(\Omega)| = $ 总扫描方向图的远场强度 $= \max|F_i(\Omega)|(i = 1,2,\cdots,N)$;

$|F_i| = \sqrt{|F_{i,\theta}|^2 + |F_{i,\Phi}|^2}$ 为每次波束方向图扫描的远场强度。

若波束扫描的失真覆盖率较低,则会导致高 η_{EBS},如图 9.10(a)所示;若波束扫描的失真覆盖率较高,则将导致低 η_{EBS},如图 9.10(b)所示。若在规定的 Ω_d 范围内获得最小要求增益 G_{min},则 η_{EBS} 为 1。但在现实中,没有一个阵列能收敛在 Ω_d 范围内的所有能量,因此 η_{EBS} 总是小于 1。

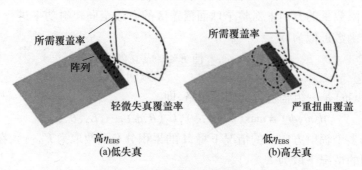

图 9.10　有效波束扫描效率 η_{EBS}

9.5　5G 通信中的天线设计挑战

天线是任何无线设备不可缺少的一部分。为满足 5G 新空口(new radio,NR)要求,天线的设计面临着多项挑战。3GPP 文件(5G Americas,2019 年)提供了两种并行路径来建立无线电之间的无线连通性,如下所述:

路径Ⅰ:非独立模式,即用户设备具有与 LTE 和 5GNR 的双重连接。

路径Ⅱ:独立模式,即数据和控制系统均使用 5GNR 链路。在此模式中,毫米波和 6GHz 以下频段将与载波聚合(carrier aggregation,CA)相结合(5G Americas,2019 年)。

根据最新版本(Radio,2020b),用于 5GNR 的频率范围(FR1、FR2)如表 9.1 所列。

表 9.1　频率范围名称

名称	频率范围
FR1	410～7125MHz
FR2	24.25～52.6GHz

此外,表 9.2(Radio,2020b)和表 9.3(Radio,2020c)详述了 5GNR 系统的 FR1 和 FR2。表 9.2 给出了多个频段,用字母 n 表示。例如,n65～n256 是为新空

口 FR1 预留的,n257~n512 是为新空口 FR2 预留的。天线设计人员可利用这些频段。频段一般分别称为 6GHz 以下频段和毫米波频段。9.5.1 节至 9.5.8 节讨论了 5G 天线开发中涉及的各种挑战,并阐述了可能有效的解决方案。

表 9.2 NR FR1 频段

NR 频段	上行频段/MHz	下行频段/MHz	模式
n1	1920~1980	2110~2170	FDD
n2	1850~1910	1930~1990	FDD
n3	1710~1785	1805~1880	FDD
n5	824~849	869~894	FDD
n7	2500~2570	2620~2690	FDD
…	…	…	…
n29	不适用	717~728	SDL
n30	2305~2315	2350~2360	FDD
n34	2010~2025	2010~2025	TDD
n38	2570~2620	2570~2620	TDD
n39	1880~1920	1880~1920	TDD
…	…	…	…
n77	3300~4200	3300~4200	TDD
n78	3300~3800	3300~3800	TDD
n79	4400~5000	4400~5000	TDD
…	…	…	…
n93	880~915	1427~1432	FDD
n94	880~915	1432~1517	FDD
n95	2010~2025	不适用	SUL

表 9.3 NR FR2 频段

NR 频段	上行/下行频段/GHz	模式
n257	26.5~29.5	TDD
n258	24.25~27.5	TDD
n260	37~40	TDD
n261	27.5~28.35	TDD

9.5.1 高增益阵列

在消费电子产品中,全向天线一直备受青睐,因为这种天线会向所有水平方向均匀辐射,并接收来自任何方向的信号,是3GHz以下频段中的首选。但是,在毫米波频段,大气信号衰减比在6GHz以下频段中更为严重(图9.11(FCC Report,1997年)),水蒸气分子和氧气等气体可在毫米波频段的某些部分产生共振并吸收能量。

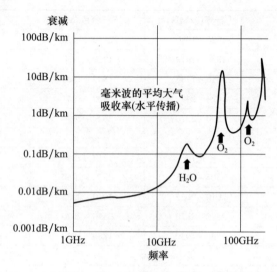

图9.11 毫米波信号的平均大气吸收

低频(6GHz以下频段)信号可传播很长距离且不会被建筑墙体吸收,而毫米波信号只能传播几千米且易被墙体吸收。然而,基于毫米波频段小而密集的网络(微微蜂窝)可实现频谱复用并提高安全性(FCC Report,1997年)。因此,当前毫米波系统需要更高增益的天线来补偿大气损耗。由于可用能量有限,为在毫米波频段获得更高增益,天线阵列概念也被扩展应用到了用户终端(Hong等,2014年)。

在6GHz以下的NR频段(FR1)内,由于大气损耗最小,不需要使用阵列拓扑。但是,在毫米波频段(FR2频段,尤其是n257、n258、n260和n261),天线设计人员必须利用阵列拓扑来使增益最大化(Hussain等,2017年;Kurvinen等,2018年;Yu等,2018年)。

9.5.2 波束赋形与波束调向

相比FR1波段(6GHz以下)的无线通信,毫米波频段的无线通信更为复杂,天线设计人员必须全力应对挑战。由于可用能量有限,而大气损耗很高,无法利用有限能量来实现毫米波频段中基于全向辐射方向图的球面覆盖。因此,在大规模天线阵列的帮助下,可对波束进行适当改造(称为波束赋形),将有限能量集中在特定方向上。此外,波束具有全扫描能力(称为波束调向),可在三维空间中进行快速扫描,以完成信号通信(Hong 等,2014 年)。因此,波束赋形增益能够补偿在使用 FR2 进行信号传输时发生的大量大气损耗。但是,由于 FR1 波段的高干扰受限环境,必须提高容量,而对于更高频段的 FR2 则需要提高覆盖率。波束赋形和波束调向技术可提供更高的覆盖率,图 9.12(Forouzmand、Mosallaei,2016 年)描述了如何实现电子波束调向过程。

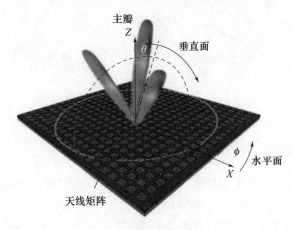

图 9.12 波束调向机制

在这种布局中,通过数字信号处理可生成铅笔形辐射方向图(波束赋形),并在垂直面和水平面上对波束进行调向(波束调向)。可以通过切换天线单元或在天线单元之间制造相差来实现调向(Forouzmand、Mosallaei,2016 年)。

9.5.3 大规模 MIMO

在 5G 技术中,基站采用大规模 MIMO 技术,利用大量相位阵列同步产生多波束方向图,以供大量用户设备或特定地理区域使用(图 9.13)。这些波束的动态定位需跟随每位用户在给定地理区域内的移动情况来确定,要设计出满足此等要求的相位阵列天线极具挑战性(White Paper、Ansys,2020 年)。

例如,对于 70GHz 中的 5G 无线室内通信,基站和用户设备允许使用的最大天线数分别为 1024 和 64(Busari 等,2017 年)。大规模 MIMO 技术处理的是异构网络,这种异构网络由小蜂窝和宏蜂窝基站组成,可在 6GHz 以下频段和毫米波频段中进行通信(Busari 等,2017 年),如图 9.13 所示。

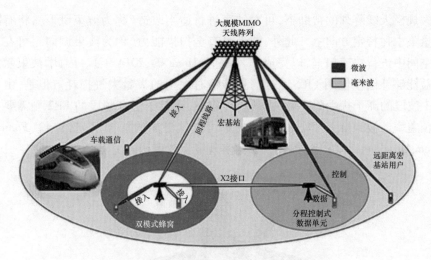

图9.13　5G异构网络

9.5.4　具有后向兼容性的多频段

5GNR技术并非LTE升级版,而是由其所支持的用例定义的。然而,NR也复用了LTE的许多功能,这意味着LTE的演进与NR的开发同步前进。从天线设计人员的角度来看,在当前场景下(5GNR规范第15版),收发机必须能在NR和LTE频段同时实现通信。因此,NR设备最好能与LTE兼容,为满足当前要求,天线必须在多频段中运行。单天线可在多频段模式中或在具有不同工作频率的多天线中运行。多频段可来自LTE和NR频段,也可仅来自NR的6GHz以下频段和毫米波频段(带CA的独立模式),以支持不同频率。这种设计场景中主要挑战是要保持天线的辐射性能不因耦合效应而降低,且必须对每个工作频段进行独立调谐。

2017年发布了第一版NR规范,同年问世的还有一种与LTE后向兼容的NR移动用户集成天线(Hussain等,2017年),可将LTE频段(1870~2530MHz)的MIMO天线和毫米波频段(28GHz)的阵列同时集成在智能手机中。还有一种更实用的方法(Kurvinen等,2018年),使用了具有金属边框的移动电话。这种天线在25~30GHz毫米波频段中运行,可保证在4G LTE低频段(700~960MHz)和高频段(1710~2690MHz)中性能不受影响且保持足够间隔。作者也研究了具有负磁导率和负介电常数并可产生额外共振的超材料天线在多频段中的运行特性。另外,在5G运行所使用的4G后向兼容天线(6GHz以下频段)的开发过程中,提出了超材料概念(Sarkar、Srivastava,2017年)。

9.5.5 紧凑性

得益于集成电路制造技术的进步,无线系统的总体尺寸变得越来越小。因此,与射频模块相连的天线也需要变得更加紧凑。随着 5GNR 天线在毫米波频段中逐渐应用,天线尺寸已显著变小。但是,在有限空间内将其与低频段天线进行集成,对于天线设计人员而言仍是一项极具挑战性的任务。

如 9.3 节所述,封装天线和片上天线是将天线与射频电路集成的两种技术(图 9.14,Cheema、Shamim,2013 年),片上天线是下一代通信技术的发展趋势。由于片上天线的成本低且效率高,因此有望成为未来天线发展的主流技术(Cheema、Shamim,2013 年;5G Americas,2019 年)。近期研究人员还研发出了一种用于 5G 应用的单片天线(片上天线)(Hedayati 等,2019 年)。

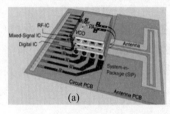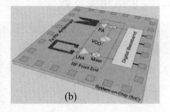

图 9.14　封装天线和片上天线

在此项工作中,有源集成天线实现了极高的速率(14dBi),属于纳米级 CMOS 接收机的一部分。基片集成波导(SIW)平面制造技术提供了一种创新开发方式,天线设计人员可在单基片上开发完整的 5G 射频模块和天线模块(图 9.15,Djerafi 等,2015 年),并利用超材料结构有效减小天线尺寸。在设计封装天线时,利用超材料结构在低频段中产生负阶或零阶谐振,而在设计毫米波天线时,可利用超材料结构使整体尺寸更紧凑(Dong、Itoh,2010 年)。

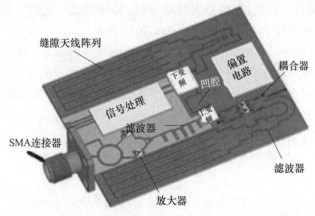

图 9.15　基于基片集成波导的平台将天线与所有其他射频电路集成在一起

9.5.6 分集性能——MIMO

为进一步提高5GNR的高数据速率容量,应配置大规模MIMO天线,从发射机端的多个天线发送多个数据流,由接收机端的多个天线接收此类数据流。这种布置可使数据速率实现线性增长(作为所用天线的一种函数)(Sharawi,2013年)。如何设计一种紧凑型MIMO天线,既要考虑降低相互耦合,减少极化失配,又要保证不受噪声和衰落信道的影响,这是一项艰巨的挑战。所以,需找到满足MIMO系统中每个天线阵元的独立条件,以实现MIMO天线的分集特性(Sharawi,2013年)。

MIMO系统具有多种分集性能参数,如下所述。

9.5.6.1 包络相关系数

相关系数(ρ)反映了通信信道彼此独立的程度;包络相关系数(ECC)表示天线系统辐射特性的耦合,等于相关系数的平方(Sharawi,2013年)。5G MIMO所需的ECC<0.5(Li等,2018年)。可利用以下关系确定ECC(ρ_e):

$$\rho_e = \frac{\left|\iint_{4\pi}[F_1(\theta,\phi)*F_2(\theta,\phi)]\mathrm{d}\Omega\right|^2}{\iint_{4\pi}|F_1(\theta,\phi)|^2\mathrm{d}\Omega\iint_{4\pi}|F_2(\theta,\phi)|^2\mathrm{d}\Omega} \tag{9.10}$$

在无损单模天线的特殊情况下,可利用下式计算ECC:

$$\rho_{eij} = \left|\frac{|S_{ii}^*S_{ij}+S_{ji}^*S_{jj}|}{\sqrt{(1-|S_{ii}|^2-|S_{ji}|^2)(1-|S_{jj}|^2-|S_{ij}|^2)\eta_{\mathrm{radi}}\eta_{\mathrm{radj}}}}\right|^2 \tag{9.11}$$

9.5.6.2 平均有效增益

在实际应用中,不会在吸波暗室中使用天线;针对于相关应用,天线只能在特定环境中运行。因此,在测量天线增益时,必须考虑环境对天线辐射特性造成的影响,了解天线的真实性能(Sharawi,2013年)。

在实际环境中,利用标准天线对设计的天线进行测试是一项费时伤财的工作,可以将理想环境(即暗室)中测得的辐射方向图与拟定的特定环境统计模型相结合,利用式(9.12)和式(9.13a)、式(9.13b)来获得平均有效增益(MEG)(Sharawi,2013年)。

$$\mathrm{MEG} = \int_0^{2\pi}\int_0^{2\pi}\left[\frac{\mathrm{XPD}}{1+\mathrm{XPD}}G_\theta(\theta,\varphi)P_\theta(\theta,\varphi)+\frac{1}{1+\mathrm{XPD}}G_\varphi(\theta,\varphi)P_\varphi(\theta,\varphi)\right]\sin\theta\mathrm{d}\theta\mathrm{d}\varphi \tag{9.12}$$

$$\int_0^{2\pi}\int_0^{2\pi}[G_\theta(\theta,\varphi)+G_\varphi(\theta,\varphi)]\sin\theta\mathrm{d}\theta\mathrm{d}\varphi = 4\pi \tag{9.13a}$$

$$\int_0^{2\pi}\int_0^{2\pi}\left[P_\theta(\theta,\varphi)\right]\sin\theta\mathrm{d}\theta\mathrm{d}\varphi = \int_0^{2\pi}\int_0^{2\pi}\left[P_\varphi(\theta,\varphi)\right]\sin\theta\mathrm{d}\theta\mathrm{d}\varphi = 1 \quad (9.13\mathrm{b})$$

$$\mathrm{XPD} = \frac{P_\mathrm{V}}{P_\mathrm{H}}, s \quad (9.14)$$

式中:XPD 为功率交叉极化比,等于垂直与水平方向的平均入射功率之比,用以表示入射功率的分布情况;$G_\theta(\theta,\varphi)$ 和 $G_\varphi(\theta,\varphi)$ 为天线增益分量;$P_\theta(\theta,\varphi)$ 和 $P_\varphi(\theta,\varphi)$ 为环境中入射波的统计分布(假设这些入射波不相关);式(9.13a)、式(9.13b)为评估式(9.12)所需的条件。

9.5.6.3　信道容量

多径环境中,MIMO 天线系统的优点是可增加信道容量,最大信道容量也是 MIMO 系统的性能指标之一。当发射波不相关且发射端和接收端天线单元的相关系数均为零时,式(9.15)可简化为式(9.16)。因此,式(9.15)设置了 MIMO 系统的理想限值。但是,由于天线单元和信道相关性之间存在耦合,无法真正实现理想限值(Sharawi,2013 年)。

信道容量为

$$C = \log_2\left[\det\left(\boldsymbol{I}_N + \frac{\rho}{N}\boldsymbol{H}\boldsymbol{H}^\mathrm{T}\right)\right](\mathrm{b/s})/\mathrm{Hz} \quad (9.15)$$

式中:ρ 为平均信噪比;$\boldsymbol{H}$ 为信道矩阵;$\boldsymbol{I}_N$ 为 $N\times N$ 单位矩阵;N 为接收端和发射端的天线单元数量。

对于理想信道容量,可将式(9.14)简化为

$$C = N\times\log_2\left[\left(1+\frac{\rho}{N}\right)\right] \quad (9.16)$$

MIMO 天线设计人员应使信道容量尽可能接近理想限值(式(9.15)),以获得良好性能。

9.5.6.4　总有效反射系数

单凭散射参数不足以评估多端口天线系统的性能,可用总有效反射系数表征 MIMO 天线系统的特性(非散射参数),该系数等于总反射功率的平方根除以总入射功率的平方根。对于 N 元天线,可利用下式计算总有效反射系数:

$$\Gamma_a^t = \frac{\sqrt{\sum_{i=1}^N |b_i|^2}}{\sqrt{\sum_{i=1}^N |a_i|^2}} \quad (9.17)$$

式中：a_i 和 b_i 分别为入射信号和反射信号。这些信号可根据测得的 S 参数计算得出，它们的向量关系表示为

$$b = Sa \qquad (9.18)$$

求解式(9.17)和式(9.18)可得总有效反射系数，所得数值处于 0~1 之间，0 对应于所有辐射功率，1 对应于所有反射回来的入射功率（无辐射）。总有效反射系数的单位一般为分贝（dB）。

9.5.7 天线布局

目前，毫米波系统的部署在用户设备的设计方面暴露出许多波形因数上的问题。其中一个问题是如何通过适当放置天线来实现球面覆盖。一种解决方案是在用户设备的多点位上使用适量天线阵列模块，但需权衡所增加的设备成本、耗电量和波束管理开销。在用户设备设计中，天线阵列模块的位置是天线设计优化阶段需考虑的一项关键参数。Raghavan 等（2019 年）发现了天线模块的定位对获得良好球面覆盖率和最终最小化特定阵列增益造成的影响，还在光束管理开销、复杂性和成本方面进行了较好的权衡。

在该项研究中，作者考虑了面模型和边缘模型两种情况（图 9.16），并比较了二者的性能。通过分析累积分布函数可发现，边缘设计比面设计更具吸引力（Raghavan 等，2019 年）。Li 等（2019 年）给出了用于 5G FR1 频段的面天线和边缘天线设计的示例。

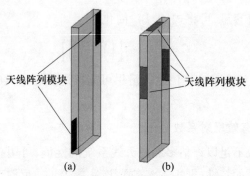

图 9.16　面模型和边缘模型上的天线阵列布局

9.5.8 天线环境

当波长与各种周围事物的尺寸相当时，天线性能易受到周围事物和毫米波 FR2 频段环境的影响，因此敏感性分析对 FR2 应用来说是一个关键环节。

9.5.8.1 移动系统中的周围事物

天线由各种电子元件(如 LCD、电池、框架和电路)组成,而这些元件会影响天线的最终性能。因此,需要研究周围环境及温度对天线造成的影响。

带电池的短路针可存储天线性能(Li 等,2019 年),LCD 会使天线失谐,但这种失谐是可控制的,用户设备中的塑料框架会提供加载介质,导致谐振模式改变(Li 等,2019 年)。在支持 5G 的智能手机或其他基于天线的 5G 用户设备中,微型无线组件的热稳定性对于确保整个系统发挥预期功能而言至关重要。高功耗应用所处的环境条件不同,会导致设备温度发生波动,引发热循环效应,从而使天线失谐。过热会对手机的各种部件产生不利影响,使其性能下降。对此需要进行详细的多物理量模拟研究,以确定潜在问题及其可能的解决方案,从而确保高可靠性能(White Paper、Ansys,2019 年)。

9.5.8.2 用户手部的影响

当用户手持智能手机时,手指和手掌的接触位置会影响天线的性能。因此,有研究者利用人体模型深入研究了这种阻塞对天线性能的影响。仿真研究有助于更好地了解手指的不同接触位置对天线性能的影响,还有一些仿真预测了不同手机方向和手部接触位置对天线性能的影响(White Paper、Ansys,2019 年)。Li 等(2019 年)根据用户手持设备的方式及其对辐射性能的影响,对单手模式和双手模式开展了研究。

9.5.8.3 传播信道

5G 大规模 MIMO 阵列必须在室内和室外传播模式场景下进行测试。毫米波大规模 MIMO 网络的传播场景与 6GHz 以下蜂窝网络存在很大差异,其原因在于,毫米波的波长与某些障碍物(雨、树叶)的波长相同,更易受到阴影、衍射和遮挡的影响。在毫米波范围内还会发生显著的大气吸收现象(Busari 等,2017 年)。因此,在安装网络之前,在毫米波场景下进行信道建模以及使用大规模 MIMO 系统进行信道模拟是一项具有挑战性的任务。

9.6 5G 通信中的辐射暴露

为确保用户安全,任何面向消费者的无线电子设备均须符合各类标准,并满足美国联邦通信委员会(FCC)或欧盟的监管标准和规则。到 2022 年,移动网络受众将达到全球人口 95% 以上。在所有移动用户中,LTE 用户的比例将超过55%，5G用户的比例将约为15%（Ericsson Mobicity Report，2020年）。随着物联网和人工智能、移动和便携式设备的普及，无线网络将覆盖每座大都市和市区。在5G网络中使用密集的微微蜂窝和渺蜂窝技术，将导致多个源同时辐射射频能量的情况（Shikhantsov等，2019年）。因此，移动用户将持续暴露于RF，这种辐射通常为非电离辐射。FCC、国际非电离辐射防护委员会（ICNIRP）、电气与电子工程师协会（IEEE）国际电磁安全委员会（ICES）等国际公认机构，根据比吸收率（specific absorption rate，SAR）和功率密度（power density，PD），制定了人类射频暴露指南。例如，FCC建议使用SAR，对低于6GHz频段中操作的无线设备进行评估。但是，在毫米波频段，波能主要局限在表面（由于集肤效应），功率密度性能指标更为适用，同时也符合FCC指南。

9.6.1 比吸收率

比吸收率用于衡量人体从辐射源吸收的射频能量。比吸收率可直接对因基站和（或）用户设备引起的射频接触进行量化，以确保此类设备在规定的限值内运行。此外，相关分析还涉及一种仿真机器人的标准化模型，该模型带有可模拟不同人体组织射频特性的特殊液体（FCC，2019年）。因此，通常根据整个身体或小样本体积（一般为1g或10g组织所占据的体积）计算出平均比吸收率，该值即是在身体中观察到的极值。根据穿透身体的电场，可利用下式计算比吸收率（适用于6GHz以下频段）：

$$\mathrm{SAR} = \frac{1}{V}\int_{\mathrm{sample}} \frac{\sigma(r)\,|E(r)|^2}{\rho(r)}\mathrm{d}r \tag{9.19}$$

式中：σ和ρ分别为样本的电导率和密度；E为样本体积V内的RMS电场。

最终，FCC要求，对于一般公共用途，所销售的用户设备不得超过规定的SAR限值，即1.6W/kg。但是，欧盟的SAR限值则较为宽松，为2W/kg。

9.6.2 功率密度

在毫米波范围内，功率密度优于比吸收率。因此，鉴于毫米波频率范围内使用的大规模MIMO，在人体的某选定表面上每个波束对应的功率密度计算如下：

$$\mathrm{PD} = \frac{\iint_A E \times H \mathrm{d}s}{A} \tag{9.20}$$

式中：E和H分别为矢量电场和矢量磁场；A为表面积。根据ICNIRP指南，一般公共移动用户的功率密度限值为20W/m^2（Physics，2020年）。

9.6.3 天线测量

根据3GPP标准文件(Radio,2020年),在毫米波频段中运行的用户设备的射频测试必须考虑以下因素:

(1)应在空中(OTA)进行测量。

(2)允许使用的测试方法包括间接远场(indirect far-field,IFF)、直接远场(direct far-field,DFF)和近远场变换(near-field to far-field transform,NFFFT)。

空中测试是5G设备开发中最具挑战的一项测试。在空中测试环境中,需在各种现实场景中对5G设备的波束和性能进行可视化、表征和验证。在毫米波中,天线测量面临以下三大挑战(White Paper:First Steps in 5G,2019年):

(1)在毫米波频率下的路径损耗过大。

(2)毫米波空中测试方法未经适当校准。

(3)在真实信道条件下测量设备性能。

远场距离和相关路径损耗会随着运行频率的增大而增加。距离增加后,会要求使用大型远场测试箱,且会产生高路径损耗,很难在毫米波频率下进行精确测量。因此,3GPP批准在紧凑型天线测试范围(CATR)内使用间接远场测试方法。另外两种测量天线性能的方法为直接远场和近远场变换(Radio,2020年)。

间接远场测试方法利用由抛物面反射器进行的变换来创建远场环境(图9.17(Hurtarte、Wen,2019年))。

在CATR箱内,被测设备(DUT)将一个波阵面辐射到抛物面反射器,然后抛物面反射器将辐射的波阵面瞄准接收机-馈电天线。在被测设备和接收机之间保持足够距离,以使产生的球面波转化为平面波。但是,CATR方法的成本是直接远场方法的10倍。

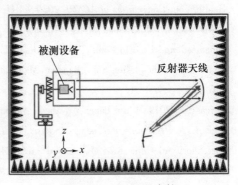

图9.17 CATR空中箱

对于小天线孔径(<3cm),直接远场方法带来的路径损耗与CATR方法大致相同(Hurtarte、Wen,2019年)。因此,直接远场方法为小孔径天线提供了一种具有成本效益的解决方案。

9.7 小　　结

本章概述了 5G 天线,其中涵盖天线的总体设计流程以及天线与射频收发机集成电路的集成。由于 5G 技术需满足高数据速率要求,需要大规模 MIMO 的先进天线技术。在低能耗条件下采用天线方向图调向技术,不仅可提高数据速率容量,还可提高数据传输效率。本章也介绍了用于表征 5GNR 天线方向图的多个特定术语。

天线是用户和基站的无线通信系统的重要组成部分,本章也说明了天线设计为满足 5GNR 要求而需克服的多项设计挑战。此外,本章还介绍了各种 5G 部署场景,以及 5G 无线电的性能指标和服务要求。最后,本章详细说明了如何量化辐射暴露,并讨论了天线性能测量中面临的挑战。

参考文献

Alam, M. S. 2015. "Analytical Modelling and Design of CMOS Low – Noise Amplifier(LNA) with Electro – Static Discharge Protection." *IETE Technical Review* 32(3):227 – 235.

Ali, Sayyed Arif, Mohd Wajid, and M. S. Alam. 2020. "Mobile Communication and Threat to Human Health." In *Proceedings of ACAPE 2020, AMU*, Aligarh, India.

Alibakhshikenari, Mohammad, Mohsen Khalily, Bal Singh Virdee, Chan Hwang See, Raed A. Abd – Alhameed, and Ernesto Limiti. 2019. "Mutual Coupling Suppression between Two Closely Placed Microstrip Patches Using EM – Bandgap Metamaterial Fractal Loading." *IEEE Access* 7:23606 – 23614.

Americas, 5G. 2019. White Paper: Advanced Antenna Systems for 5G. 5G Americas.

Balanis, C. A. 1997. *Antenna Theory, Analysis and Design*. New York: Wiley.

Busari, Sherif Adeshina, Kazi Mohammed Saidul Huq, Shahid Mumtaz, Linglong Dai, and Jonathan Rodriguez. 2017. "Millimeter – Wave Massive MIMO Communication for Future Wireless Systems: A Survey." *IEEE Communications Surveys & Tutorials* 20(2):836 – 869.

Cheema, Hammad M., and Atif Shamim. 2013. "The Last Barrier: On – Chip Antennas." *IEEE Microwave Magazine* 14(1):79 – 91.

Cherry, Steven. 2004. "Edholm's Law of Bandwidth." *IEEE Spectrum* 41(7):58 – 60.

Chin, Woon Hau, Zhong Fan, and Russell Haines. 2014. "Emerging Technologies and Research Challenges for 5G Wireless Networks." *IEEE Wireless Communications* 21(2):106 – 112.

Djerafi, Tarek, Ali Doghri, and Ke Wu. 2015. *Handbook of Antenna Technologies*. Singapore: Springer.

Dong, Yuandan, and Tatsuo Itoh. 2010. "Miniaturized Substrate Integrated Waveguide Slot Antennas Based on Negative Order Resonance." *IEEE Transactions on Antennas and Propagation* 58(12):3856–3864.

Ericsson. 2020. *Ericsson Mobility Report*. Stockholm, Sweden: Author.

Fang, D. G. 2010. *Antenna Theory and MIcrostrip Antenna*. Boca Raton, FL: CRC Press.

FCC Report. 1997. "Millimeter Wave Propagation: Spectrum Management Implications." Federal Communications Commission, Office of Engineering and Technology.

FCC. 2019. "Specific Absorption Rate (SAR) for Cell Phones: What It Means for You."

Forouzmand, A., and H. Mosallaei. 2016. "Tunable Two Dimensional Optical Beam Steering with Reconfigurable Indium Tin Oxide Plasmonic Reflectarray Metasurface." *Journal of Optics* 18(12):125003.

Garg, R., P. Bhartia, I. Bahal, and A. Ittipiboon. 2001. *Microstrip Antenna Design Hand Book*. Norwood, MA: Artech House Antenna and Propagation Library.

Hedayati, Mahsa Keshavarz, Cagri Cetintepe, and Robert Bogdan Staszewski. 2019. "Challenges in On-Chip Antenna Design and Integration with RF Receiver Front-End Circuitry in Nanoscale CMOS for 5G Communication Systems." *IEEE Access* 7:43190–43204.

Hong, Wonbin, Kwang-Hyun Baek, Youngju Lee, Yoongeon Kim, and Seung-Tae Ko. 2014. "Study and Prototyping of Practically Large-Scale MmWave Antenna Systems for 5G Cellular Devices." *IEEE Communications Magazine* 52(9):63–69.

Hong, Wonbin, Kwang-Hyun Baek, and Seung-Tae Ko. 2017. "Millimeter-Wave 5G Antennas for Smartphones: Overview and Experimental Demonstration." *IEEE Transactions on Antennas and Propagation* 65(12):6250–6261.

Hurtarte, Jeorge S., and Middle Wen. 2019. *Over-the-Air Testing for 5G MmWave Devices: DFF or CATR?* Microwaves & RF.

Hussain, Rifaqat, Ali T. Alreshaid, Symon K. Podilchak, and Mohammad S. Sharawi. 2017. "Compact 4G MIMO Antenna Integrated with a 5G Array for Current and Future Mobile Handsets." *IET Microwaves, Antennas & Propagation* 11(2):271–279.

Kurvinen, Joni, Henri Kähkönen, Anu Lehtovuori, Juha Ala-Laurinaho, and Ville Viikari. 2018. "Co-Designed Mm-Wave and LTE Handset Antennas." *IEEE Transactions on Antennas and Propagation* 67(3):1545–1553.

Li, Yixin, Chow Yen Desmond Sim, Yong Luo, and Guangli Yang. 2018. "Multiband 10-Antenna Array for Sub-6GHz MIMO Applications in 5-G Smartphones." *IEEE Access* 6:28041–28053.

Li, Yixin, Chow Yen Desmond Sim, Yong Luo, and Guangli Yang. 2019. "High-Isolation 3.5GHz Eight-Antenna MIMO Array Using Balanced Open-Slot Antenna Element for 5G Smartphones." *IEEE Transactions on Antennas and Propagation* 67(6):3820–3830.

Marzetta, Thomas L. 2010. "Noncooperative Cellular Wireless with Unlimited Numbers of Base Station Antennas. " *IEEE Transactions on Wireless Communications* 9(11):3590 – 3600.

Ojaroudiparchin, Naser, Ming Shen, and Gert Frolund Pedersen. 2016. "Multi – Layer 5G Mobile Phone Antenna for Multi – User MIMO Communications." In *23rd Telecommunications Forum, TELFOR 2015*, Belgrade, Serbia, 559 – 562.

Parchin, Naser Ojaroudi, Yasir Ismael Abdulraheem Al – Yasir, Ammar H. Ali, Issa Elfergani, James M. Noras, Jonathan Rodriguez, and Raed A. Abd – Alhameed. 2019. "Eight – Element Dual – Polarized MIMO Slot Antenna System for 5G Smartphone Applications." *IEEE Access* 7:15612 – 15622.

Physics, Health. 2020. "Guidelines for Limiting Exposure to Electromagnetic Fields (100KHz to 300GHz)." *Health Physics*. 118.

Radio, New. 2020a. "Study on Test Methods (Release 16)," 3GPP TS 38810 – G50." Technical Specification.

Radio, New. 2020b. "User Equipment (UE) Radio Transmission and Reception Part 1: Range 1 Standalone (Release 16)," 3GPP TS 38101 – 1 – G30." Technical Specification.

Radio, New. 2020c. "User Equipment (UE) Radio Transmission and Reception Part 2: Range 2 Standalone (Release 16)," 3GPP TS 38101 – 2 – G31." Technical Specification.

Raghavan, Vasanthan, Mei – li Clara Chi, M. Ali Tassoudji, Ozge H. Koymen, and Junyi Li. 2019. "Antenna Placement and Performance Tradeoffs with Hand Blockage in Millimeter Wave Systems." *IEEE Transactions on Communications PP*(c), 1.

Remcom. 2020. "CDF of EIRP & Max Hold | REMCOM." (accessed July 3, 2020).

Santo, Brian. 2017. "The 5 Best 5G Use Cases | EDN." (accessed July 3, 2020).

Sarkar, D., and K. V. Srivastava. 2017. "Compact Four – Element SRR – Loaded Dual – Band MIMO Antenna for WLAN/WiMAX/WiFi/4G – LTE and 5G Applications." *Electronics Letters* 53(25):1623 – 1624.

Saunders, Jake. 2018. *White Paper: The Rise & Outlook of Antennas in 5G*. New York: ABI Research. Shanghai, China.

Sayidmarie, Khalil H., Neil J. McEwan, Peter S. Excell, Raed A. Abd – Alhameed, and Chan H. See. 2019. "*Antennas for Emerging 5G Systems.*" *International Journal of Antennas and Propagation* vol. 2019, Article ID 9290210, 3 pages.

Shafi, Mansoor, Andreas F. Molisch, Peter J. Smith, Thomas Haustein, Peiying Zhu, Prasan De Silva, Fredrik Tufvesson, Anass Benjebbour, and Gerhard Wunder. 2017. "5G: A Tutorial Overview of Standards, Trials, Challenges, Deployment, and Practice." *IEEE Journal on Selected Areas in Communications* 35(6):1201 – 1221.

Sharawi, Mohammad S. 2013. "Printed Multi – Band MIMO Antenna Systems and Their Performance Metrics [Wireless Corner]." *IEEE Antennas and Propagation Magazine* 55(5):218 – 232.

Shikhantsov, Sergei, Arno Thielens, Günter Vermeeren, Piet Demeester, Luc Martens, Guy Torfs, and Wout Joseph. 2019. "Statistical Approach for Human Electromagnetic Exposure Assessment in

Future Wireless Atto – Cell Networks." *Radiation Protection Dosimetry* 183(3):326 – 331.

Song, B. 1986. "CMOS RF Circuits for Data Communications Applications." *IEEE Journal of Solid – State Circuits* 21(2):310 – 317.

Thayyil, Manu Viswambharan, Paolo Valerio Testa, Corrado Carta, and Frank Ellinger. 2018. "A 190 GHz Inset – Fed Patch Antenna in SiGe BEOL for On – Chip Integration." In *2018 IEEE Radio and Antenna Days of the Indian Ocean(RADIO)*, Grand Port, Mauritius, 1 – 2.

White Paper: ANSYS 5G Mobile / UE Solutions. 2019. ANSYS Inc.

White Paper: First Steps in 5G. 2019. Keysight.

White Paper: ANSYS 5G Antenna Solutions. 2020. ANSYS Inc.

Xu, Bo, Zhinong Ying, Lucia Scialacqua, Alessandro Scannavini, Lars Jacob Foged, Thomas Bolin, Kun Zhao, Sailing He, and Mats Gustafsson. 2018. "Radiation Performance Analysis of 28 GHz Antennas Integrated in 5G Mobile Terminal Housing." *IEEE Access* 6:48088 – 48101.

Yang, Ping, Yue Xiao, Ming Xiao, and Shaoqian Li. 2019. "6G Wireless Communications: Vision and Potential Techniques." *IEEE Network* 33(4):70 – 75.

Yu, Bin, Kang Yang, Chow – yen – desmond Sim, and Guangli Yang. 2018. "A Novel 28 GHz Beam Steering Array for 5G Mobile Device with Metallic Casing Application." *IEEE Transactions on Antennas and Propagation* 66(1):462 – 466.

Zhang, Yueping. 2019. "Antenna – in – Package Technology: Its Early Development [Historical Corner]." *IEEE Antennas and Propagation Magazine* 61(3):111 – 118.

Zhao, Kun, Shuai Zhang, Zuleita Ho, Olof Zander, Thomas Bolin, Zhinong Ying, and Gert Frølund Pedersen. 2018. "Spherical Coverage Characterization of 5G Millimeter Wave User Equipment with 3GPP Specifications." *IEEE Access* 7:4442 – 4452.

第 10 章

面向 5G 认知无线电的新型波束赋形设计

坦泽拉·阿什拉夫（Tanzeela Ashraf）
贾韦·A. 谢赫（Javaid A. Sheikh）
萨达夫·阿贾兹·汗（Sadaf Ajaz Khan）
梅赫布·乌尔·阿门（Mehboob-ul-Amin）

10.1 引　言

无线技术起源于 20 世纪 70 年代，联网智能设备的数量正在日益增长。根据《福布斯》调查显示，2020 年将有约 240 亿台设备联网，可能会使目前的 4G 技术瘫痪。因此，需要利用新一代技术来实现更快、更高效的数据传输。为满足不断升级的数据速率需求，5G 技术成为了一种可能的解决方案（De、Singh，2016 年）。5G 作为一项革命性技术，将接替 4G。5G 技术的基本原理与之前的技术截然不同，之前的技术涉及建立移动宽带，现有的基础设施和架构无法帮助实现 5G 目标。

因此，必须重新对万物进行定义（Tudzarov、Janevski，2011 年；Modi 等，2013 年；Andrews 等，2014 年；Chen、Zhao，2014 年；Mitra、Agrawal，2015 年；Ji 等，2018 年）。网络负载平衡的一个主要问题在于，随着联网设备日渐增多，要解决如何能够在免许可波段上下载数据。因此，为满足实时流量和平滑连接的高需求，预计

5G将与密集的异构网络建立无缝对接（Sheikh等,2019年）。物联网作为5G设备的重要组成部分,可支持用于接入网络的庞大对象。物联网的基本特征是传感器功率有限,因为传感器由电池供电。物联网的升级大大增加了能耗（Tutuncuoglu等,2015年）,资源的缺乏为现有频谱带来了决定性挑战,目前已研究了许多解决方案来应对现有频谱资源稀缺的问题（White、Reil,2016年）。能效概念已演变为未来5G网络的一个关键特征,5G网络的重点已从提高容量转向了可高效利用能源的通信系统。不应为了传输信息而对通信系统所拥有的资源进行专门修改,而应为了每焦耳能耗的传输信息量而修改（Rappaport等,2015年）。资源分配涉及能效最大化的概念,需要使用新型数学工具。传统的移动通信系统用频率较为短缺,因此,可选择使用毫米波频段。在这些频率下,大带宽可提供5G所需的传输速度。与当前使用的频率相比,毫米波频段中的移动通信设置更加复杂（Sayeed、Raghavan,2007年）。在这些条件下,毫米波技术已成为高速数据链路的一项新前沿技术,目前已成功建立了室内通信用毫米波。因此,IEEE 802.15.3c无线个人区域网（wireless personal area network,WPAN）、无线高清（wireless high definition,WiHD）、欧洲计算机制造商协会（European computer manufacturers association,ECMA）标准、IEEE 802.11ad无线局域网（wireless local area network,WLAN）等多种标准相继问世。为了更加经济地利用毫米波频段,如何使用多天线是关键的使能技术。利用具有方向性的通信系统,可提高链路容量。在较短的波长中,波束赋形技术会成为一种有效的解决方案,因此,具有紧凑形状因素的阵列架构已应用于便携式设备（Sayeed、Raghavan,2007年）。

在MIMO系统中,天线的大带宽和高维度会导致极高的多径效应,因此,毫米波系统的MIMO信道相对比较贫乏（Sayeed、Raghavan,2007年;Hariharan等,2008年;Kutty、Sen,2015年）。在通信链路的任一端进行波束调向,可确保高方向性。在实现5G的过程中,波束赋形天线阵列将发挥重要作用,因为移动手机可容纳大量的毫米波频率天线。这些天线不仅可提供较高的定向增益,还具备多种波束赋形能力。直接针对用户群体,可提高移动无线网络的信干比（signal to interference ratio,SIR）,改善移动无线电网络。利用精细发射波束,可降低无线环境中遇到的干扰,并可在接收端保持充足的信号功率。为多天线波束赋形器提供适当的天线配置,可减小RMS延迟扩展,并提高信噪比和因多径效应而产生的莱斯（Rician）增益因数（Raghavan等,2016年）。在相关研究中,作者研究了基于码本的MIMO波束赋形技术,旨在提高系统在反馈受限条件下的频谱效率。由于反馈负载较大,作者提出了一种新技术,即在反馈过程中利用具有伪随机性的波束赋形向量和不同的角度阈值。根据这一想法,无需按基站或用户存储码本,对于每条接入路由,将由基站生成伪随机波束赋形向量。波束赋形向量和 CSI 向量之间的夹角由用户计算。若夹角小于参考角度阈值,则由用户返回信道质量指标;否则,将无法发送任何信息。该想法可在很大程度上压缩反馈速率,且产生的吞吐量损失很小。但是,需确定适当阈值,以保持系统吞吐量和反馈速率稳定可靠。本章探讨了一种基于毫米波的多用户多蜂窝同构网络,并对 4 种混合波束赋形技术进行了比较,所依据的假设是完整的信道状态信息已被传输点所知,且可在各传输点之间交换。这样一来,在设计预编码矩阵时,传输点既考虑了蜂窝内干扰,又考虑了蜂窝间干扰。此外,干扰和信噪比水平还会影响这些技术的性能,而这些技术本身也会受到每个蜂窝的用户数量、蜂窝半径和每个用户的流数的影响。显然,只有每个蜂窝中的部分用户和小蜂窝半径才能实现高频谱效率。Sun 等(2018 年)提出了与波束赋形相关的概念,旨在实现线性阵列架构及其辐射方向图。他们阐述了毫米波波束赋形技术及其各种趋势,包括解决一系列复杂问题,如波束搜索过程及其优化、极化分集、混合波束赋形、同步波束赋形协议、高度自适应波束赋形和三维波束赋形等。上述解决方案应考虑降低计算开销,在具有延迟的波束赋形过程中提供足够的服务质量,以及面临的功耗约束条件。作者在研究中提出了一种低复杂度的波束赋形解决方案,用于检测接收信号中的信噪比损失种解决方案需对阵列中的每根天线进行相位控制,以便在链路两端的主要路径方向上对波束进行调向。在大规模实现信道(将定向波束赋形技术作为毫米波 MIMO 系统用的解决方案)时,接收信号的信噪比损失可忽略不计。

10.2 认知无线电规避能源危机

1999 年,约瑟夫·米托拉(Joseph Mitola)提出了认知无线电概念。认知无线电是一种智能无线电,收发机可利用其进行自我调整以适应新的网络环境。认知无线电涵盖两大重要领域,全认知无线电和频谱感知。全认知无线电具有网络参数信息,且可在需要网络优化时对这些参数进行修改。在频谱感知领域,为了充分利用现有频谱,研究发现位置和时间信息至关重要。认知无线电是检测和分配空闲频谱的最佳选择,称为动态频谱接入。当检测到空闲频段时,将采用频谱池策略决定正交频分多址子频段将驻留在哪些频段内。认知无线电概念中涉及的表达包括:频谱感知,为利用最佳频带,认知终端偏离现有的最佳呈现频率;频谱共享,授权用户(PU)占用资源共享,相邻授权用户不受影响;基于感知的频谱,使用各种方法来确定认证用户是否合法,再由认知无线电用户传输数据。

10.2.1 认知无线电架构

在进行认知无线电设计之前,研究人员面临两个问题:首先,由于认知无线电设备可随时改变传输模式,因此可能导致认知无线电算法出现二义性;其次,若用户是可移动的且能够根据不同的带宽范围移动位置,则带宽会发生变化,所以需要进行调整。根据这些问题形成了认知无线电的架构,如图 10.1 所示。

该架构由下列三个基本部分组成:
(1)决策制定:由认知单元根据提供的输入制定决策。
(2)软件定义无线电单元:利用操作软件提供操作环境。
(3)用于了解信号和用户特征的部件。

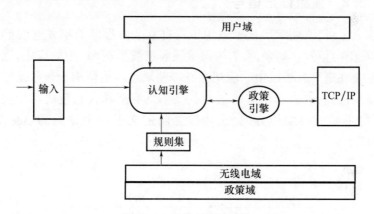

图 10.1 认知无线电架构

10.3 波束赋形简介

社交媒体和移动电话的普及引发了数据风暴,致使通信技术遍布各个行业领域,数据速率将以指数级增长。借助具有更大带宽的信道,可利用 5G 毫米波蜂窝系统来实现更高的数据速率(Xu 等,2012 年)。在需关注的紧密网络中,最主要的挑战是解决蜂窝间干扰。调节多用户干扰的两种基本方法是功率控制和天线阵列波束赋形。功率控制的重点是通过均衡蜂窝内的信干噪比 SINR 来提高脆弱链路的标准。此外,可通过修改波束方向图来改善信号质量,还可利用阵列波束赋形技术来减轻干扰。天线阵列波束赋形技术更适用于毫米波系统,因为毫米波系统的发射端和接收端均使用天线阵列来传递阵列增益,以补偿第 1 米传输中的损耗。

10.3.1 波束赋形系统方法

波束赋形技术本质上是一种空间滤波技术,即利用一组辐射器沿孔径的特定方向来发射能量。与单向发射或接收技术相比,波束赋形技术在发射或接收增益方面有很大的改进空间。目前,研究人员正在考虑通过部署智能天线,将分集增益、阵列增益和干扰抑制相结合,以提高链路容量。为此目的,可利用基于相位阵列的电子波束调向技术,其中,相位阵列具有特定的几何结构,是一种具有多辐射单元的设备。所有单元发出的合电场可表明功率的空间分布,并标记为阵列辐射方向图。

10.3.2 波束赋形信号

从广义上讲,波束赋形技术适用于具有复杂波形的简单候选波形(candidate wave,CW)信号。如今,人们越加重视候选波形在 5G 中的应用,因为当前的许多设备在毫米波频段中的应用存在一些缺点。相位相干信号是波束赋形分析的重要前提,这表明所有的射频载波都具有清晰且稳定的相位关系。因此,为了将主瓣引向期望方向,在载波之间定义了一个预设的 $\Delta\phi$ 相位,如图 10.2 所示。

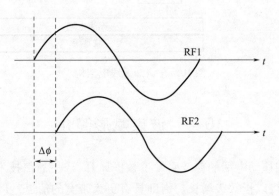

图 10.2 带相位偏移的相位相干信号

为实现相位相干性,利用普通定位方法(20MHz)将各种发生器耦合起来,也可从以下几个方面来分析射频信号中瞬时微分相位($\Delta\phi$)的不稳定性:

(1)伴有相位噪声的两个合成器。

(2)射频输出用的一条长合成链以及 10MHz 条件下的"弱"耦合。

(3)温差引起的合成器有效参数的变化。

10.3.3 波束赋形技术类型

波束赋形技术可分为以下类型:

(1)固定权重波束赋形技术:为操纵主波束,在数字或模拟领域对天线阵列单元采用不变的天线权重(振幅/相位)。

(2)自适应波束赋形技术:自适应波束赋形技术能够适应射频辐射方向图,比固定权重波束赋形技术更可靠。该技术主要适用于移动通信,由于移动通信的到达方向不可预知,需要以递归方式更新权重向量。若将具有良好规划和结构的信号处理算法与自适应阵列相结合,就可推导出所需的多径信号和干扰信号。通过不断更新重要向量,可将主波束引入所需的方向中。针对具体应用而实施的波束赋形技术主要依赖发射端和接收端的精密度、无线信道的特性以及所传输的信号的带宽。

(3)模拟基带波束赋形技术:在时域中,利用可引入延时的单元或在射频上转换阶段之前持续移动信号相位,即可获得天线权重。

(4)模拟射频波束赋形技术:该技术在射频上转换阶段之后,可应用天线权重。

(5)数字波束赋形技术:利用数字信号处理器完成波束赋形处理,该技术在自由度方面提供了更大的灵活性,实现有效的波束赋形算法。该技术可将数字基带作为控制信号的起点。

(6)频域波束赋形技术:首先借助变换域工具,然后进行逆变换,并使用频域对信号进行操作。

(7)发射波束赋形技术:在发射机侧,辐射源和辐射部件之间使用波束赋形器来控制根据接收机定位原理形成的三维空间中的发射电磁场。波束赋形程序通常取决于发射端和接收端的电势、无线电信道的属性以及发射信号的带宽。

(8)接收波束赋形技术:在天线阵列与接收机单元之间实现的一种波束赋形技术,用于管理天线对信号的相对空间灵敏度。该技术一般需要估计到达方向,为此,需要确定频谱的局部极大值。

(9)隐式(开环)波束赋形技术:通常称为开环波束赋形技术,根据信道互易性假设,发射机可实现信道探测程序。由于多径效应,需调节相移差。利用训练序列来计算调向矩阵的模块,但是由于依据的是互易性假设,因此需要精确完成信道校准。

（10）显式（闭环）波束赋形技术：通常称为闭环波束赋形技术，在该技术中，由接收机对信道进行评估，然后将信息发给发射机。目前普遍使用三种显式光束成形模式：非压缩模式，将调向矩阵用作反馈，且该调向矩阵由接收部件预先设计；压缩模式，接收机将压缩的调向矩阵发送给发射部件；信道状态信息（CSI），该信息在反馈模式中运行，由接收机向发射机发送原始信道估计值，用于计算调向矩阵。

10.3.4　IEEE 802.11Ad 波束赋形协议

IEEE 802.11ad 框架下的波束赋形协议分为以下三个阶段：

（1）扇区级扫描（sector level sweep，SLS）阶段：发射天线和接收天线使用准全向图来选择最重要的发射和接收扇区。

（2）波束细化（beam refinement phase，BRP）阶段：一旦确认了最佳扇区对，则进入波束细化阶段。该阶段将引导天线发射和接收阵列，对具有窄波束宽度的波束方向图进行排序。

（3）波束追踪（beam tracking，BT）阶段：可酌情使用该阶段，其适用于在数据传输过程中处理信道变化。数据包附有训练场，用于执行波束追踪。可使用自动增益控制（automatic gain control，AGC）场，通过连续改变接收机波束集的方向来计算 AGC 增益。为获得信道估计（channel estimation，CE），需为每个波束分配与信道估计链相关的训练场，以提高分频延迟逼近的精度。

10.4　系统模型

在考虑 5G 蜂窝系统时，需同时考虑一级用户（primary user，PU）和二级用户（secondary user，SU）。宏基站（macro base station，MBS）为第 k 个位置的 PU 提供服务。蜂窝中分布的用户总数表示为 $m \in M$，且 SU 服从多变量高斯分布。h_{PU} 表示 MBS 与第 k 个位置的 PU 之间的信道，h_{SU} 表示第 k 个位置的 PU 与第 m 个位置的 SU 之间的信道，且假设 MBS 和 PU 均具有信道状态信息。MBS 与 PU 之间形成的链路称为回程链路，PU 与信道相连的链路称为接入链路。在初始时间陷波中，第 k 个 PU 接收的信号表示为

$$Y_{mk} = \sum_{m=1}^{M}\sum_{K=1}^{N} h_{\text{PU}}^{m} X + n_m \tag{10.1}$$

式中：n_m 为加性高斯白噪声；$K = 1,2,3,\cdots,N$，表示 PU 的 N 个位置；第 K 个位

置的 PU 利用加权矩阵"w_{mk}"来线性承担所获得的符号,并在随后的时间陷波中向接入链路发出 $T_{mk} = Y_{mk}v_{mk}$,v_{mk} 为波束赋形向量,旨在必要的方向传播信号,并抑制 PU 和 SU 之间的干扰。因此,在随后的时隙中获得的信号输出为

$$Z_{mk} = \sum_{m=1}^{M} \sum_{k=1}^{N} h_{SU}^{m} T_{mk} + n_{m} \tag{10.2}$$

第 k 个 PU、第 m 个 SU 处的总功率约束表示为

$$\sum_{k=1}^{K\max} E\{E_r(Y_{mk}Y_{mk}^*)\} \leq P_{PU}^{k} \tag{10.3}$$

$$\sum_{m=1}^{m} E\{E_r(Z_{mk}Z_{mk}^*)\} \leq P_{SU}^{m} \tag{10.4}$$

为定义优化问题,需设置等高线,并定义跨越等高线的整体信道容量,即 PU 和 SU。总体而言,系统吞吐量为

$$C_{Tout} = \sum_{m=1}^{M} \sum_{k=1}^{N} R_{m,k}(V_m^-) \tag{10.5}$$

其中

$$R_{m,k}(V_m^-) = \sum_{m=1}^{M} \sum_{n=1}^{k} (C_{PU}, C_{SU})$$

式中:C_{PU} 和 C_{SU} 分别为 PU 和 SU 的吞吐量,且有

$$C_{PU} = \log_2\left(1 + \frac{h_{PU}^{m}(h_{PU}^{m})^H Y_{mk}(Y_{mk})^H V_{PU}^{k}(V_{PU}^{k})^H}{n_m}\right) \tag{10.6}$$

$$C_{SU} = \log_2\left(1 + \frac{h_{SU}^{m}(h_{SU}^{m})^H Z_{mk}(Z_{mk})^H V_{SU}^{k}(V_{SU})^H}{n_m}\right) \tag{10.7}$$

波束赋形向量 V_k 基于多天线接收机,对于 PU 和 SU,波束赋形向量的定义为

$$V_{PU}^{k} = \frac{(I_{Nj} + \sum_{m=1}^{M}\sum_{k=1}^{6N}(Y_{mk})^H h_{PU}^{m}(h_{PU}^{m})^H (Y_{mk})^H)^{-1}}{(I_{Nj} + \sum_{m=1}^{M}\sum_{k=1}^{N}(Y_{mk})^H h_{PU}^{m}(h_{PU}^{m})^H (Y_{mk})^H)^{-1}} \tag{10.8}$$

$$V_{SU}^{k} = \frac{(I_{Nr} + \sum_{m=1}^{M}\sum_{k=1}^{N}(Z_{mk})^H h_{SU}^{m}(h_{SU}^{m})^H (Z_{mk})^H)^{-1}}{(I_{Nr} + \sum_{m=1}^{M}\sum_{k=1}^{N}(Z_{mk})^H h_{SU}^{m}(h_{SU}^{m})^H (Z_{mk})^H)^{-1}} \tag{10.9}$$

式中:N_j 和 N_r 表示 PU、SU 接收侧的天线。

PU 和 SU 的总功耗如下:

$$P_{\text{PU}} = \sum_{m=1}^{M}\sum_{k=1}^{N} p_{\text{PU}} \qquad (10.10)$$

$$P_{\text{SU}} = \sum_{m=1}^{M}\sum_{k=1}^{N} p_{\text{SU}} \qquad (10.11)$$

p_{PU} 和 p_{SU} 受 $\sum p_{\text{PU}} \leqslant 1$ 和 $\sum p_{\text{SU}} \leqslant 1$ 的约束，p_{PU} 和 p_{SU} 表示为 PU 和 SU 提供的功率分配系数。

因此，在给定轮廓中的总功耗为

$$P_{\text{Total}} = p_{\text{PU}} + p_{\text{SU}} \qquad (10.12)$$

能效为

$$\text{EE} = \frac{C_{\text{Tout}}}{P_{\text{Total}}} \qquad (10.13)$$

系统模型如图 10.3 所示。

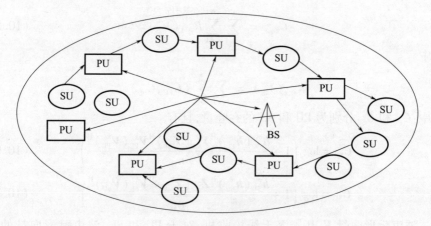

图 10.3　系统模型

10.5　最优化问题

按下列方式扩展该问题：

$$\max p_{\text{PU}}, p_{\text{SU}}, C_{\text{Tout}} \qquad (10.14)$$

$$\max \text{EE}, p_{\text{PU}}, p_{\text{SU}} \qquad (10.15)$$

s. t.

$$\sum_{m=1}^{M}\sum_{k=1}^{N} p_{\text{PU}} \leqslant P_{\text{PU}} \qquad (10.16)$$

$$\sum_{m=1}^{M}\sum_{k=1}^{N} p_{\text{SU}} \leqslant P_{\text{SU}} \tag{10.17}$$

$$p_{\text{PU}} \leqslant 1 \tag{10.18}$$

$$p_{\text{SU}} \leqslant 1 \tag{10.19}$$

$$\sum_{m=1}^{M}\sum_{k=1}^{N} p_{\text{PU}} h_{\text{PU}} \leqslant J_{th}^{\text{PU}} \tag{10.20}$$

$$\sum_{m=1}^{M}\sum_{k=1}^{N} p_{\text{SU}} h_{\text{SU}} \leqslant J_{th}^{\text{SU}} \tag{10.21}$$

式中：C_{Tout} 为系统的总吞吐量，$C_{\text{Tout}} = \sum_{m=1}^{M}\sum_{k=1}^{N} R_{m,k}(V_m^-)$；$J_{th}^{\text{PU}}$ 和 J_{th}^{SU} 为第 K 个 PU 和第 m 个 SU 的干扰阈。

10.6 最优解框架

F1 属于分式规划（fractional programming, FP）问题，具有分式非凹函数和非线性约束条件，因而很难利用其找到最优解。因此，需将 F1 转换为缩减问题，定义如下：

F2：

$$\max(C_{\text{Tout}} - \boldsymbol{\lambda}(p_{\text{PU}} + p_{\text{SU}} + \mu_{mk} C_{\text{Tout}})) \tag{10.22}$$

s.t.

$$(C_{\text{PU}}, C_{\text{SU}}) \tag{10.23}$$

式中：$\boldsymbol{\lambda} = (\lambda_{1k}, \lambda_{2k}, \lambda_{3k}, \cdots, \lambda_{mk})$ 是一种向量，称为拉格朗日乘数向量；μ_{mk} 为与两条链路上的第 m 个常数相关的拉格朗日乘数。

拉格朗日函数为

$$\begin{aligned} L = \sum_{m=1}^{M}\sum_{k=1}^{6} \Bigg[&\log_2\left(1 + \frac{\boldsymbol{h}_{\text{PU}}^m (\boldsymbol{h}_{\text{PU}}^m)^{\text{H}} \boldsymbol{Y}_{mk} (\boldsymbol{Y}_{mk})^{\text{H}} \boldsymbol{V}_{\text{PU}}^k (\boldsymbol{V}_{\text{PU}}^k)^{\text{H}}}{n_m}\right) \\ &+ \log_2\left(1 + \frac{\boldsymbol{h}_{\text{SU}}^m (\boldsymbol{h}_{\text{SU}}^m)^{\text{H}} \boldsymbol{Z}_{mk} (\boldsymbol{Z}_{mk})^{\text{H}} \boldsymbol{V}_{\text{SU}}^k (\boldsymbol{V}_{\text{SU}}^k)^{\text{H}}}{n_m}\right) \\ &+ \mu_{mk} P_{\text{Total}} \sum (p_{\text{PU}} - P_{\text{PU}}) \sum (p_{\text{SU}} - P_{\text{SU}}) \Bigg] \end{aligned} \tag{10.24}$$

利用 KKT 条件解决问题凹性，进而获得最优解。

利用 KKT 约束条件获得

$$\frac{\partial L}{\partial p_{\text{PU}}} = 0, \frac{\partial L}{\partial p_{\text{SU}}} = 0$$

然后进行求解,所得最优解如下:

$$p_{\text{PU}} = \mu_{mk}\left[\sum_{m=1}^{M}\sum_{k=1}^{N}\frac{(P_{\text{Total}}\mu_{mk} + V_{\text{PU}}^{k} - n_m)}{\sum P_{\text{PU}}}\right] \quad (10.25)$$

$$p_{\text{SU}} = \mu_{mk}\left[\sum_{m=1}^{M}\sum_{k=1}^{N}\frac{(P_{\text{Total}}\mu_{mk} + V_{\text{SU}}^{k} - n_m)}{\sum P_{\text{SU}}}\right] \quad (10.26)$$

10.7 仿真结果

波束赋形技术将在下一代网络的设计中发挥重要作用,无数 5G 技术正处在持续探索阶段,旨在研究未来无线网络的下一代网络,重点是提高频谱效率,增加网络覆盖率,并减少端到端延迟。此类技术的实现可对基站的流量进行分流,使用户能实现精确通信。在发射端和接收端使用多天线,并将波束引向特定方向,利用 Matlab 软件完成技术实现,给出仿真结果。

案例 1:只存在一个一级用户,其余时隙均为空(PAAAA)。

图 10.4 显示了累积分布函数与频谱效率的关系,其中只有一个一级用户存在,其他用户均不存在。

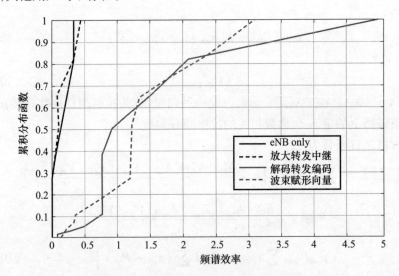

图 10.4 累积分布函数与频谱效率关系图

从图 10.4 中可以看出,eNB(增强节点 B)具有最低频谱效率。当应用放大转发(AF)中继技术时,频谱效率提高,解码转发(DF)编码技术可进一步提高频谱效率。所使用的波束赋形向量(BFV)在累积分布函数的不同百分位条件下提供了最高光谱效率。在累积分布函数为5%时,解码转发编码技术带来的最大频谱效率为0.5(b/s)/Hz,波束赋形向量带来的最大频谱效率为0.3(b/s)/Hz。在累积分布函数为50%时,解码转发编码技术带来的最大频谱效率为0.9(b/s)/Hz,波束赋形向量带来的最大频谱效率为1.2(b/s)/Hz。此时,频谱效率的百分比增量为50%。

案例2:存在一个一级用户和一个二级用户,并且有3个时隙为空(PPAAA)。

图10.5显示了累积分布函数与频谱效率的关系,其中存在一个一级用户和一个二级用户。

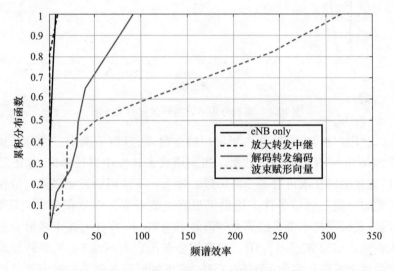

图10.5 累积分布函数与频谱效率关系图

由二级用户感知频谱,并占用可用的空时隙,且留下3个空时隙。从图中可以看出,eNB具有最低频谱效率。当应用放大转发中继技术时,频谱效率提高,解码转发编码技术可进一步提高频谱效率。所使用的波束赋形向量在累积分布函数的不同百分位条件下提供了最高光谱效率。在累积分布函数为5%时,解码转发编码技术带来的最大频谱效率为10(b/s)/Hz,波束赋形向量带来的最大频谱效率为15(b/s)/Hz。在累积分布函数为50%时,解码转发编码技术带来的最大频谱效率为35(b/s)/Hz,波束赋形向量带来的最大频谱效率为50(b/s)/Hz。此时,频谱效率的百分比增量为42.85%。

案例3:存在一个一级用户和两个二级用户,并且有两个时隙为空(PPPAA)。

图10.6显示了累积分布函数与频谱效率的关系,其中存在一个一级用户和两个二级用户。

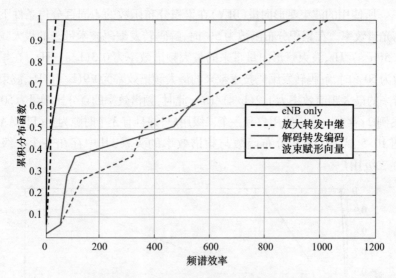

图 10.6 累积分布函数与频谱效率关系图

由二级用户感知频谱,并占用可用的空时隙,且留下两个空时隙。从图中可以看出,eNB 具有最低频谱效率。当应用放大转发中继技术时,频谱效率提高,解码转发编码技术可进一步提高频谱效率。所使用的波束赋形向量在累积分布函数的不同百分位条件下提供了最高光谱效率。在累积分布函数为 5% 时,解码转发编码技术带来的最大频谱效率为 70(b/s)/Hz,波束赋形向量带来的最大频谱效率为 90(b/s)/Hz。在累积分布函数为 50% 时,解码转发编码技术带来的最大频谱效率为 450(b/s)/Hz,波束赋形向量带来的最大频谱效率为 370(b/s)/Hz。此时,频谱效率的百分比增量为 21.62%。

案例 4:存在一个一级用户和 3 个二级用户,且有一个时隙为空(PPPPA)。

图 10.7 显示了累积分布函数与频谱效率的关系,其中存在一个一级用户和 3 个二级用户。

由二级用户感知频谱,并占用可用的空时隙,且留下 1 个空时隙。从图中可以看出,eNB 具有最低频谱效率。当应用放大转发中继技术时,频谱效率提高,解码转发编码技术可进一步提高频谱效率。所使用的波束赋形向量在累积分布函数的不同百分位条件下提供了最高光谱效率。在累积分布函数为 5% 时,解码转发编码技术带来的最大频谱效率为 35(b/s)/Hz,波束赋形向量带来的最大频谱效率为 25(b/s)/Hz。在累积分布函数为 50% 时,解码转发编码技术带来的最大频谱效率为 220(b/s)/Hz,波束赋形向量带来的最大频谱效率为 100(b/s)/Hz。此时,频谱效率的百分比增量为 120%。

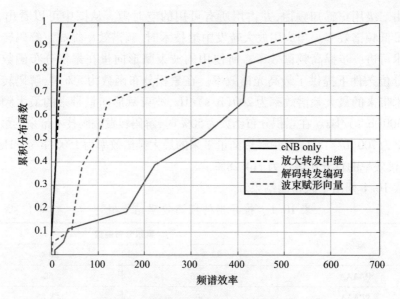

图 10.7 累积分布函数与频谱效率关系图

案例 5:没有时隙为空(PPPPP)。

图 10.8 显示了累积分布函数与频谱效率的关系,其中存在一个一级用户和 3 个二级用户。

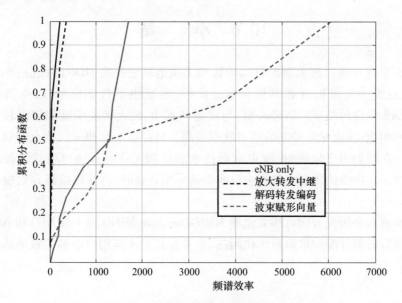

图 10.8 累积分布函数与频谱效率关系图

由二级用户感知频谱,并占用所有可用的空时隙。从图中可以看出,eNB具有最低频谱效率。当应用放大转发中继技术时,频谱效率提高。解码转发编码技术可进一步提高频谱效率。所使用的波束赋形向量在累积分布函数的不同百分位条件下提供了最高光谱效率。在累积分布函数为5%时,解码转发编码技术带来的最大频谱效率为200(b/s)/Hz,波束赋形向量带来的最大频谱效率为300(b/s)/Hz。在累积分布函数为50%时,解码转发编码技术带来的最大频谱效率为700(b/s)/Hz,波束赋形向量带来的最大频谱效率为1500(b/s)/Hz。此时,频谱效率的百分比增量为114.28%。

表10.1列出了获得的结果。

表10.1 推导出的频谱效率结果概述　　　单位:%

案例	累积分布函数	
	5%	50%
PAAAA	66.6	50
PPAAA	50	42.85
PPPAA	28.57	21.62
PPPPA	40	120
PPPPP	50	114.28

10.8 小　　结

本章旨在通过波束赋形技术和认知无线电算法提高MIMO系统的频谱效率,重点关注容量提升和其他参数。此外,还提供了数学模型,以支持基于MATLAB软件的结果。结果表明,与增强节点B、放大转发中继和解码转发编码技术相比,波束赋形带来的频谱效率更高。只存在一个PU时,节点的效率为50%。在增加用户数量时,波束赋形技术和认知无线电算法可将效率提高到114.28%。在将认知无线电算法与波束赋形相结合时,可获得接近香农极限的结果。

本章未来研究方向可将大规模MIMO(massive MIMO,m-MIMO)和NOMA用于进行资源分配和求解最优化问题,并考查其对不同用户的频谱效率造成的影响。

参考文献

Andrews, Jeffrey G, Stefano Buzzi, Wan Choi, Stephen Hanly, Angel Lozano, Anthony CK Soong, and Jianzhong Charlie Zhang. 2014. "What Will 5G Be?" *IEEE JSAC Special Issue on 5G Wireless Communication Systems* 32(6):1065–1082. Ieeexplore. Ieee. Org.

Chen, S, and J Zhao. 2014. "The Requirements, Challenges, and Technologies for 5G of Terrestrial Mobile Telecommunication." *IEEE Communications Magazine* 52(5):36–43. Ieeexplore. Ieee. Org.

De, P, and S Singh, 2016. "Journey of Mobile Generation and Cognitive Radio Technology in 5G." *Journal of Mobile Network Communications* 52(5):36–43. Papers. Ssrn. Com.

Hariharan, Gautham, Vasanthan Raghavan, and Akbar M Sayeed. 2008. "Capacity of Sparse Wideband Channels with Partial Channel Feedback." *European Transactions on Telecommunications* 19(4):475–493.

Ji, B, K Song, C Li, W Zhu, and LYang. 2018. "Energy Harvest and Information Transmission Design in Internet-of-Things Wireless Communication Systems." *AEU-International Journal of Electronics, and Communications* 87(April):124–127.

Kumar, Railmajra Puneet, J K Sharma, S B S Nagar, and M Singh. 2012. "5G Technology of Mobile Communication." *International Journal of Electronics and Computer Science Engineering* 2(4):1265–1275.

Kutty, S, and D Sen. 2015. "Beamforming for Millimeter Wave Communications: An Inclusive Survey." *IEEE Communications Surveys & Tutorials* 18(2):949–973, Ieeexplore. Ieee. Org.

Mitra, RN, DP Agrawal, 2015. "5G Mobile Technology: A Survey." *ICT Express* 1(3):132–137, Amsterdam: Elsevier.

Modi, Hardik, Shobhit K Patel, and Asvin Gohil. 2013. "5G Technology of Mobile Communication: A Survey Liquid Metamaterial Antenna View Project Numerical Investigation of Liquid Metamaterial-Based Superstrate Microstrip Radiating Structure View Project 5G Technology of Mobile Communication: A Survey." *Ieeexplore. Ieee. Org.*

Raghavan, Vasanthan, and Akbar M. Sayeed. 2011. "Sublinear Capacity Scaling Laws for Sparse MIMO Channels Cognitive MIMO View Project Distributed Sensing and Communication in Wireless Sensor Networks View Project Vasanthan Raghavan Sub-Linear Capacity Scaling Laws for Sparse MIMO Channels." *Ieeexplore. Ieee. Org.*

Raghavan, Vasanthan, Juergen Cezanne, Sundar Subramanian, Ashwin Sampath, and Ozge Koymen. 2016. "Beamforming Tradeoffs for Initial UE Discovery in Millimeter-Wave MIMO Systems." *IEEE Journal of Selected Topics in Signal Processing* 10(3):543–549. Ieeexplore. Ieee. Org.

Rappaport, T S, R W Heath Jr, R C Daniels, and J N Murdock. 2015. *Millimeter Wave Wireless Com-*

munications. New York: Pearson.

Sayeed, Akbar M, and Vasanthan Raghavan. 2007. "Maximizing MIMO Capacity in Sparse Multipath with Reconfigurable Antenna Arrays." *IEEE Journal of Selected Topics in Signal Processing* 1(1):156 – 166.

Sheikh, Javaid A., Mehboob – ul Amin, Shabir A. Parah, and G. Mohiuddin Bhat. 2019. "Resource Allocation in Co – Operative Relay Networks for IOT Driven Broadband Multimedia Services." In *Handbook of Multimedia Information Security: Techniques and Applications*, 703 – 721. Springer International Publishing, USA.

Sun, Shu, Theodore S Rappaport, and Mansoor Shafi. 2018. "Hybrid Beamforming for 5G Millimeter – Wave Multi – Cell Networks." *IEEE INFOCOM 2018 – IEEE Conference on Computer Communications Workshops (INFOCOM WKSHPS)*, Honolulu, HI, pp. 589 – 596. Ieeexplore. Ieee. Org.

Tudzarov, A, and T Janevski. 2011. "Functional Architecture for 5G Mobile Networks." *International Journal of Advanced Science* 32(July):65 – 78. *Academia. Edu.*

Tutuncuoglu, Kaya, Aylin Yener, and Sennur Ulukus. 2015. "Optimum Policies for an Energy Harvesting Transmitter under Energy Storage Losses." *IEEE Journal on Selected Areas in Communications* 33(3):467 – 481.

White, P, and GL Reil. 2016. "Millimeter – Wave Beamforming: Antenna Array Design Choices & Characterization White Paper." *Rohde – Schwarz – Ad. Com.*

Xu, Dong, Ying Li, and Wei Shengqun. 2012. "Basic Theories in Cognitive Wireless Networks." *China Science Bulletin* 57(28 – 29):3698 – 3704.

Yarrabothu, R S, J Mohan, G Vadlamudi, and G Vadlamudi. 2015. "A Survey Paper on 5G Cellular Technologies – Technical & Social Challenges." *International Journal of Emerging Trands in Electrical and Electronics* 11(2):98 – 100. *Researchgate. Net.*

第 11 章

基于 MIMO – OFDM 系统的图像传输分析

阿坎克沙·夏尔马（Akanksha Sharma）
拉维什·坎萨尔（Lavish Kansal）
古尔约特·辛格·加巴（Gurjot Singh Gaba）
穆罕默德·穆尼尔（Mohamed Mounir）

11.1 引　言

  图像传输是无线通信领域中的一项巨大挑战。当前，人们关注的焦点是视觉图像的传输质量，而非通过无线方式提高数据的速率和可靠性。同信道干扰、信号失真、带宽限制、随时间变化的信道等因素通常均会影响图像传输，进而导致图像传输性能下降。因此，采用 M – PSK 方法，通过添加各种改进因素，可提供完美的视觉图像。MIMO – OFDM 技术可提供完整的数据和高服务质量，以应对所有未来无线通信系统面临的挑战。该技术可保护用户免受其他用户的干扰，并通过各种复用技术和天线分集增益提供高频谱效率和高可靠性（Banelli、Cacopardi，2000 年）。该技术利用相干组合实现分集增益和阵列增益，并利用 MIMO 实现干扰消除。本章使用的发射分集方法（波束赋形）以及在 MIMO 中添加的各种其他分集合并技术是最大比合并（maximal ratio combining，MRC）技术和选择合并（selection combining，SC）技术。

研究表明，图像传输对当前的无线场景产生了重大影响。在 MIMO 信道上完成嵌入式图像传输，可保证 QoS 并优化发射功率（Chen、Wang，2002 年）。正交空时分组码（orthogonal space – time block code，OSTBC）增强的 MIMO 系统中使用了基于最大比合并技术的发射天线选择。莱斯衰落信道下对不同发射和接收信道的组合进行了比特误码率方面的分析（Bighieri 等，2007 年）。由于 MIMO 可提供大信息数据量、高速率、高通信能量和大带宽，因此可利用 MIMO 实现高质量的图像传输和通信。可利用 MIMO 通信技术（如 ODQ、BST、OBST、RO 和 CO）来提高 4G 无线网络的图像传输质量（Li 等，2007 年），也可利用瑞利衰落信道对大型 MIMO – CDMA 系统展开研究。利用 MSSIM 指数对此类系统进行了评估，该指数用于将原始图像保留作为参考，对所接收图像的质量进行比较（Maré、Maharaj，2008 年）。在无线通信系统中，利用联合信源信道编码、空时编码（space – time coding，STC）和正交频分复用三项技术实现图像的渐进传输。此外还提出了自适应调制方法，用于在平均信噪比条件下选取可代表最佳图像质量的构象尺寸（Alex 等，2008 年）。由于 Wi – Fi 技术存在安全性、无缝切换和服务质量等方面的问题，相比之下，WiMAX 可提供更高的安全性和可靠性（Sezginer 等，2009 年）。该技术在接收端可将 Alamouti 空时编码和最大比合并技术相结合，通过确定工作区域的信噪比边缘，完成 MIMO 对自适应调制和编码的选择（Kobeissi 等，2009 年；Mehlführer 等，2009 年）。结果表明，矩阵 A 的性能优于矩阵 B，且通过将 MIMO 与自适应调制和编码相结合，能够提高吞吐量（Tan 等，2010 年；Murty 等，2012 年）。在双莱斯衰落信道中，利用选择合并技术通过非相干调制进行了性能分析，结果表明，拟定的方法表现出更好的比特误码率性能，并能更有效地利用此类技术（Tilwari、Kushwah，2013 年）。在最大比合并技术中，为了最大限度提高组合载波噪声比（carrier – to – noise ratio，CNR），必须根据单独信号电平来选择权重。由于存在信噪比，必须对分集支路的连接权重进行最佳平衡（Hemalatha 等，2013 年）。

本章旨在研究各种 M – PSK（QPSK、16 – PSK、64 – PSK）方法在不同信噪比值条件下的高质量图像传输性能。11.2 节讨论了 MIMO 无线系统及其相关领域。11.3 节简要介绍了分集合并技术。第 11.4 节给出结论。

11.2　MIMO 系统

MIMO 利用空间维度和多路径来提高无线系统的容量范围、可靠性和效率。MIMO 可以有多种配置，如 2×2 MIMO，其中两根天线用于发射信号，另外两根天线用于接收信号。如图 11.1 所示,可使用多天线来发送多种并行信号。首先进行波束赋形,然后将波束保持在一侧,以便通过检查保留特定信号并排除其他信号。以适当方式向发射机和接收机发送所需的相同数据,使数据能经历不同衰落,即所空间分集(Wang、Chu,2016 年;Yang 等,2016 年)。

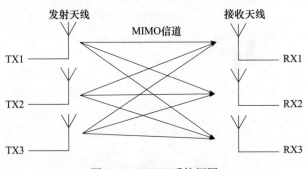

图 11.1　MIMO 系统框图

11.2.1　空间复用

在空间复用(spatial multiplexing,SM)技术中,为同一带宽提供适当功率,在环境中形成多个具有更好散射特性的独立子信道。通过以更高速率传输数据来提高比特率,而在同一频率信道中没有进行带宽扩展。该技术通过引入分层架构(V – BLAST)来增加容量,称为 V – BLAST 技术,由贝尔实验室开发,主要用于提高系统的频谱效率(Divya 等,2015 年)。该技术可在高信噪比下组织信道限制,但需使用复杂且昂贵的发射端和接收端(Zerrouki、Feham,2014 年)。

11.2.2　波束赋形

波束赋形技术可更好、更有针对性地利用信道,而非观测信道猜测接收端正在接收什么。该技术选择一个特定波束,使用大部分能量来维持该波束,然后该波束被反射到接收机中以确认所接收到的信号,如图 11.2 所示。发射端和接收端均需保持更好的连通性,一般会使用一种紧密的天线来传输相控信号,最大化向特定波束辐射的功率,并排除来自其他方向的干扰。波束赋形技术可提高传输速度,以增强鲁棒性并减少对其他波束的敏感性,可改善增益和范围,在非对称系统中具有最大优势。

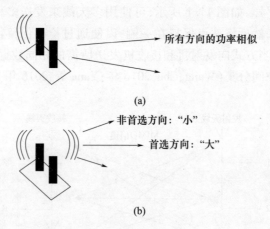

图 11.2 波束赋形(首选/非首选方向)

11.2.3 空间分集

空间分集(spatial diversity,SD)是一项改进技术,其通过发送独立或不同的信道,避免通信系统中的衰落和干扰。若向接收机发送不同数据副本,那么每个数据副本所经历的衰落总和将不同,从而可提供更好的数据副本(相比其他副本的衰落更少)。该技术可以提高接收数据的正确性,因为在信道质量发生变化的情况下可能丢失或损坏数据流,以而接收端无法恢复这种数据流,而各链路之间并不依赖更优质的接收质量,相比一条衰落较多的链路,衰落较少的链路会更快到达接收端。对于在符号周期内的 Alamouti 码,仅发送一个独立符号,如图 11.3 所示。

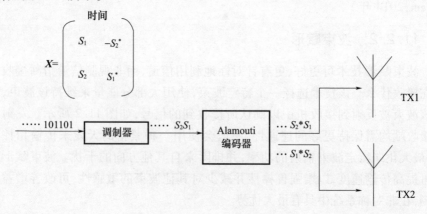

图 11.3 Alamouti STBC

11.2.3.1 分集合并技术

上述分集技术表明,在接收端接收到的不同信号或波束具有不同的独立衰落。这意味着,若一个信号或波束经历了更多衰落,那么会有另一个波束经历更少的衰落并具有更强的信号。因此,采用适当的分集合并技术,可选择多条路径,筛选出信噪比。

11.2.3.2 选择合并

选择合并(selection combining,SC)技术遵循从接收端接收机所接收的信号中选择最佳信号的原则,如图 11.4 所示。在这种合并中,接收机会接收来自多个分集支路的信息,且具有高信噪比的支路在接收端能够提供适当的信息。经初步证实,选择合并技术所完成的执行变化,比最佳最大比合并技术所完成的执行变化略低。

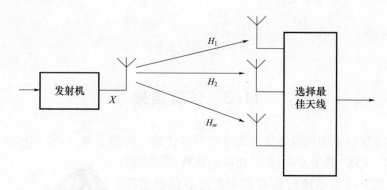

图 11.4 选择合并

11.2.3.3 最大比合并

在最大比合并技术中,利用复杂衰落增益对分集支路进行加权,并在接收端合并分集支路。其中,根据噪声功率比对所有信号值进行单独计算或加权,然后将结果相加,如图 11.5 所示。该合并技术的最大优势是能产生足够的信噪比,且该技术也能更好地减少衰落。

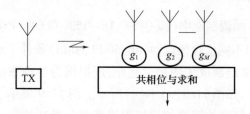

图 11.5 最大比合并

11.2.3.4 等增益合并

最大比合并技术可实现最高质量,但需在接收机电路中提供极其昂贵的轮廓,用于修改每条支路的增益,还需要使用适当的模式,以适应复杂的衰落现象。这在任何情况下都很难实现,而利用基本锁相求和电路来实施等增益合并技术并不困难。等增益合并技术(equal gain combining,EGC)与最大比合并技术非常类似,唯一的区别在于,等增益合并技术没有对分集支路进行加权,如图11.6所示。

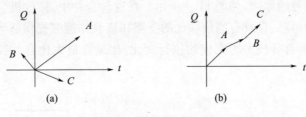

图11.6 等增益合并

11.3 仿真结果

本章探讨了如何以最佳方式进行图像传输。使用了 M – PSK(QPSK、16 – PSK、64 – PSK)调制方法,并对相应的比特误码率进行了比较。该类图像传输有助于发送更优质的图像,并利用各种发射机和接收机提供更好的性能。结合使用了各种分集合并技术(如最大比合并、选择合并等)和各种波束赋形技术,并使用了不同的信噪比值(如40dB、50dB、60dB)以获得指定结果,作为输入的原始图像,如图11.7所示。

图11.7 原始图像

11.3.1 波束赋形

研究人员在不同调制速率(即 QPSK、16 – PSK 和 64 – PSK)、不同发射机数量(N_{tx}为2、3、4)和不同信噪比值(40dB、50dB、60dB)条件下对波束赋形技术进行了分析,并将结果绘制成了图形。此外,还根据为各种图像提供的性能和调制速率接收了图像,如图11.8(a)~(c)所示。图11.9显示了使用各种发射机和各种调制技术所接收的图像的比特误码率与信噪比性能。总体仿真结果表明,在 QPSK 情况下获得的比特误码率结果最好,在 64 – PSK 情况下获得的比特误码率结果最差。

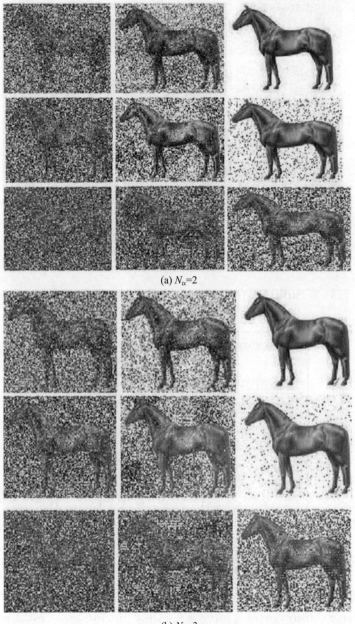

(a) $N_{tx}=2$

(b) $N_{tx}=3$

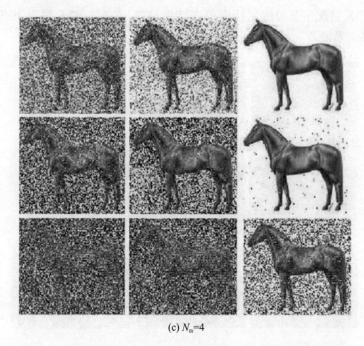

(c) $N_{tx}=4$

图 11.8　MIMO – OFDM 在下列条件下采用波束赋形技术接收的图像

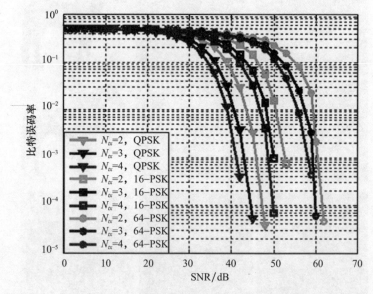

图 11.9　MIMO – OFDM 在调制速率为 4 – PSK、16 – PSK 和 64 – PSK 条件下采用波束赋形技术获得的比特误码率与信噪比

11.3.2 最大比合并

研究人员在不同调制速率(QPSK、16-PSK 和 64-PSK)、不同发射机数量(N_{rx}为2、3、4)和不同信噪比值(40dB、50dB、60dB)条件下对最大比合并技术进行了分析,并将结果绘制成了图形。此外,还根据为各种图像提供的性能和调制速率接收了图像,如图 11.10(a)~(c)所示。图 11.11 显示了使用各种接收机和各种调制技术所接收的图像的比特误码率与信噪比性能。总体仿真结果表明,在 QPSK 情况下获得的比特误码率结果最好,在 64-PSK 情况下获得的比特误码率结果最差。

11.3.3 选择合并

研究人员在不同调制速率(QPSK、16-PSK 和 64-PSK)、不同发射机数量(N_{rx}为2、3、4)和不同信噪比值(40dB、50dB、60dB)条件下对最大比合并技术进行了分析,并将结果绘制成了图形。此外,还根据为各种图像提供的性能和调制速率接收了图像,如图 11.12 所示。图 11.13 显示了使用各种接收机和各种调制技术所接收的图像的比特误码率与信噪比性能。总体仿真结果表明,在 QPSK 情况下获得的比特误码率结果最好,在 64-PSK 情况下获得的比特误码率结果最差。

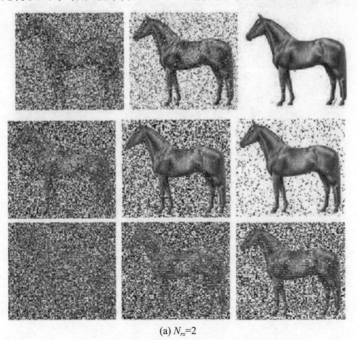

(a) $N_{rx}=2$

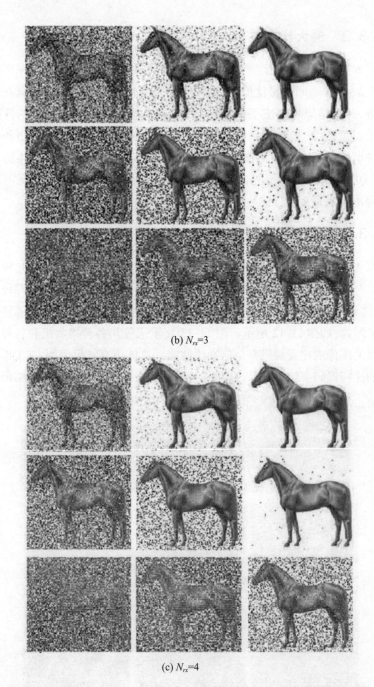

(b) $N_{rx}=3$

(c) $N_{rx}=4$

图 11.10　MIMO – OFDM 在下列条件下采用最大比合并技术接收的图像

第 11 章 基于 MIMO-OFDM 系统的图像传输分析

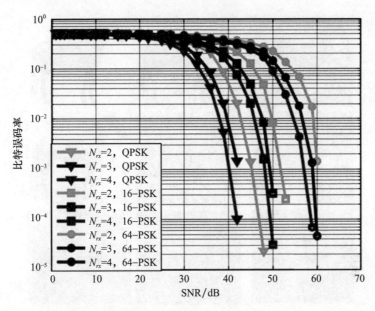

图 11.11　MIMO-OFDM 在调制速率为 4-PSK、16-PSK 和 64-PSK 条件下采用最大比合并技术获得的比特误码率与信噪比

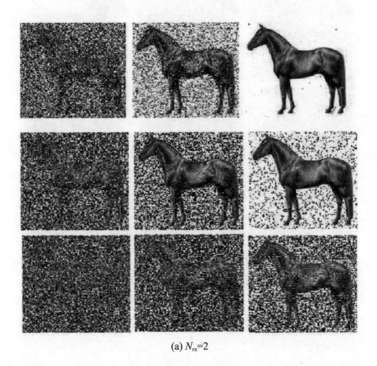

(a) $N_{rx}=2$

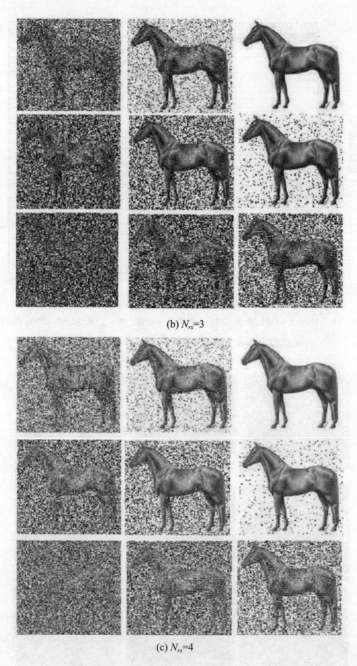

(b) $N_{rx}=3$

(c) $N_{rx}=4$

图 11.12 MIMO – OFDM 在下列条件下采用选择合并技术接收的图像

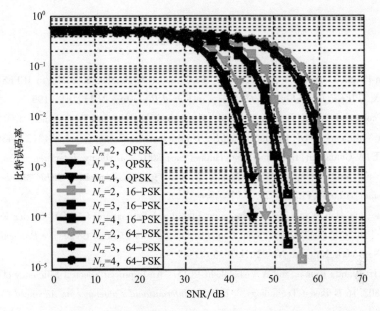

图 11.13 MIMO – OFDM 在调制速率为 4 – PSK、16 – PSK 和 64 – PSK 条件下采用选择合并技术获得的比特误码率与信噪比

11.4 小　　结

本章根据 M – PSK 方法，利用具有不同信噪比值的各种发射机和接收机进行图像传输，对总体结果进行了验证。在不同的信噪比值条件下可获得不同的比特误码率，并从上述结果中看出这些比特误码率的差异。仿真结果基本表明，性能排序为 QPSK > 16 – PSK > 64 – PSK，证明了在 QPSK 情况下的比特误码率结果最佳，在 64 – PSK 情况下的比特误码率结果最差。此外，所接收的图像传输质量良好。总体结果表明，只需较少的发射机和接收机数量和较少的信噪比值就能获得质量适当的图像，这是此类技术的最大优势。发射器数量越少，两端的复杂度就越低，并能以正确方式输出实际需要接收的图像。

可从接收的图像中测量噪声效应，信噪比值为 60dB 的 64 – PSK 中噪声很大。观察结果表明，当增加信噪比值时，噪声效应得以降低，图像变得更清晰。在信噪比值为 40dB、50dB、60dB 的条件下，对上述结果进行了检验和验证。上述结果表明，在 QPSK 情况下的比特误码率较小，在 64 – PSK 情况下的比特误码率较大，这也说明了 QPSK 对信号功率的需求最小，而 64 – PSK 对信号功率的需求较高。

参考文献

Alex, Sam P, and Louay M A Jalloul. 2008. "Performance Evaluation of MIMO in IEEE802.16e/WiMAX." *IEEE Journal of Selected Topics in Signal Processing* 2(2):181–190.

Banelli, Paolo, and Saverio Cacopardi. 2000. "Theoretical Analysis and Performance of OFDM Signals in Nonlinear AWGN Channels." *IEEE Transactions on Communications* 48(3):430–441.

Bighieri, E, A Goldsmith, B Muquet, and Hikmet Sari. 2007. "Diversity, Interference Cancellation and Spatial Multiplexing in MIMO Mobile WiMAX Systems." In *2007 IEEE Mobile WiMAX Symposium*, Orlando, FL, 74–79.

Chen, Biao, and Hao Wang. 2002. "Maximum Likelihood Estimation of OFDM Carrier Frequency Offset." In *2002 IEEE International Conference on Communications. Conference Proceedings. ICC 2002*, New York, NY (Cat. No. 02CH37333), 1:49–53.

Divya, S, H Ananda Kumar, and A Vishalakshi. 2015. "An Improved Spectral Efficiency of WiMAX Using 802.16 G Based Technology." In *2015 International Conference on Advanced Computing and Communication Systems*, Cochin, India, 1–4.

Hemalatha, M, V Prithiviraj, S Jayalalitha, and Karuppusamy Thenmozhi. 2013. "Space Diversity Knotted with WiMAX – A Way for Undistorted and Anti – Corruptive Channel." *Wireless Personal Communications* 71(4):3023–3032.

Kobeissi, Rabi, Serdar Sezginer, and Fabien Buda. 2009. "Downlink Performance Analysis of Full – Rate STCs in 2×2 MIMO WiMAX Systems." In *VTC Spring 2009 – IEEE 69th Vehicular Technology Conference*, Barcelona, Spain, 1–5.

Li, Qinghua, Xintian Eddie Lin, and Jianzhong Zhang. 2007. "MIMO Precoding in 802.16 eWiMAX." *Journal of Communications and Networks* 9(2):141–149.

Maré, Karel – Peet, and Bodhaswar T Maharaj. 2008. "Performance Analysis of Modern Space – Time Codes on a MIMO – WiMAX Platform." In *2008 IEEE International Conference on Wireless and Mobile Computing, Networking and Communications*, Avignon, France, 139–144.

Mehlführer, Christian, Sebastian Caban, José A Garcia – Naya, and Markus Rupp. 2009. "Throughput and Capacity of MIMO WiMAX." In *2009 Conference Record of the Forty – Third Asilomar Conference on Signals, Systems and Computers*, Pacific Grove, CA, 1426–1430.

Murty, M Sreerama, A Veeraiah, and Srinivas Rao. 2012. "Performance Evaluation of Wi – Fi Comparison with WiMax Networks." *ArXiv Preprint ArXiv*:1202.2634.

Sezginer, Serdar, Hikmet Sari, and Ezio Biglieri. 2009. "On High – Rate Full – Diversity 2$\times$ 2 Space – Time Codes with Low – Complexity Optimum Detection." *IEEE Transactions on Communications* 57(5):1532–1541.

Tan, Kefeng, Jean H Andrian, Hao Zhu, Frank M Candocia, and Chi Zhou. 2010. "A Novel

Spectrum Encoding MIMO Communication System." *Wireless Personal Communications* 52 (1):147.

Tilwari, Valmik, and Aparna Singh Kushwah. 2013. "Performance Analysis of Wi – Max 802. 16 e Physical Layer Using Digital Modulation Techniques and Code Rates." *International Journal of Engineering Research and Applications(IJERA)* 3(4):1449 – 1454.

Wang, Chin – Liang, and Kuan – Yu Chu. 2016. "An Improved Transceiver Design for Two – Relay SFBC – OFDM Cooperative Relay Systems." In *2016 IEEE 83rd Vehicular Technology Conference(VTC Spring)*, Nanjing, China 1 – 5.

Yang, Kai, Nan Yang, Chengwen Xing, Jinsong Wu, and Jianping An. 2016. "Space – Time Network Coding with Antenna Selection." *IEEE Transactions on Vehicular Technology* 65(7):5264 – 5274.

Zerrouki, Hadj, and Mohammed Feham. 2014. "A Physical Layer Simulation for WiMAX MIMO – OFDM System: Throughput Comparison between 2x2 STBC and 2x2 V – BLAST in Rayleigh Fading Channel." In *2014 International Conference on Multimedia Computing and Systems (ICMCS)*, Marrakesh, Morocco, 757 – 764.

第 12 章

双向无线通信系统的物理层安全

沙希布山·夏尔马(Shashibhushan Sharma)
桑杰·达罗伊(Sanjay Dhar Roy)和苏米特·昆杜(Sumit Kundu)

12.1 引　　言

近年来,使用不同类型无线应用的通信用户数量增加,无线通信出现了惊人的增长。信息信号需要在多个通信用户之间进行无线广播,使得传输报文的保密性成为一大问题。物理层安全(physical layer security,PLS)(Wyner 等,1975 年)已发展成为新一代无线通信系统中维护信息信号安全的一种有效方法。除了利用加密代码来维护安全的传统方法(涉及复杂的密钥交换),Wyner 等(1975 年)研究实现了物理层的信息安全。在大多数情况下,物理层的安全性能是通过不同的度量来衡量的,如保密能力(secrecy capacity,SC)和保密中断概率(secrecy outage probability,SOP)(Pan 等,2015 年)。Sakran 等(2012 年)、Sun 等(2012 年)以及 Kalamkar 和 Banerjee(2017 年)还对多个源的保密能力进行了分析。Sakran 等(2012 年)对窃听者(eavesdropper,EAV)攻击源和继电器的情况下的保密能力进行了评估,Sun 等(2012 年)以及 Kalamkar 和 Banerjee(2017 年)研究了使用不可信中继情况下的保密能力。Pan 等(2015 年)以及 Son 和 Kong(2015 年)还对保密中断概率指标进行了分析。Son 和 Kong(2015 年)提出了一种中继网络,在此网络中,窃听者只从继电器中寻找报文;在

Pan 等(2015 年)提出的中继网络中,窃听者可从单输入多输出系统的源中窃取报文。

此外,用户数量众多致使频谱稀缺,而在某些情况下,授权频谱并未得到充分利用。认知无线电网络解决了频谱稀缺和频谱利用不足的问题(Sakran 等,2012 年)。Sakran 等(2012 年)对认知无线电网络中的物理层安全开展了研究,其中窃听者可在两个传输跳段内窃听信号。同时,在主接收机网络的干扰极限下,他们对保密性进行了研究。Zou 等(2014 年)在多个认知用户受到多个窃听者攻击的情况下,研究了认知网络的物理层安全情况,并估计了主接收机干扰水平下认知节点的功率。Wang 和 Wang(2014 年)对受到窃听者攻击的主网络的安全性进行了研究,其中,次发射机通过干扰窃听者来协同保护主网络的安全。Sharma 等(2020 年)研究了认知无线电网络中信息信号在不可信放大转发继电器影响下的安全性。

双向通信(two-way communication,TWC)进一步提高了带宽利用率(Sun 等,2012 年)。在某些情况下,双向通信通过半双工中继网络的容量之和,等于单向全双工中继网络的容量(Sun 等,2012 年)。Zhang 等(2012 年)利用云干扰器研究了通过不可信中继的双向通信网络的物理层安全性。Wang 等(2013 年)研究了在多重放大转发(amplify and forward,AF)继电器提供双向通信的情况下,如何针对窃听者攻击使用干扰机来确保双向通信的安全。Xu 等(2015 年)为双向通信提出了一种星座旋转辅助方法,用于防止中继过程受到窃听。Zhang 等(2017 年)在多重窃听者攻击的情况下,通过多个放大转发继电器,研究了双向通信网络的物理层安全,并提出了基于低复杂度方法的中继选择方案,这种方案对 5G 网络具有重要意义。利用平均保密速率和保密中断概率指标来衡量保密性能。Khandaker 等(2017 年)在窃听者从源节点和中继节点搜寻报文的情况下,评估了双向通信中的保密率。Jameel 等(2018 年)通过半双工解码转发(decode and forward,DF)继电器对双向通信进行了研究,但这种通信是分三阶段完成的。Sharma 等(2020 年)对受到多个不可信继电器影响的双向通信进行了评估,同时也采用保密中断概率指标衡量了保密性能。因此,双向通信主要依赖中间继电器。

基于射频信号的能量采集是一种很有效的方法,因此可以采用能量采集继电器,为偏远地区的通信节点提供能量(Sakran 等,2012 年)。目前基本上有时间分割法(TS)(Salem 等,2016 年;Kalamkar、Banerjee,2017 年)和功率分割法(PS)(Pan 等,2015 年;Kalamkar、Banerjee,2017 年;Sharma 等,2020 年)两种能量采集方法。根据 Pan 等(2015 年),信息接收机采用功率分割方法进行能量采集。Salem 等(2016 年)以及 Kalamkar 和 Banerjee(2017 年)使用了上述两种能量采集方法,并利用遍历保密能力指标评估了保密性能。Sharma 等(2020 年)在具有不可信放大转发继电器的情况下,仅使用功率分配方法进行能量采集,并利用保密中断概率指标研究保密性能。

在通信网络中使用中间继电器可带来很多优势,如扩大通信区域、促进实现双向通信、利用绿色能源等。除这些优势外,中间继电器也存在缺点,如继电器可能不可信(Sakran 等,2012 年;Kalamkar、Banerjee,2017 年),且可能会窃听报文。在多项研究中(Sun 等,2012 年;Zhang 等,2012 年;Kalamkar、Banerjee,2017 年),作者发现了该问题,并对中间继电器不可信情况下的性能进行了研究。Sun 等(2012 年)在每个选定的不可信继电器上使用定向天线,以防其他未选定的不可信继电器进行窃听。

在上述研究的驱动下,我们将探讨在继电器可信和不可信的情况下,双向通信的中继网络的保密性能。继电器可从射频源采集能量,若使用中继继电器,借助已知信道状态信息,就能极易实现双向通信(Sharma 等,2019 年)。但若双向通信使用解码转发继电器,则应利用定向天线,对基于半双工解码转发继电器的双向通信进行分析(Sharma 等,2019 年)。

本章将探讨认知无线电网络中的双向通信,以便借助中间放大转发或解码转发继电器提高频谱利用率。本章将解决此类网络在放大转发继电器不可信以及解码转发继电器中存在外部窃听者情况下的保密性能。此外,还得出了一些有趣的结果。

通过放大转发和解码转发继电器来展示双向通信保密性能,主要做出以下贡献:

(1)描述一种网络架构,从而利用带放大转发和解码转发继电器(以及双向通信)的认知无线电网络,提高带宽利用率。

(2)在放大转发继电器不可信、解码转发继电器中存在外部窃听者的情况下,研究网络的保密性能。

(3)描述能量采集对不可信放大转发继电器的保密性能的影响。

(4)提出在评估保密中断概率中的保密性能具体数学模型。

(5)在原始研究的基础上得出结果,表明信号和干扰的发射功率、能量采集参数、继电器功率等重要物理参数对保密中断概率造成的影响。

本章可大致分为两部分,大纲如下:

(1)双向通信系统中物理层的保密性,许多不可信放大转发继电器从射频源采集能量,并以半双工模式运行。

①具有多个不可信放大转发继电器的双向通信系统的系统模型。

②具有不可信放大转发继电器情况下的保密中断概率计算。

③带放大转发继电器的双向通信系统中,基于保密中断概率的数值结果。

(2)在存在外部窃听者的情况下,具有两个半双工解码转发继电器的双向通信系统物理层的保密性。

①带解码转发继电器的双向通信系统的系统模型。

②具有解码转发继电器和最佳源功率和继电器功率分数的情况下的保密中断概率计算。

③基于保密中断概率的数值结果。

(3)本章结论。

12.2 双向通信系统物理层的保密性[①]

12.2.1 具有多个不可信放大转发继电器的双向通信系统的系统模型

Sharma 等(2020 年)研究了通过不可信放大转发继电器的认知双向通信网络。不可信继电器既可作为继电器,也可作为窃听者。在某一时刻,某特定继电器会处于活动状态,因此,只有活动的不可信继电器才可窃听信息信号。一次只有一个信息信号会被窃听,而另一个信息信号在继电器中能产生干扰。在认知无线电网络中,所考虑的主网络仅由主发射机(primary transmitter,PT)和主接收机(primary receiver,PR)组成。同时,鉴于主发射机距离源端和中继端都很远,因此在认知网络接收节点收到的主发射机干扰信号可忽略不计。

完整系统模型如图 12.1 所示。在网络中,S_1 代表认知源 1,S_2 代表认知源 2,R_i 代表第 i 个不可信放大转发继电器。如图 12.2 所示,源和所有继电器传输的信号均满足主网络中断约束条件,通信分广播和中继两阶段完成。认知网络和主网络中的所有节点均使用的是单一全向天线。在广播阶段,两个源均将信息信号发送给选定的最佳继电器。在中继阶段,继电器遵循关于接收信号的放大转发协议,并使用全向天线向两个信号源广播信号。根据最佳 CSI 和已传输报文,两个源均先检测所接收信号中的自干扰信号,再将其删除。在去除了自干扰信号后,两个源都能在无干扰的情况下轻松解码报文。中继阶段所用功率

---

① 注:许多不可信放大转发继电器从射频源采集能量,并以半双工模式运行。

对应于选定继电器从广播阶段的射频信号中采集的能量。

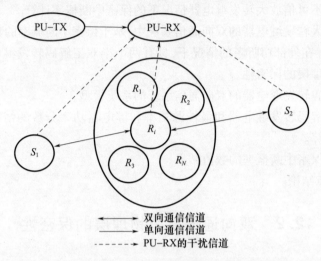

图 12.1　具有多个不可信放大转发继电器的认知无线电网络的双向通信系统模型
（继电器可采集能量并以半双工模式运行）

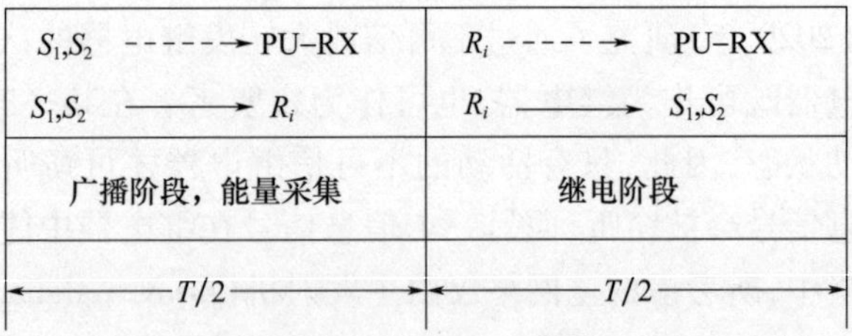

S_1, S_2 ----→ PU-RX	R_i ----→ PU-RX
S_1, S_2 ──→ R_i	R_i ──→ S_1, S_2
广播阶段，能量采集	继电阶段
←────── T/2 ──────→	←────── T/2 ──────→

图 12.2　带能量采集继电器的双向通信系统的时间框架

信道均采用瑞利衰落方式。信道系数均为独立非恒等分布式随机变量。假设 S_1 到第 i 个继电器的信道系数为 $h_{S_1R_i}$，S_2 到第 i 个继电器的信道系数为 $h_{S_2R_i}$，第 i 个继电器到 S_2 的信道系数为 $h_{R_iS_2}$，第 i 个继电器到 S_1 的信道系数为 $h_{R_iS_1}$，S_1 到主接收机的信道为 $h_{S_1P_R}$，S_2 到主接收机的信道为 $h_{S_2P_R}$，PU-TX 到 PU-RX 的信道为 h_{PP}。信道增益可表示为 $g_x, x \in (S_1R_i, S_2R_i, R_iS_1, R_iS_2, S_1PR, S_2PR, R_iPR, PP)$。所有信道的平均信道增益可表示为 $\Omega_x, x \in (S_1R_i, S_2R_i, R_iS_1, R_iS_2, S_1PR, S_2PR, R_iPR, PP)$。所有信道都具有平均值为 0、方差为 N_0 的加性高斯白噪声。信道增益的概率分布函数表示为

$$f_{g_x}(x) = \frac{1}{\Omega_x} \exp\left(-\frac{x}{\Omega_x}\right) x \geq 0 \tag{12.1}$$

累积分布函数表示为

$$F_{g_x}(x) = 1 - \exp\left(-\frac{x}{\Omega_x}\right) x \geqslant 0 \tag{12.2}$$

12.2.1.1 认知节点的功率分配

认知节点的功率分配主要基于主网络的中断概率约束(Tran 等,2013 年;Sharma 等,2020 年)。假设源的发射功率相等,主网络的中断概率表示为

$$P_{\text{Out}}^P = \left[P\left\{\left(1 + \frac{P_P g_{PP}}{P_{M_s}(g_{S_1\text{PR}} + g_{S_2\text{PR}}) + N_0}\right) \leqslant R_P\right\}\right]$$

$$\leqslant \Delta = 1 - \frac{\exp\left(-\frac{\gamma_{\text{TH}}^P N_0}{P_P \Omega_{\text{PP}}}\right)}{\left(\frac{\gamma_{\text{TH}}^P P_{M_s} \Omega_{S_1\text{PR}}}{P_P \Omega_{\text{PP}}} + 1\right)^2} \leqslant \Delta \tag{12.3}$$

式中:$\gamma_{\text{TH}}^P = 2^{2R_P}$;$P_P$ 为主发射机的发射功率;R_P 为主网络的中断阈值率;P_{M_s} 为在主网络中断概率约束下分配给两个源的估计功率;N_0 为加性高斯白噪声的功率;Δ 表示主网络中断约束。

根据式(12.3)对两个认知源的分配功率进行估算:

$$P_{M_s} = \frac{P_P \Omega_{\text{PP}}}{\gamma_{\text{TH}}^P \Omega_{\text{SP}}}\left[\left\{\frac{\exp\left(-\frac{\gamma_{\text{TH}}^P N_0}{P_P \Omega_{\text{PP}}}\right)}{1 - \Delta}\right\}^{0.5} - 1\right] \tag{12.4}$$

式中:$\Omega_{\text{SP}} = \Omega_{S_1\text{PR}} = \Omega_{S_2\text{PR}}$。

在通信的中继阶段,只有继电器可传输信号,因此只需将功率分配给继电器。

使用与式(12.4)相同的方法估算继电器所需的功率。中断概率表示为

$$P_{\text{Out}}^P = P\left\{\log_2\left(1 + \frac{P_P g_{PP}}{P_R g_{R_1\text{PR}} + N_0}\right) \leqslant R_P\right\} = 1 - \frac{\exp\left(-\frac{\gamma_{\text{TH}}^P N_0}{P_P \Omega_{\text{PP}}}\right)}{\left(\frac{\gamma_{\text{TH}}^P P_R \Omega_{\text{RP}}}{P_P \Omega_{\text{PP}}} + 1\right)} \leqslant \Delta \tag{12.5}$$

继电器的估计功率为(Tran 等,2013 年;Sharma 等,2020 年):

$$P_R = \frac{P_P \Omega_{\text{PP}}}{\gamma_{\text{TH}}^P \Omega_{\text{RP}}}\left[\left\{\frac{\exp\left(-\frac{\gamma_{\text{TH}}^P N_0}{P_P \Omega_{\text{PP}}}\right)}{1 - \Delta}\right\} - 1\right] \tag{12.6}$$

认知节点由于受主网络的约束,因此发射功率有限。两个认知源都具有 P_{PK} 作为发射功率最大限值,而选定继电器具有采集功率 P_{Hi} 作为发射功率最大

限值。最终分配给两个认知源的功率为(Tran 等,2013 年;Sharma 等,2020 年):

$$P_S = \min(P_{M_s}, P_{PK}) \tag{12.7}$$

选定继电器的最终分配功率(Tran 等,2013 年;Sharma 等,2020 年)为

$$P_{R_i} = \min(P_{H_i}, P_R) \tag{12.8}$$

12.2.1.2 保密能力与中继选择

如式(12.22)所示,根据最大保密能力来考虑中继选择。先确定保密能力,再考虑中继选择。第 i 个继电器所接收的组合信息信号为

$$y'_R = \sqrt{P_S} h_{S_1R_i} x_{S_1} + \sqrt{P_S} h_{S_2R_i} x_{S_2} + n_R \tag{12.9}$$

式中:n_0 为加性高斯白噪声。

能量采集电路根据功率分割方法使用组合接收信号的"θ"部分来采集能量,并使用组合信号的"$1-\theta$"部分进行信号处理(Pan 等,2015 年;Kalamkar、Banerjee,2017 年;Sharma 等,2020 年)。采集能量表示为

$$E_{H_i} = \eta \theta P_S (g_{S_1R_i} + g_{S_2R_i}) \frac{T}{2} \tag{12.10}$$

式中:$\eta(0<\eta<1)$ 为能量传递效率;"$\theta \in (0,1)$"为能量采集功率分配因数因子;T 为完整通信时间。

基于采集能量的功率为

$$P_{H_i} = \frac{E_{H_i}}{\frac{T}{2}} = \eta \theta P_S (g_{S_1R_i} + g_{S_2R_i}) \tag{12.11}$$

去除信号的采集部分后,信号的其余部分表示为

$$y_R = \sqrt{(1-\theta)P_S} h_{S_1R_i} x_{S_1} + \sqrt{(1-\theta)P_S} h_{S_2R_i} x_{S_2} + n_R \tag{12.12}$$

信号强度用信噪比表示。继电器的每个信息信号的信噪比表示为

$$\gamma_{S_1R_i} = \frac{(1-\theta)P_S g_{S_1R_i}}{(1-\theta)P_S g_{S_2R_i} + N_0}, \gamma_{S_2R_i} = \frac{(1-\theta)P_S g_{S_2R_i}}{(1-\theta)P_S g_{S_1R_i} + N_0} \tag{12.13}$$

式中:$\gamma_{S_1R_i}$ 为第一个信息信号的信噪比;$\gamma_{S_2R_i}$ 为第二个信息信号的信噪比。

选定的第 i 个继电器使用放大系数 ζ_i 来放大信息信号,ζ_i 为

$$\zeta_i = \sqrt{\frac{P_{R_i}}{(1-\theta)P_S (g_{S_1R_i} + g_{S_2R_i}) + N_0}} \tag{12.14}$$

由第 i 个继电器广播信息信号。由 S_2 接收信号,信号可表示为

$$y_{S_2} = \underbrace{\zeta_i \sqrt{(1-\theta)P_S} h_{S_1R_i} h_{R_iS_2} x_{S_1}}_{\text{信息信号}} + \underbrace{\zeta_i \sqrt{(1-\theta)P_S} h_{S_2R_i} h_{R_iS_2} x_{S_2}}_{\text{自干扰信号}} + \underbrace{\zeta_i n_0 h_{R_i,S_2} + n_0}_{\text{噪声信号}}$$

$$\tag{12.15}$$

由 S_1 接收信号，信号可表示为

$$y_{S_1} = \underbrace{\zeta_i \sqrt{(1-\theta)P_S} h_{S_1 R_i} h_{R_i S_1} x_{S_1}}_{\text{信息信号}} + \underbrace{\zeta_i \sqrt{(1-\theta)P_S} h_{S_2 R_i} h_{R_i S_1} x_{S_2}}_{\text{自干扰信号}} + \underbrace{\zeta_i n_0 h_{R_i S_1} + n_0}_{\text{噪声信号}}$$

(12.16)

两个源处都消除了自干扰，其信噪比为

$$\gamma_{R_i S_2} = \frac{\zeta_i^2 (1-\theta) P_S g_{S_1 R_i} g_{R_i S_2}}{\zeta_i^2 N_0 g_{R_i S_2} + N_0} \approx \frac{\eta \theta (1-\theta) P_S g_{S_1 R_i} g_{R_i S_2}}{\eta \theta g_{R_i S_2} N_0 + (1-\theta) N_0} \quad (12.17a)$$

$$\gamma_{R_i S_1} = \frac{\zeta_i^2 (1-\theta) P_S g_{S_2 R_i} g_{R_i S_1}}{\zeta_i^2 N_0 g_{R_i S_1} + N_0} \approx \frac{\eta \theta (1-\theta) P_S g_{S_2 R_i} g_{R_i S_1}}{\eta \theta g_{R_i S_1} N_0 + (1-\theta) N_0} \quad (12.17b)$$

式中：$\gamma_{R_i S_2}$ 为 S_2 的信息信号的信噪比；$\gamma_{R_i S_1}$ 为 S_1 的信息信号的信噪比。

利用香农信道容量公式，将两个源的两种信息信号的信道容量表示为

$$C_{R_i S_2} = \left[\frac{1}{2} \log(1 + \gamma_{R_i S_2})\right], C_{R_i S_1} = \left[\frac{1}{2} \log(1 + \gamma_{R_i S_1})\right] \quad (12.18)$$

将第 i 个不可信继电器的两种信息信号的信道容量为

$$C_{S_1 R_i} = \left[\frac{1}{2} \log(1 + \gamma_{S_1 R_i})\right]; C_{S_2 R_i} = \left[\frac{1}{2} \log(1 + \gamma_{S_2 R_i})\right] \quad (12.19)$$

两种信息信号的保密能力定义为（Pan 等，2015 年；Kalamkar、Banerjee，2017 年）

$$C_{R_i S_2}^{\text{SEC}} = \left[\frac{1}{2} \log(1 + \gamma_{R_i S_2}) - \frac{1}{2} \log(1 + \gamma_{S_1 R_i})\right]^+ \quad (12.20a)$$

$$C_{R_i S_1}^{\text{SEC}} = \left[\frac{1}{2} \log(1 + \gamma_{R_i S_1}) - \frac{1}{2} \log(1 + \gamma_{S_2 R_i})\right]^+ \quad (12.20b)$$

式中：$[x]^+$ 为 0 和 x 中的最大值。

全局保密能力定义为

$$C_{G_i}^{\text{SEC}} = \min(C_{R_i S_2}^{\text{SEC}}, C_{R_i S_1}^{\text{SEC}}) \quad (12.21)$$

根据最大保密能力选择特定继电器。选定继电器必须符合选择标准：

$$i = \arg\max_{1 \leq i \leq N} (C_{G_i}^{\text{SEC}}) \quad (12.22)$$

对于从多个不可信继电器中选择的其中一个不可信继电器，最终保密能力表示为

$$C_{G_i}^{\text{SEC}*} = \max_{1 \leq i \leq N} (C_{G_i}^{\text{SEC}}) \quad (12.23)$$

12.2.2 具有不可信放大转发继电器情况下的保密中断概率计算

保密中断概率的定义为保密能力低于阈值保密速率 $R_{\text{TH}}^{\text{SEC}}$ 的事件发生的概率。可将其表示为（Zhang 等，2012 年；Zou 等，2014 年）

$$P_{\text{OUT}}^{\text{SEC}} = P(C_{G_i}^{\text{SEC}*} < R_{\text{TH}}^{\text{SEC}}) = P(\max_{1 \leq i \leq N}^{\text{SEC}} C_{G_i}^{\text{SEC}} < R_{\text{TH}}^{\text{SEC}}) \tag{12.24}$$

式(12.24)可进一步简化为

$$P_{\text{OUT}}^{\text{SEC}} = P[\max_{1 \leq i \leq N}\{\min(C_{R_1S_2}^{\text{SEC}}, C_{R_1S_1}^{\text{SEC}})\} < R_{\text{TH}}^{\text{SEC}}] = \prod_{N}^{i=1}[P\{\min(C_{R_1S_2}^{\text{SEC}}, C_{R_1S_1}^{\text{SEC}}) < R_{\text{TH}}^{\text{SEC}}\}]$$

$$= [1 - \{1 - \underbrace{P(C_{R_1S_1}^{\text{SEC}} < R_{\text{TH}}^{\text{SEC}})}_{T_1}\} \times \{1 - \underbrace{P(C_{R_1S_1}^{\text{SEC}} < R_{\text{TH}}^{\text{SEC}})}_{T_2}\}] = [1 - (1-I)^2]^N$$

$$\tag{12.25}$$

根据继电器的对称性和独立性,$I = I_1 = I_2$。I 可表示为

$$I = P(C_{R_iSS_2}^{\text{SEC}} < R_{\text{TH}}^{\text{SEC}}) = \underbrace{P\{(C_{R_iS_2}^{\text{SEC}} < R_{\text{TH}}^{\text{SEC}}) | (P_{H_i} < P_R)\}}_{I_3} P(P_{H_i} < P_R)$$

$$+ \underbrace{P\{(C_{R_iS_2}^{\text{SEC}} < R_{\text{TH}}^{\text{SEC}}) | (P_{H_i} \geq P_R)\}}_{I_4} P(P_{H_i} \geq P_R) \tag{12.26}$$

式中存在 $P_{H_i} < P_R$ 和 $P_{H_i} \geq P_R$ 两种情况。在 $P_{H_i} < P_R$ 情况下,可将 $P(P_{H_i} < P_R)$ 表示为闭式表达式:

$$P(P_{H_i} < P_R) = 1 - \left(1 + \frac{P_R}{\rho\theta P_S \Omega_{R_iS_2}}\right)\exp\left(-\frac{P_R}{\rho\theta P_S \Omega_{R_iS_2}}\right) \tag{12.27}$$

考虑 $x = |h_{S_2R_i}|^2$ 和 $y = |h_{R_iS_2}|^2$。I_3 可简化为

$$I_3 = P\{(C_{R_iSS_2}^{\text{SEC}} < R_{\text{TH}}^{\text{SEC}}) | (P_{H_i} < P_{M_{SR}})\}$$

$$= P\left\{\frac{1}{2}\log_2\left(1 + \frac{\eta\theta(1-\theta)P_S xy}{\eta\theta N_0 y + N_0(1-\theta)} \Big/ \left(1 + \frac{(1-\theta)P_S x}{(1-\theta)P_S y + N_0}\right)\right) \leq R_{\text{TH}}^S\right\}$$

$$= P\{v(y)x < (\delta - 1)\}$$

$$= 1 - \frac{1}{\Omega_{R_iS_2}}\int_{\varphi}^{\infty}\exp\left(-\frac{\delta-1}{v(y)\Omega_{S_1R_i}} - \frac{y}{\Omega_{R_iS_2}}\right)\mathrm{d}y \tag{12.28}$$

式中

$$\delta = 2^{2R_{\text{TH}}^{\text{SEC}}}, v(y) = (1-\theta)\left\{\frac{\eta\theta P_S y}{\eta\theta y N_0 + N_0(1-\theta)} - \frac{\delta P_S}{(1-\theta)P_S y + N_0}\right\},$$

$$\phi = \frac{\frac{\delta-1}{1-\theta} + \sqrt{\left(\frac{\delta-1}{1-\theta}\right)^2 + \frac{4\delta P_S}{N_0\eta\theta}}}{2\left(\frac{P_S}{N_0}\right)}$$

在 $P_{H_i} \geq P_R$ 情况下,$P_{R_i} = P_R$,这是恒等式。可将 $P(P_{H_i} \geq P_R)$ 表示为闭式表达式:

$$P(P_{H_i} \geq P_R) = 1 - P(P_{H_i} < P_R) = \left(1 + \frac{P_R}{\rho\beta P_S \Omega_{R_iS_2}}\right)\exp\left(-\frac{P_R}{\rho\beta P_S \Omega_{R_iS_2}}\right) \tag{12.29}$$

在计算 I_4 时,可利用式(12.14)将式(12.17)中的信噪比改写为(Sharma 等,2020 年)

$$\gamma_{R_S S_2} = \frac{P_R}{(1-\beta)P_S + P_R} \left[\frac{\left\{\frac{(1-\theta)P_S}{N_0}x\right\}\left\{\frac{(1-\theta)P_S + P_R}{N_0}y\right\}}{1 + \left\{\frac{(1-\theta)P_S}{N_0}x\right\} + \left\{\frac{(1-\theta)P_S + P_R}{N_0}y\right\}} \right] \quad (12.30)$$

$$\gamma_{R_0 S_2} < A_1 \min(Q,R), \gamma_{R_i SS_2} \geq \frac{A_1}{2}\min(Q,R)$$

式中

$$Q = \frac{(1-\beta)P_S}{N_0}x, R = \frac{(1-\beta)P_S + P_R}{N_0}y, A_1 = \frac{P_R}{(1-\beta)P_S + P_R}$$

根据式(12.30),$\gamma_{R_i S_2}$ 的概率分布函数为

$$f_{\gamma_{R_i S_2}}(\tau) \approx \frac{1}{\Omega_D}\exp\left(-\frac{\tau}{\Omega_D}\right)\tau \geq 0 \quad (12.31)$$

式中

$$\Omega_D = \frac{A_1}{2}T_{QR}, T_{QR} = \frac{T_Q T_R}{T_Q + T_R}, T_Q = \frac{(1-\theta)P_S \Omega_{S_1 R_i}}{N_0}, T_R = \frac{\{(1-\theta)P_S + P_R\}\Omega_{R_i S_2}}{N_0}$$

选定继电器的信噪比的概率分布函数可表示为

$$f_{\gamma_{S_1 R}}(v) = \frac{N_0}{(1-\theta)P_S \Omega_{R_i S_2}} \times \frac{\exp\left(-\frac{N_0 v}{(1-\theta)P_S \Omega_{R_i S_2}}\right)}{v+1} + \frac{\exp\left(-\frac{N_0 v}{(1-\theta)P_S \Omega_{R_i S_2}}\right)}{(v+1)^2} v \geq 0$$

$$(12.32)$$

可将式(12.26)中的项 I_4 以单积分形式表示为

$$I_4 = P\{(C_{R_i S_2}^{SEC} < R_{TH}^{SEC}) \mid (P_{H_i} \geq P_R)\} = P\{\tau < (\delta(1+v) - 1)\}$$

$$= \int_0^\infty \int_0^{\delta(1+v)-1} f_{\gamma_{R_i S_2}\gamma_{S_1 R_i}}(\tau,v)\mathrm{d}\tau\mathrm{d}v = \int_0^\infty \left\{\int_0^{\delta(1+v)-1} f_{\gamma_{R_i S_2}}\left(\frac{\tau}{v}\right)\mathrm{d}\tau\right\} f_{\gamma_{S_1 R}}(v)\mathrm{d}v$$

$$= \int_0^\infty \left[v\left\{1-\exp\left(-\frac{(\delta(1+v)-1)}{\Omega_D v}\right)\right\}\left\{A_2 \frac{\exp(-A_2 v)}{v+1} + \frac{\exp(-A_2 v)}{(v+1)^2}\right\}\right]\mathrm{d}v$$

$$(12.33)$$

式中

$$A_2 = \frac{N_0}{(1-\theta)P_S \Omega_{S_1 R_i}}$$

式(12.26)中 I 的最终表达式可改写为

$$I = I_3\left\{1 - \left(1 + \frac{P_R}{\rho\beta P_S \Omega_{R_iSS_2}}\right)\exp\left(-\frac{P_R}{\rho\beta P_S \Omega_{R_iSS_2}}\right)\right\}$$

$$+ I_4\left\{\left(1 + \frac{P_R}{\rho\beta P_S \Omega_{R_iSS_2}}\right)\exp\left(-\frac{P_R}{\rho\beta P_S \Omega_{R_iSS_2}}\right)\right\} \quad (12.34)$$

式中,I_3 和 I_4 分别由式(12.28)和式(12.33)给出。将 I 的值代入式(12.25),可得到保密中断概率的最终表达式:

$$P_{\text{OUT}}^{\text{SEC}} = \left[1 - (1 - I)^2\right]^N \quad (12.35)$$

12.2.3 带放大转发继电器的双向通信系统基于保密中断概率的数值结果

参数名称及参数值如表 12.1 所列,图 12.3 还提供了基于 Matlab 的仿真结果。仿真结果验证了基于式(12.35)的分析结果。

表 12.1 参数名称及参数值

参数名称	参数值
SN 的发射功率最大限值 P_{PK}/dBW	-5、0、5
PT 的发射功率 P_{P}/dBW	5
PR 的阈值中断率 R_{P}/((b/s)/Hz)	0.2
PR 的中断概率($P_{\text{Out}}^{P} = \Delta$)	0.2
能量转换效率 η	0.7
加性高斯白噪声功率 N_0/W	10^{-2}
阈值保密速率 $R_{\text{TH}}^{\text{SEC}}$/((b/s)/Hz)	1
所有链路的信道平均功率 Ω_j	1
继电器数量 N	5

图 12.3 提供了保密中断概率与能量采集功率分割因数的结果。当 θ 增大时,采集能量以式(12.10)显示的方式增加。选定继电器利用与采集能量对应的大功率来发射放大的信息信号,两个源的接收信号在消除自干扰后均具有较高强度。由于信号强度高,两个源的信息信道容量都有所增加,但鉴于不可信继电器的信息信号的干扰性能以及两个具有相同发射功率的源所发射的信号,其中任一信号的中继信道容量都将保持不变。因此,在最佳点 θ 之前,保密中断概率将随保密能力的增加而减小。获得的最佳值:$P_{\text{PK}} = -5\text{dBW}$ 条件下为 0.6,$P_{\text{PK}} = 0\text{dBW}$ 条件下为 0.6,$P_{\text{PK}} = 5\text{dBW}$ 条件下为 0.65。在最佳点以外,采

集能量将随 θ 的增加而增加,但信息信号中用于信号处理的部分将变得很小,即信号变得有噪声。由于信息信号的强度较差,继电器的放大过程并不能将信息信号的强度提高到可解码的水平,且会放大噪声,使最终信号中的噪声变得更大。因此,在最佳值之后,两个源的信号强度均有所降低,由于信号噪声的增大,主信道容量随之减小,中继信道容量相对于 θ 保持不变。因此,在最佳点 θ 之后,保密中断概率将随保密能力的减小而增大。保密中断概率采用近似表达式,因此分析与仿真之间存在一些不匹配情况,但曲线性质是相同的,分析与仿真所获得的最佳值也几乎相同。

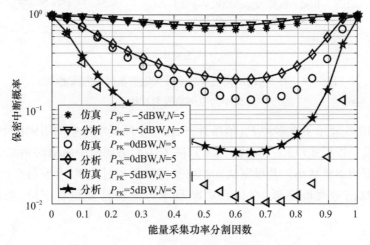

图 12.3　在 SN 的不同发射功率最大限值条件下的
保密中断概率与能量采集功率分割因数

图 12.4 显示了在 SN 的不同发射功率最大限值 P_{PK} 条件下,保密中断概率与主网络传输功率 P_P 之间的关系。根据式(12.4)和式(12.6),随着 P_P 的增加,分配给认知节点用于发射信号的功率也会增加。由选定的具有大能量的继电器接收射频信息信号,因此继电器将采集更多能量。两个源均接收具有高强度的中继信号。因此,主信道容量随着 P_P 的增加而增加,但由于继电器处信息信号的干扰性能,对于任何信息信号,中继信道容量将保持不变,从而使全局保密能力增加。随着保密能力的增加,保密中断概率降低,进而提高性能。然后对设备的功率(如 P_{PK})进行限制,以允许认知节点以恒定功率进行信号传输。这种恒定功率可使保密能力几乎保持不变,因此保密中断概率保持不变。此外,随着 P_{PK} 的增加,保密中断概率也将降低,允许认知节点以较大的功率传输信号。

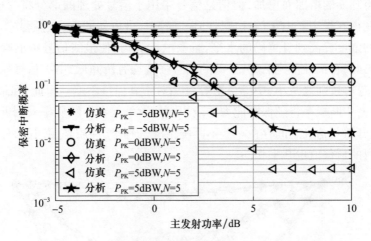

图 12.4 在 SN 的不同发射功率最大限值条件下的保密中断概率与主网络发射功率

图 12.5 显示了在多种 P_{PK} 值条件下,保密中断概率与主网络阈值中断率之间的关系。根据式(12.4)和式(12.6),随着主网络阈值中断率的增加,认知节点的分配功率将减小。若根据认知约束条件降低发射功率,会使每个目的源对应的信息信号强度降低,在保密中断概率方面的性能也将下降,如图 12.5 所示。

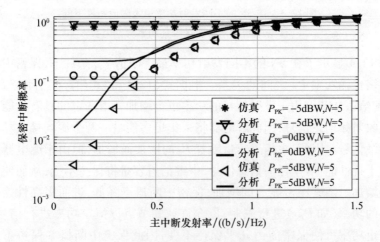

图 12.5 在 SN 的不同发射功率最大限值条件下的保密中断概率与主网络阈值中断率

图 12.6 显示了在不同 P_{PK} 值条件下,保密中断概率与继电器数量的关系。随着继电器数量的增加,用于向相应目的地发送报文的信息信号路径分集也会增加,将有更多选择最佳继电器的机会,相应目的地所接收的信号的强度更高。反之,这又会增加主信道的容量,而中继信道的容量将保持不变,因为继电器的每个信息信号都具有干扰性能。因此,随着继电器数量的增加,保密能力将得到提高,保密中断概率也将降低。保密中断概率的降低可提高保密性能。

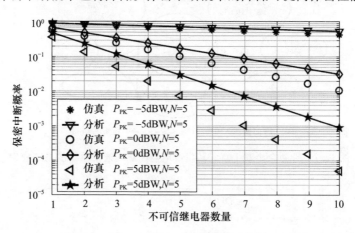

图 12.6 在 SN 的多种发射功率最大限值条件下的保密中断概率与不可信继电器数量

12.3 节将在存在外部窃听者的情况下,对具有两个半双工解码转发继电器的双向通信系统的保密性进行分析。

12.3 外部窃听下双向通信系统物理层的保密性

12.3.1 带解码转发继电器的双向通信系统的系统模型

该模型中,两个源可通过两个半双工解码转发继电器共享信息信号(Sharma 等,2019 年),双向通信网络的完整系统模型如图 12.7 所示。在该通信网络中,外部窃听者会尝试窃听两个源的报文,但并不是同时窃听。每个继电器有两根定向天线,一根用于接收信息信号,另一根用于发射信息信号,每个继电器的定向天线将协助继电器进行双向通信,其余通信节点均具有全向天线。窃听者以适当方式保持位置,使其与两个源的距离几乎相等,并能适当接收来自两个源的信息信号。可以发现,窃听者的这种特殊位置处于一条直线上,且该直线与另一条连接两个源的直线垂直。由于存在定向天线,窃听者无法接收中继信号。通信分广播和中继两个阶段完成,如图 12.8 所示。在广播阶段两个源都会发送信号。在广播阶段,继电器 $1(R_1)$ 接收源 $1(S_1)$ 的信息信号,继电器 $2(R_2)$ 接收源 $2(S_2)$ 的信息信号。在中继阶段,S_2 接收来自 R_1 的信号,S_1 接收来自 R_2 的信号。

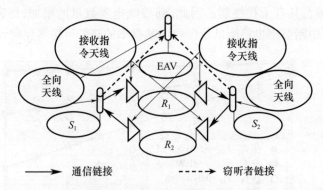

图 12.7　带两个半双工解码转发继电器的双向通信系统的系统模型

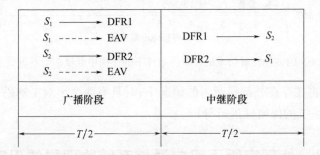

图 12.8　带两个半双工解码转发继电器的双向通信系统的时间帧

所有信道均会出现瑞利衰落。信道具有平均值为 0、方差为 N_0 的高斯噪声。信道系数用 h_{ij} 表示,信道增益用 g_{ij} 表示,信道平均增益用 Ω_{ij} 表示,其中,$i = (S_1, R_1, S_2, R_2, E)$,下标 E 表示窃听者,$j = (S_1, R_1, S_2, R_2, E)$。所有信道均为独立非恒等分布式随机变量。

12.3.1.1　信号强度

接收节点的信号强度使用信噪比或信干噪比参数表示。在广播阶段,R_1 接收 S_1 的信息信号,R_2 接收 S_2 的信息信号。R_1 接收的信号为

$$y_{S_1R_1} = \sqrt{P_{S_1}} h_{S_1R_1} x_{S_1} + n_0 \tag{12.36}$$

式中:P_{S_1} 为 S_1 的发射功率;x_{S_1} 为 S_1 的报文;n_0 为高斯噪声。

根据式(12.36)，R_1 的信噪比为

$$\gamma_{S_1R_1} = \frac{P_{S_1}g_{S_1R_1}}{N_0} \tag{12.37}$$

R_2 的信噪比为

$$\gamma_{S_2R_1} = \frac{P_{S_2}g_{S_2R_1}}{N_0} \tag{12.38}$$

窃听者处信息信号 S_1 的信干噪比为

$$\gamma_{S_1E} = \frac{P_{S_1}g_{S_1E}}{P_{S_2}g_{S_2E} + N_0} \tag{12.39}$$

窃听者处信息信号 S_2 的信干噪比为

$$\gamma_{S_2E} = \frac{P_{S_2}g_{S_2E}}{P_{S_1}g_{S_1E} + N_0} \tag{12.40}$$

在中继阶段，经过 R_1，S_1 在 S_2 处的信息信号强度为

$$\gamma_{R_1S_2} = \frac{\alpha P_R g_{R_1S_2}}{N_0} \tag{12.41}$$

式中：α 为继电器功率分数，即 αP_R 分配给 R_1，$(1-\alpha)P_R$ 分配给 R_2。

经过 R_2，S_2 在 S_1 处的信息信号强度为

$$\gamma_{R_2S_1} = \frac{(1-\alpha)P_R g_{R_2S_1}}{N_0} \tag{12.42}$$

S_1 在 S_2 处的端到端信息信号强度为

$$\gamma_{S_1S_2} = \min(\gamma_{S_1R_1}, \gamma_{R_1S_2}) \tag{12.43}$$

S_2 在 S_1 处的端到端信息信号强度为

$$\gamma_{S_2S_1} = \min(\gamma_{S_2R_2}, \gamma_{R_2S_1}) \tag{12.44}$$

12.3.1.2 全局保密能力

利用香农信道容量公式，信息信号 1 的信道容量为

$$C_{S_1S_2} = \left[\frac{1}{2}\log_2(1+\gamma_{S_1S_2})\right]^+ \tag{12.45}$$

信息信号 2 的信道容量为

$$C_{S_2S_1} = \left[\frac{1}{2}\log_2(1+\gamma_{S_2S_1})\right]^+ \tag{12.46}$$

窃听者处信息信号 1 的信道容量为

$$C_{S_1E} = \left[\frac{1}{2}\log_2(1+\gamma_{S_1E})\right]^+ \tag{12.47}$$

窃听者处信息信号 2 的信道容量为

$$C_{S_2E} = \left[\frac{1}{2}\log_2(1+\gamma_{S_2E})\right]^+ \qquad (12.48)$$

将信息信号 1 的保密能力定义为

$$C_{S_1S_2}^{\text{SEC}} = \frac{1}{2}\log(1+\gamma_{S_1S_2}) - \frac{1}{2}\log(1+\gamma_{S_1E}) \qquad (12.49)$$

将信息信号 2 的保密能力定义为(Pan 等,2015 年;Kalamkar、Banerjee,2017 年)

$$C_{S_2S_1}^{\text{SEC}} = \frac{1}{2}\log(1+\gamma_{S_2S_1}) - \frac{1}{2}\log(1+\gamma_{S_2E}) \qquad (12.50)$$

全局保密能力可表示为(Zhang 等,2017 年;Sharma 等,2019 年)

$$C_{S_1S_2}^{G\_\text{SEC}} = \left[\min(C_{S_1S_2}^{\text{SEC}}, C_{S_2S_1}^{\text{SEC}})\right]^+ \qquad (12.51)$$

12.3.2 具有解码转发继电器和最佳源功率和继电器功率分数的情况下的保密中断概率计算

12.3.2.1 保密中断概率计算

保密中断概率为

$$P_{\text{OUT}}^{\text{SEC}} = P(C_{S_1S_2}^{G\_\text{SEC}} < C_{\text{TH}}^{G\_\text{SEC}}) = P(\min(C_{S_1S_2}^{\text{SEC}}, C_{S_2S_1}^{\text{SEC}}) < C_{\text{TH}}^{G\_\text{SEC}}) \qquad (12.52)$$

式(12.52)可进一步简化为

$$P_{\text{OUT}}^{G\_\text{SEC}} = 1 - \{1 - P(C_{S_1S_2}^{\text{SEC}} < C_{\text{TH}}^{G\_\text{SEC}})\}\{1 - P(C_{S_2S_1}^{\text{SEC}} < C_{\text{TH}}^{G\_\text{SEC}})\} \qquad (12.53)$$

项 $P(C_{S_1S_2}^{\text{SEC}} < C_{\text{TH}}^{G}\text{SEC})$(令 $P(C_{S_1S_2}^{\text{SEC}} < C_{\text{TH}}^{G\_\text{SEC}}) = I_1$)的闭式表达式为

$$I_1 = 1 - \exp(-A_7)\left[\int_0^\infty A_4 \frac{\exp(-A_8 y)}{A_5 y + 1}dy + \int_0^\infty A_5 \frac{\exp(-A_8 y)}{(A_5 y + 1)^2}dy\right]$$

$$= 1 - \exp(-A_7)\left[1 - \frac{A_4 - A_8}{A_5}\left\{\exp\left(\frac{A_8}{A_5}\right)\text{Ei}\left(-\frac{A_8}{A_5}\right)\right\}\right] \qquad (12.54)$$

式中

$$\begin{cases} A_1 = \dfrac{P_{S_1}\Omega_{S_1R_1}}{N_0}; A_2 = \dfrac{P_{R_1}\Omega_{R_1S_2}}{N_0}; A_3 = \dfrac{A_1 A_2}{A_1 + A_2}; A_4 = \dfrac{N_0}{P_{S_1}\Omega_{S_1E}} \\ A_5 = \dfrac{P_{S_2}\Omega_{S_2E}}{P_{S_1}\Omega_{S_1E}}; A_6 = 2^{2C_{\text{TH}}^{G\_\text{SEC}}}; A_7 = \dfrac{A_6 - 1}{A_3}; A_8 = \dfrac{A_6}{A_3} + A_4 \end{cases} \qquad (12.55)$$

项 I_2 的闭式表达式为

$$I_2 = 1 - \exp(-B_7)\left[\int_0^\infty B_4 \frac{\exp(-B_8 y)}{B_5 y + 1}dy + \int_0^\infty B_5 \frac{\exp(-B_8 y)}{(B_5 y + 1)^2}dy\right]$$

$$= 1 - \exp(-B_7)\left[1 - \frac{B_4 - B_8}{B_5}\left\{\exp\left(\frac{B_8}{B_5}\right)\text{Ei}\left(-\frac{B_8}{B_5}\right)\right\}\right] \quad (12.56)$$

式中

$$\begin{cases} B_1 = \dfrac{P_{S_2}\Omega_{S_2R_2}}{N_0}; B_2 = \dfrac{P_{R_2}\Omega_{R_2S_1}}{N_0}; B_3 = \dfrac{B_1B_2}{B_1+B_2}; B_4 = \dfrac{N_0}{P_{S_2}\Omega_{S_2E}} \\ B_5 = \dfrac{P_{S_1}\Omega_{S_1E}}{P_{S_2}\Omega_{S_2E}}; B_6 = 2^{2C_{TH}^{G\_SEC}}; B_7 = \dfrac{B_6-1}{B_3}; B_8 = \dfrac{B_6}{B_3} + B_4 \end{cases} \quad (12.57)$$

将式(12.54)和式(12.56)代入式(12.53),得到最终保密中断概率的闭式表达式为

$$P_{\text{OUT}}^{G\_SEC} = 1 - \begin{bmatrix} \left\{\exp(-A_7)\left[1 - \dfrac{A_4-A_8}{A_5}\left\{\exp\left(\dfrac{A_8}{A_5}\right)\text{Ei}\left(-\dfrac{A_8}{A_5}\right)\right\}\right]\right\} \\ \times\left\{\exp(-B_7)\left[1 - \dfrac{B_4-B_8}{B_5}\left\{\exp\left(\dfrac{B_8}{B_5}\right)\text{Ei}\left(-\dfrac{B_8}{B_5}\right)\right\}\right]\right\} \end{bmatrix} \quad (12.58)$$

12.3.2.2　源功率和继电器功率分数的最佳性

分别根据源功率和继电器功率分数求保密中断概率的微分,可得到源功率和继电器功率分数的最佳值(Sharma 等,2019 年)。首先,在保持 P_{S_2} 和 α 的固定值的条件下,根据 P_{S_1} 求保密中断概率的微分。为找到最佳值,将该微分设为零,表达式为

$$\frac{\partial P_{\text{OUT}}^{G\_SEC}}{\partial P_{S_1}} = \frac{\partial I_1}{\partial P_{S_1}}(1-I_2) + (1-I_1)\frac{\partial I_2}{\partial P_{S_1}} = 0 \quad (12.59)$$

可将 $\dfrac{\partial I_1}{\partial P_{S_1}}$ 表示为

$$\begin{aligned}\frac{\partial -I_1}{\partial P_{S_1}} = &-\frac{(A_6-1)N_0}{\Omega_{S_1R_1}P_{S_1}^2}\exp(-A_7)\left[1 - \frac{A_4-A_8}{A_5}\left\{\exp\left(\frac{A_8}{A_5}\right)\text{Ei}\left(-\frac{A_8}{A_5}\right)\right\}\right] \\ &-\exp\left(\frac{A_8}{A_5}-A_7\right)\text{Ei}\left(-\frac{A_8}{A_5}\right)\left[\left\{\frac{A_5A_6N_0}{\Omega_{R_1S_2}P_{S_1}^2} + (A_4-A_8)\frac{P_{S_2}\Omega_{S_2E}}{\Omega_{S_1E}P_{S_1}^2}\right\}\Big/A_5^2\right] \\ &+\begin{bmatrix}\exp(-A_7)\left[\left\{\left(\dfrac{A_6}{\Omega_{S_1R_1}}+\dfrac{1}{\Omega_{S_1E}}\right)\dfrac{A_5N_0}{P_{S_1}^2}+\dfrac{A_8P_{S_2}\Omega_{S_2E}}{\Omega_{S_1E}P_{S_1}^2}\right\}\Big/A_5^2\right] \\ \times\left[\exp\left(\dfrac{A_8}{A_5}\right)\text{Ei}\left[-\dfrac{A_8}{A_5}\right]\left(\dfrac{A_4-A_8}{A_5}\right)+\dfrac{A_5}{A_8}\right]\end{bmatrix} \end{aligned} \quad (12.60)$$

可将 $\dfrac{\partial I_2}{\partial P_{S_1}}$ 表示为

$$\frac{\partial I_2}{\partial P_{S_1}} = -\frac{P_{S_2}\Omega_{S_2E}}{\Omega_{S_1E}P_{S_1}^2}\exp(-B_7)\left[\exp\left(\frac{B_8}{B_5}\right)\mathrm{Ei}\left(-\frac{B_8}{B_5}\right)(B_4-B_8)\left(1+\frac{1}{B_5}\right)+B_5\right]$$

(12.61)

将式(12.60)和式(12.61)代入式(12.59),可得到式(12.59)的最终表达式。得到的表达式是一个超越方程,可用数值方法中的二分法对其进行求解,下一小节将进行在最佳值求解的详细介绍。

下一步,可按照在求 P_{S_1} 的最佳性时所遵循的相同程序来求 α 的最佳性。根据 α,保密中断概率的导数表示为

$$\frac{\partial P_{\mathrm{OUT}}^{G\_SEC}}{\partial \alpha} = \frac{\partial I_1}{\partial \alpha}(1-I_2) + (1-I_1)\frac{\partial I_2}{\partial \alpha} = 0 \quad (12.62)$$

可将 $\frac{\partial I_1}{\partial \alpha}$ 表示为

$$\frac{\partial I_1}{\partial \alpha} = -\frac{(A_6-1)N_0}{P_R\Omega_{R_1S_2}\alpha^2}\exp(-A_7)\left[1-\frac{A_4-A_8}{A_5}\left\{\exp\left(\frac{A_8}{A_5}\right)\mathrm{Ei}\left(-\frac{A_8}{A_5}\right)\right\}\right]$$
$$+\left[\frac{A_4}{A_5}+\left\{\frac{1}{A_5}-\frac{A_4-A_8}{A_5^2}\right\}\frac{A_6N_0}{P_R\Omega_{R_1S_2}\alpha^2}\right]\exp\left(\frac{A_8}{A_5}-A_7\right)\mathrm{Ei}\left(-\frac{A_8}{A_5}\right)$$
$$-\exp(-A_7)\frac{A_6N_0}{A_8P_R\Omega_{R_1S_2}\alpha^2}$$

(12.63)

可将 $\frac{\partial I_2}{\partial \alpha}$ 表示为

$$\frac{\partial I_2}{\partial \alpha} = \frac{(B_6-1)N_0}{P_R\Omega_{R_2S_1}(1-\alpha)^2}\exp(-B_7)\left[1-\frac{B_4-B_8}{B_5}\left\{\exp\left(\frac{B_8}{B_5}\right)\mathrm{Ei}\left(-\frac{B_8}{B_5}\right)\right\}\right]$$
$$+\left[\frac{B_4}{B_5}+\left\{\frac{B_4-B_8}{B_5^2}-\frac{1}{B_5}\right\}\frac{B_6N_0}{P_R\Omega_{R_2S_1}(1-\alpha)^2}\right]\exp\left(\frac{B_8}{B_5}-B_7\right)\mathrm{Ei}\left(-\frac{B_8}{B_5}\right)$$
$$+\exp(-B_7)\frac{B_6N_0}{B_8P_R\Omega_{R_2S_1}(1-\alpha)^2}$$

(12.64)

根据式(12.63)和式(12.64)可得到式(12.62)的最终表达式(超越方程),并可采用数值法中的二分法对其进行求解。下一小节将介绍最佳值的求解。

12.3.3 基于保密中断概率和最佳值计算的数值结果

带解码转发继电器的双向通信系统的数值如表12.2所列。

借助图12.9,并考虑图中的两个初始点,一个点来自左侧,另一个点位于曲线相交的点的右侧。采用二分法对不同的 P_{S_2} 求根,得到在 P_{S_2} 为0dBW、5dBW、

10dBW、15dBW 的条件下的根分别为 5.5590dBW、8.4280dBW、11.7803dBW、15.8188dBW。这些根是相应功率条件下的近似最佳值。在图 12.9 中,根据 P_{S_1} 得到的导数与零线相交的点即是 P_{S_1} 的最佳点,在该点位,保密中断概率最小,性能较高。该方法得到的最佳值与采用图解法得到的最佳点大致相等。

表 12.2 参数名称及参数值

参数名称	参数值
源和继电器的发射功率($P_{S_1} = P_{S_2} = P_R$)/dBW	0、5、10、15
所有链路(窃听者链路除外)的信道平均功率 Ω_{ij}	1
窃听者链路的信道平均功率 Ω_{ij}	0.5
阈值保密速率/((b/s)/Hz)	0.5
加性高斯白噪声功率	10^{-2}

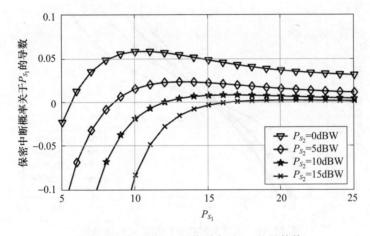

图 12.9 求 P_{S_2} 和 α 的值固定时 P_{S_1} 的最佳值

同理,采用图解法和二分法可求得 α 的最佳点。如图 12.10 所示,利用图解法,当两个源的功率相等时,这些根为 0.5;如图 12.11 所示,当两个源的功率 $P_{S_1} = 5\text{dBW}, P_{S_2} = 10\text{dBW}$ 时,这些根为 0.4。利用二分法,在两个源的发射功率相等的情况下,在 P_R 为 0dBW、5dBW、10dBW、15dBW 时,α 近似最佳点分别为 0.5006、0.5014、0.5021、0.5041。此外,还使用二分法求出了在发射功率 $P_{S_1} = 5\text{dBW}, P_{S_2} = 10\text{dBW}$ 时 α 的近似最佳点。在 P_R 为 0dBW、5dBW、10dBW、15dBW 时,获得的最佳值分别为 0.3787、0.3936、0.3830、0.3732,与图解法得到的最佳值大致相等。

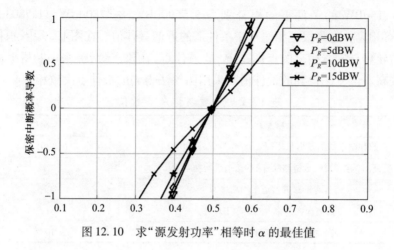

图 12.10 求"源发射功率"相等时 α 的最佳值

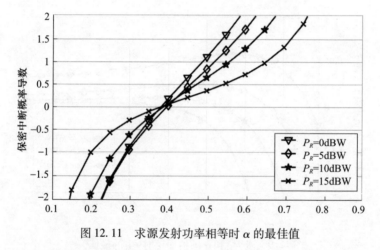

图 12.11 求源发射功率相等时 α 的最佳值

图 12.12 显示了保密中断概率与 α 和 P_{S_1} 的关系。根据观察,当 P_{S_1} 为固定值时,随着 α 的增加,保密中断概率先降低再升高。这种趋势在图 12.13 中更为明显,其中,两个源均使用相同的发射功率来发射自己的信号。在最佳值之前,随着 α 的增加,分配给 R_1 的功率增加,而分配给 R_2 的功率减少,但 R_2 仍具有足够的功率,因为分数 $1-\alpha$ 从 1 减小到 1 - 最佳值。因此,R_1 到 S_2 的信道容量提高,但由于源功率不变,窃听者的信道容量也保持不变。所以,随着保密能力的增加,保密中断概率会降低,从而提高性能。另外,在最佳值以外,随着 α 的增加,分数 $1-\alpha$ 会减少得更多,而相应分配给 R_2 的功率将显著减少。端到端信道容量将显著降低,保密能力也将降低。因此,保密中断概率升高,性能下降。

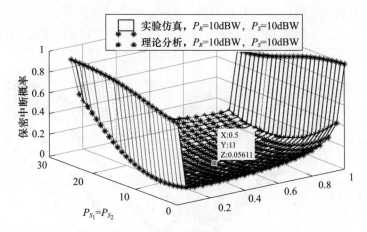

图 12.12　保密中断概率与继电器功率分数和源发射功率 1 的关系

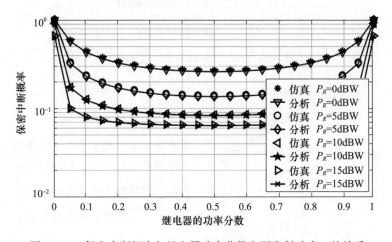

图 12.13　保密中断概率与继电器功率分数和源发射功率 1 的关系

在图 12.12 和图 12.14 中还可发现,在 α 和 P_{S_2} 保持恒定值时,P_{S_1} 也具有最佳值,此时保密中断概率最小。图 12.14 的特定曲线表明,在最佳值之前,$P_{S_1} < P_{S_2}$。在这种情况下,由于 P_{S_1} 值较低,因此窃听者能够窃听 S_2 的报文。随着 P_{S_1} 的增加,窃听者受到的干扰也会增加,进而可提高保密能力。在最佳点之前,保密中断概率将随保密能力的增加而减小。在最佳点之后,P_{S_1} 将大于 P_{S_2}。在这种情况下,窃听者可窃听 S_1 的报文,同时 S_2 的信息信号会产生干扰,但由于 S_2 的发射功率恒定不变,所以干扰也几乎恒定不变。P_{S_1} 的增加会导致窃听者窃听行为的增加。因此,在 P_{S_1} 的最佳点之外,随着保密能力的降低,性能会随着保密中

断概率的升高而下降。我们可观察到 α 和 P_{S_1} 的全局最佳值,即 $\alpha = 0.5$,P_{S_1} = 11dBW。图 12.15 和图 12.16 显示了当两个信号源分别以相等和不相等的发射功率发射信号时,保密中断概率与继电器功率的结果。

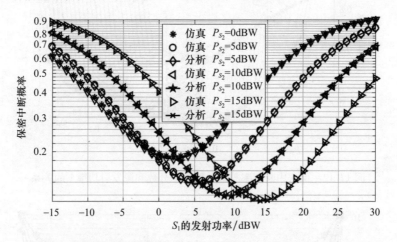

图 12.14　保密中断概率与继电器功率分数和源发射功率的关系

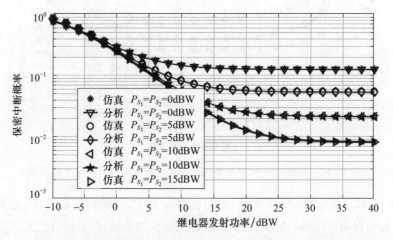

图 12.15　各种相等源发射功率($P_{S_1} = P_{S_2}$)条件下保密中断概率
与继电器功率分数的关系

图 12.15 和图 12.16 均表明,在最低点之前,随着继电器功率的增加,保密中断概率将降低。继电器功率只增加了从继电器到目的地的信道容量。由于源发射功率固定,对于两种信息信号,窃听者信道容量也基本保持不变。因此,当继电器发射功率达到某个特定值时,保密中断概率将降低。如式(12.43)和

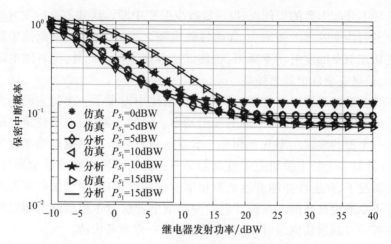

图 12.16 当 S_1 发射功率不同而 S_2 发射功率恒定时，
保密中断概率与继电器功率分数的关系

式(12.44)所示,由于解码转发中继协议,端到端主信道容量将保持不变。此时,窃听者信道容量和主信道容量也基本保持不变,因此,保密能力也保持不变,并可得到最低保密中断概率曲线。图12.16还表明,在最低点之前,随着 P_{S_1} 的值从 0dBW 增大,在 $P_{S_2}=0$dBW 的条件下,保密中断概率升高。若 P_{S_1} 增大,则窃听者可从 S_1 的信息信号中窃听 S_1 的报文,而在窃听者处,S_2 的信息信号几乎恒定不变,会干扰窃听者倾听 S_1 的信息信号。因此,随着 P_{S_1} 的增大,在最低点之前,保密中断概率将升高,且性能下降,但在最低点之后,性能将略有提高,换言之,增大 P_{S_1} 并保持 P_{S_2} 不变会造成更多的窃听。

12.4 小　　结

利用半双工"能量采集放大转发继电器"或"解码转发继电器"可实现双向通信,双向通信系统可利用配有定向天线的半双工解码转发继电器。中间放大转发继电器也许不可信,或外部窃听者可能会窃听解码转发中继信号,因此,需根据保密能力和保密中断概率来衡量这种网络的保密性。本章研究了带半双工放大转发或解码转发继电器的双向通信系统中的物理层安全性,还在认知无线电网络中存在多个不可信放大转发继电器的情况下,研究了具有最大保密能力的中继选择的安全性。利用带放大转发继电器的认知无线电网络,可确保在具有认知约束条件和能量采集中继节点的情况下报文的安全。本章研究了能量采集功率分配因数的最佳点,以尽量减少保密中断。认知节点的发射功率随主网络发射功率的增大而增大,保密性能也随之提高,而主网络阈值中断率的增大使认知节点的发射功率降低,也使保密性能下降。此外,随着继电器数量的增加,信息安全性也随之提高。

本章在带解码转发继电器的双向通信系统中发现了一个特定源的发射功率最佳值,该值取决于另一个源的发射功率。同时还发现,一个特定源的最佳值与另一个源的发射功率几乎相等。本章还研究分析了继电器功率分数的最佳点,并针对一个特定源研究了继电器功率分数与源发射功率的全局最佳点。在这种情况下,保密性能随着继电器功率的增加而提高,而增加特定源的发射功率并不总能提高性能。在设计借助中间继电器应对不可信继电器或外部窃听者窃听的双向通信网络时,本章的研究具有一定参考价值。

参考文献

Jameel, Furqan, Zheng Chang, and Tapani Ristaniemi. 2018. "Intercept Probability Analysis of Wireless Powered Relay System in Kappa – Mu Fading." In *2018 IEEE 87th Vehicular Technology Conference(VTC Spring)*, Porto, Portugal, 1 – 6.

Kalamkar, Sanket S, and Adrish Banerjee. 2017. "Secure Communication via a Wireless Energy Harvesting Untrusted Relay." *IEEE Transactions on Vehicular Technology* 66(3):2199 – 2213.

Khandaker, Muhammad R A, Kai – Kit Wong, and Gan Zheng. 2017. "Truth – Telling Mechanism for Two – Way Relay Selection for Secrecy Communications with Energy – Harvesting Revenue." *IEEE Transactions on Wireless Communications* 16(5):3111 – 3123.

Pan, Gaofeng, Chaoqing Tang, Tingting Li, and Yunfei Chen. 2015. "Secrecy Performance Analysis for SIMO Simultaneous Wireless Information and Power Transfer Systems." *IEEE Transactions on Communications* 63(9):3423 – 3433.

Sakran, Hefdhallah, Mona Shokair, Omar Nasr, S El – Rabaie, and A A El – Azm. 2012. "Proposed Relay Selection Scheme for Physical Layer Security in Cognitive Radio Networks." *IET Communications* 6(16):2676 – 2687.

Salem, Abdelhamid, Khairi Ashour Hamdi, and Khaled M Rabie. 2016. "Physical Layer Security with RF Energy Harvesting in AF Multi – Antenna Relaying Networks." *IEEE Transactions on Communications* 64(7):3025 – 3038.

Sharma, Shashibhusham, Sanjay Dhar Roy, and Sumit Kundu. 2019. "Secrecy Performance of a Two – Way Communication Network with Two Half – Duplex DF Relays." *IET Communications* 13(5):620 – 629.

Sharma, Shashibhushan, Sanjay Dhar Roy, and Sumit Kundu. 2020. "Two – Way Secure Communication with Multiple Untrusted Half – Duplex AF Relays." *Wireless Personal Communications* 110(4):2045 – 2064.

Son, P. N. and Kong, H. Y. 2015. "Cooperative Communication with Energy – harvesting Relays under Physical Layer Security." *IET Communication* 9(17):2131 – 2139.

Sun, Li, Taiyi Zhang, Yubo Li, and Hao Niu. 2012. "Performance Study of Two – Hop Amplify – and – Forward Systems with Untrustworthy Relay Nodes." *IEEE Transactions on Vehicular Technology* 61(8):3801 – 3807.

Tran, Hung, Hans – Jurgen Zepernick, and Hoc Phan. 2013. "Cognitive Proactive and Reactive DF Relaying Schemes under Joint Outage and Peak Transmit Power Constraints." *IEEE Communications Letters* 17(8):1548 – 1551.

Wang, Chao, and Hui – Ming Wang. 2014. "On the Secrecy Throughput Maximization for MISO Cognitive Radio Network in Slow Fading Channels." *IEEE Transactions on Information Forensics and Security* 9(11):1814 – 1827.

Wang, Hui – Ming, Miao Luo, Qinye Yin, and Xiang – Gen Xia. 2013. "Hybrid Cooperative Beamforming and Jamming for Physical – Layer Security of Two – Way Relay Networks." *IEEE Transactions on Information Forensics and Security* 8(12):2007 – 2020.

Wyner, Aaron D. 1975. "The Wire – Tap Channel." *Bell System Technical Journal* 54(8):1355 – 1387.

Xu, Hongbin, Li Sun, Pinyi Ren, and Qinghe Du. 2015. "Securing Two – Way Cooperative Systems with an Untrusted Relay: A Constellation – Rotation Aided Approach." *IEEE Communications Letters* 19(12):2270 – 2273.

Zhang, Chensi, Jianhua Ge, Jing Li, Fengkui Gong, and Haiyang Ding. 2017. "Complexity – Aware Relay Selection for 5G Large – Scale Secure Two – Way Relay Systems." *IEEE Transactions on Vehicular Technology* 66(6):5461 – 5465.

Zhang, Rongqing, Lingyang Song, Zhu Han, and Bingli Jiao. 2012. "Physical Layer Security for Two – Way Untrusted Relaying with Friendly Jammers." *IEEE Transactions on Vehicular Technology* 61(8):3693 – 3704.

Zou, Yulong, Xuelong Li, and Ying – Chang Liang. 2014. "Secrecy Outage and Diversity Analysis of Cognitive Radio Systems." *IEEE Journal on Selected Areas in Communications* 32(11):2222 – 2236.

第13章

面向5G认知无线电的仿生算法设计

萨达夫·阿贾兹·汗(Sadaf Ajaz Khan)
贾韦·艾哈迈德·谢赫(Javaid A. Sheikh)
坦泽拉·阿什拉夫(Tanzeela Ashraf)
梅赫布·乌尔·阿门(Mehboob-ul-Amin)

13.1 引 言

无线通信快速发展,对新应用和服务的需求推动研究人员在市场上快速引入新技术(如5G)。在信息与通信技术(ICT)行业,5G技术可提供多样化服务,满足各种需求,因而被视为主要的推动因素和基础设施贡献力(Li等,2017年)。国际电信联盟(ITU)提出了5G移动通信系统的三种应用场景:第一种,增强型移动宽带,带来了以人为本的宽带多媒体应用(Prathisha,2018年)。eMBB可应对带宽紧缺的应用问题,如视频流和增强现实。第二种,针对种类繁多、资源紧缺的应用,提出了超可靠低延时服务。超可靠低延时服务在延时(毫秒级)和可靠性方面对各种应用(如自动驾驶、无人机和有形互联网)均具有严格要求。第三种场景涉及海量机器类通信(mMTC),mMTC是一种服务类别,主要用于连接大量的设备并广播少量的瞬时敏感信息。mMTC有助于进行大量的传感、检查和测量,进而支持物联网(IoT)的大规模部署(Yao等,2019年)。

一个多世纪以来,通信网络的设计一直以性能优化(针对数据速率、吞吐量和延时等标准)为主要目标。在最近十年,由于费用和功能问题以及对环境的担忧,能效已成为极为重要的品质因数。因此,新兴5G布局的设计需要将能耗和效率作为主要促进因素加以考虑(Buzzi等,2016年)。这些新一代网络必须为数量空前的设备提供服务,同时提供全方位的连通性和开创性服务。根据预测,2020年网联设备的数量超过500亿台,这意味着每个人将有6台网联设备,包括人类通信设备和机器类通信设备,其目的是创造一个互联的社会,其中,所有传感器、汽车和可穿戴设备都将利用现有的蜂窝结构,并催生各种新型创新服务,如智慧城市、智能汽车等。因此,若未来网络覆盖如此大规模的设备数量,那么相比当前网络,未来网络将需要提供更大的容量。据估计,在5G网络中,每月流量将增加至艾字节(10^{18}字节),意味着这些网络提供的容量必须至少为目前网络所提供容量的1000倍。为实现上述增容目标,不应依赖现有网络的架构和理论,这会引发能源危机。为满足日益增长的信息传输需求,无线网络正在向异构范式转变。未来的5G网络由许多蜂窝层,如宏蜂窝、毫微微蜂窝、微微蜂窝和中继蜂窝构成。无线资源的有效复用可提高网络的覆盖率和容量,为达增容目的,必须在5G网络中密集部署蜂窝,达到目前4G网络的蜂窝密集度的近40~50倍。但是,这种节点的密集部署也为网络带来了新的挑战。由于应用了最新的空中接口方法、广泛的服务和终端,传统5G节点需配置约2000个参数。据估计,5G网络的运营将比4G网络复杂53~67倍。对运营商而言,完全依靠人工来配置网络是一项极其困难且耗时的任务。因此,提高无线移动网络的自动化程度已成为当务之急。为此,可利用AI来控制管理网络,将其作为劳动密集型优化实践的替代方案。虽然自运行网络(SON)的概念在第二代、第三代和第四代网络中得到了发展,但其计算机化的实现并非依赖与环境的互动和智能决策,而是依赖预定义的策略。5G时代的蜂窝网络提供了多种接入方法和设施提供方法,从而为初步应用智能技术奠定了基础。为实现自配置、自优化和自修复等自组织功能,5G网络需要更加智能化。在现有服务不断变化、新服务层出不穷的背景下,5G蜂窝网络的功能在自动识别创新服务形式、推断适用的前提方法、设置必要的网络切片等方面仍存在不足。人工智能可提供相应解决方案,帮助我们获取偏差知识,对问题进行分类,预测潜在挑战,并通过与周围环境的协作找到可能的解释。因此,为加速迈向智能5G时代,蜂窝网络可能会开发认知无线电方法,并利用人工智能与环境进行协作。人工智能相比于自然人类智能,是在机器的基础上建立的一种智能。人工智能使机器能够像人类一样智能地解决问题(Russel、Norvig,2013年)。人工智能促进了机器对人类智能的模仿和对周围环境的"渐进式学习",通过提高成功率来解决问题。人工智能可提高网络的自主性和管理效率,从而提高性能。人工智能已发展成为多学科技术,如机器学习、最优化理论、博弈理论、控制理论和元启发方法(Long 等,2017 年)。其中,人工智能最重要的分支领域是机器学习,机器学习的灵感源于自然,其机制也依赖自然。目前,各种机器学习系统在很大程度上依赖认知技术,另一个依赖自然的领域是遗传算法和基于遗传学的机器学习。从理论和应用的角度来看,遗传算法已取得了重大进展,例如,基于遗传学的系统正在参与我们的日常商业活动(Badoi 等,2011 年)。

13.2 认知无线电

为满足 5G 要求(如高数据速率和系统容量、低延时、低成本等),仅利用当前的方法是不够的。因此,除了现有技术,必须采用一些新技术如 FBMC、NOMA、大规模 MIMO、毫米波(Andrews 等,2014 年;Mitra、Agrawal,2015 年)来满足 5G 网络的要求。5G 系统需要利用经机器学习技术而改进的新型网络管理方案,从系统中找出事实,并在具有固有不确定性的情况下进行稳定学习。人们如今急需更高的数据速率,因此需要更多稀缺的频谱。所以,有效利用频谱是满足用户需求的重要因素,这导致了认知无线电技术在 5G 中的融合。约瑟夫·米托拉(Joseph Mitola,1999 年)提出了认知无线电。认知无线电技术的出现是为了应对稀疏频谱资源危机,旨在优化频谱利用,提高频谱效率(Goldberg、Holland,1988 年)。FCC 将认知无线电定义为一种感知自适应无线电,这种无线电能感知并适应无线电环境,更有效地利用可用频谱。在认知无线电术语中,PU 是指拥有许可证并有权出于许可证所示目的而利用频段的用户。在 PU 不在时获取其频谱的用户称为 SU。必须以适当方式控制这种访问方法,以避免 SU 对 PU 造成破坏性干扰(Mehboob 等,2016 年)。认知无线电技术建立的前提是频谱并不总是被 PU(认证系统)使用,因此频谱未能得到充分利用。当 PU 要求 SU 返还频谱时,SU 必须归还频谱。为满足带宽的先决条件,SU 可适时利用大量 PU 的频谱。上述对频谱的适时使用称为动态频谱接入(dynamic spectrum access,DSA),有助于解决频谱稀缺问题。动态频谱接入技术具有以下功能:

(1)频谱感知:该功能得益于认知无线电的能力,用于识别现有许可频段中的可用空信道。认知无线电必须能感知 PU 的行动,并根据 PU 的目标采取行动。频谱感知功能包括信号检测、信号分类和信道可用性。

（2）频谱共享：识别出可用信道后，共享频谱中的空信道。这就涉及关于频谱共享和无线电设备利用频谱的概念。频谱共享方法可分为水平频谱共享、垂直频谱共享和分级频谱共享。

（3）频谱切换：该功能指为保持传输而改变频率。每当 PU 希望再次利用同一信道时，或每当传输性能下降时，SU 就会改变其频率，并归还频谱。

在 5G 网络中可将认知无线电视为一种新的干扰管理解决方案。用户利用认知无线电的频谱感知功能可发现其他用户存在或不存在，从而尽量降低对原用户带来的干扰。

13.3 遗传算法简介

近年来，无线通信技术已能够便捷安装并使用无线介质，逐渐成为一种常规通信技术。但环境条件具有高动态性，使得参数优化变得更加困难且复杂，其面临的主要挑战是无线网络的设计（Mata，2017 年）。无线互联标准非常依赖机器学习技术和人工智能算法。进化算法是一种策略，即通过对自然发展过程进行计算说明来解释问题（Guvencet 等，2012 年）。自然研究为人工智能和机器学习领域的研究人员提供了重要指导。20 世纪 50 年代和 60 年代，很多计算机研究人员独立考察了这些自然进化系统，他们认为，可将自然进化过程用作工程问题最优化的工具。70 年代，约翰·霍兰（John Holland）发明了遗传算法，是进化算法的一个分支。遗传算法（Mitola 等，1999 年）是人工模拟自然遗传操作的搜索算法（Walters、Sheble，1993 年），为人工智能的分类、学习和优化等任务的执行提供了一套完整框架。遗传算法是求解最优化问题的方法（有约束条件和无约束条件），通过模仿众多生物适应环境的各种过程来模拟自然进化过程，将遗传类算子在前一个种群与最新种群的个体（旧到新）之间移动，可得到最优化问题的最优解。由于遗传算法具有多用途和显著的通用性，在无线网络中得到了广泛应用，如飞机工业、芯片设计、计算机动画、药物设计，以及电信、软件设计和金融市场。遗传算法引入了种群概念，基本优化程序只涉及对种群中适合的个体进行处理，以便创造更优质的下一代。因此，遗传算法可计算出最适合的解（个体），然后决定对哪些个体进行复制，并将其遗传密码传递给后代。所以，遗传算法是基于达尔文提出的"优胜劣汰"原则。

使用遗传算法并不总是能得到最优结果，因此可将其视为一种基于种群的元启发式算法。虽然遗传算法可针对某问题给出优解，但并不能保证是最优解。这是必然的，因为遗传算法提供的是基于随机性的运算。尽管遗传算法具有随机分量,但为了引导搜索,遗传算法还是会利用其对当前情况的了解。遗传算法的基本优势是通用性和多用途性,除了在线解决问题的能力之外,还具有自适应性,能够发现良好的构建模块。遗传算法具有可扩展性和并行性,并具有多目标优化能力。其实现方式简单,易于全局优化。

13.3.1 遗传算法术语

由于这种进化算法是从自然进化过程中衍生而来,因此使用了一些与自然进化过程相关的隐喻。常用术语如下:

(1)生物:待优化的单元(无线电参数、无线资源等)。

(2)种群:包含可行解的集合。

(3)染色体:用于对研究问题的解进行编码的二进制码元串,染色体需接受基因运算。

(4)适应度:在自然过程中,由适合的个体将其特征传递给下一代,适应度用于衡量解的良好程度。

(5)基因:染色体的组成部分。

(6)等位基因:基因所采用的替代形式。

(7)基因座:相关基因在染色体上的位置。

(8)突变:当前种群中个体的随机变化,旨在为下一代创造后代。

(9)选择:选择最适合的个体,以便这些个体将自己的基因传递给后代,并淘汰较弱的个体。

13.3.2 遗传算法的分类

根据目标数、应用、网络类型等对遗传算法进行了分类。遗传算法分类如图 13.1(Mata,2017 年)所示,具体如下:

(1)单目标遗传算法:对具有适应度函数标量值的单一目标进行优化时可采用单目标遗传算法。单目标遗传算法的计算比较简单。

(2)多目标遗传算法:可能需要对各种网络参数(如比特误码率或信噪比)进行优化。这种情况下,更适合进行多目标优化,因为单一解虽然可能适合某个目标,但也可能使其他目标恶化。因此,多目标遗传算法可利用多重解同时从各个方向优化整个系统。在多目标遗传算法中,可采用不同的权向量多次运行单目标遗传算法。

(3)非支配排序遗传算法:利用一组目标函数,采用多目标遗传算法得出某种群对受抑制的帕累托前沿的适应度值。这种方法将种群划分为根据帕累托支配构型派生的亚种群,可计算各层级成员之间在帕累托前沿方面的主要相似度,将随后的细分及其相似度计数用于支持非支配的解决方案前端。

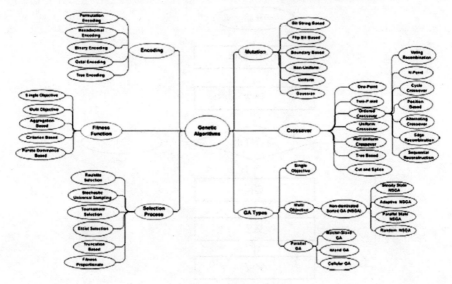

图 13.1　遗传算法分类

(4) 并行遗传算法:主要有主从式并行遗传算法(需在主从之间进行稳定通信)、蜂窝式并行遗传算法(需要每一代 PGA 中的所有智能体进行本地通信)、基于岛屿模型的并行遗传算法(算法是无线网络的最佳选择,因为其允许对迁移策略进行控制)三种类型。

(5) 分布式遗传算法或粗粒度遗传算法:也称基于岛屿模型的遗传算法,将种群划分为多个亚种群(称为岛),且岛与岛之间的相互作用较弱,通过对个体的迁移时这些岛相互通信。基于岛屿模型的并行遗传算法是无线网络中应用最广泛的算法。

13.3.3　算法概述

基因算法流程图如图 13.2 所示(Mata,2017 年)。算法会先创建候选解(称为个体)的一个任意初始种群,其性能和效率主要受种群规模的影响。对于小种群规模,遗传算法的性能较差。种群中的每一个体都由染色体表示,而染色体是一个二进制码元序列(一般取自二进制字母表)。接下来,利用当前代的个体创造一个新种群的序列。每一步中,算法都会选择当前代中的个体(称为父代),将其基因(向量条目)传递给新一代的子代。针对当前种群中的每一个成员计算其适应度得分。

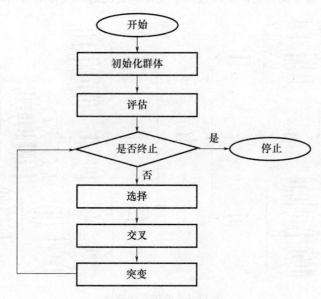

图 13.2　基因算法流程图

选择具有最佳适合度值的个体作为下一代的父代,然后将当前种群与下一代的子代交换。可多次将一个特定的个体选为父代,这意味着该个体会将其基因遗传给多个子代。当满足停止标准之一时,算法即停止。

13.3.4　适应度值

适应度函数也称目标函数,用于评估个体染色体(代表设计解)。适应度函数由单目标函数或多目标函数组成,个体染色体是适应度函数的变量输入因子。目标函数旨在确保被送至下一代的染色体不违反任何约束条件,根据个体在目标和优化目标方面的突出程度,将适应度得分分配给每一个个体。在适应度估计过程中,对每个设计解进行仿真或测试。在每个仿真阶段结束后,删除最差的 N 个设计解,并从最优设计解中选出 N 个新设计解。因此,需为每个设计解分配一个品质因数,以评估其在多大程度上满足总体规范。

13.3.5　突变

突变算子可任意改变染色体中的基因,确定新的概率和特质。突变技术引起种群多样化,可能产生具有更高适应度值的个体。利用突变技术,遗传算法可绕开局部最优,从而向全局最优方向发展。突变技术有位串突变、翻转位突变、边界突变、非均匀突变、均匀突变和高斯突变等多种类型。

13.3.6 交叉

交叉算法可从不同个体中提取最优基因,并将其重新组合为具有更高质量的子代。从根本上说,该过程是为了利用并融合现有染色体的最重要特质,以提高此类特质的适应度。由交叉算子任意选择基因座,为产生一个子代对,要在两个父代染色体之间交换基因座前后的子序列。为进一步研究,可设置多个交叉点。有多种方法,如单点交叉、两点交叉、均匀交叉和半均匀交叉、剪切剪接、三父代交叉和顺序染色体交叉等可实现染色体交叉。

13.4 系统模型

未来第五代蜂窝网络是如何由 PU 和 SU 组成的?该网络系统模型如图 13.3 所示。PU 的位置随其在蜂窝内的第 K 个位置而波动。在第 K 个位置,由一个 MBS 一个 PU 提供服务。假设共有 $m \epsilon M$ 个用户(PU 和 SU)分布在蜂窝内,且 SU 在足够大的变量数条件下遵循高斯分布。

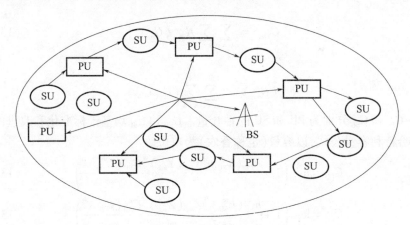

图 13.3 系统模型

用 h_{PU} 表示将 MBS 与第 K 个位置的 PU 相连所用的介质(信道),h_{CU} 表示将第 K 个位置的 PU 与第 m 个位置的 SU 相连所用的信道。假设 MBS 和 PU 均已完全确认 CSI。MBS 与 PU 相连的链路称为回程链路。PU 与信道相连的链路称为接入链路,对于下行链路传输,采用时分双工模式。在初始(第一个)时隙

的持续时间内，PU 第 K 个位置所接收的信号为

$$Y_{mk} = \sum_{m=1}^{M} \sum_{K=1}^{N} h_{PU}^{m} X + n_m \tag{13.1}$$

式中：n_m 对应于加性高斯白噪声，以使 K 的取值范围为 $1,2,3,4,5,\cdots,N$，需在系统中为 PU 提供 N 个不同的位置。所接收的码元由第 K 点的 PU 利用一种称为 "w_{mk}" 的加权矩阵进行线性处理。在第二个时隙内，该 PU 将在接入链路方向传输：$T_{mk} = Y_{mk} G_{mk}$，式中，G_{mk} 为向规定方向广播信号的遗传算法向量，用于抑制 PU 和 SU 之间存在的任何干扰。

因此，在后续（第二个）时隙内，到达信号可表示为

$$Z_{mk} = \sum_{m=1}^{M} \sum_{k=1}^{N} h_{SU}^{m} T_{mk} + n_m \tag{13.2}$$

第 k 个 PU 和第 m 个 SU 的累计功率限制可计算为

$$\sum_{k=1}^{K_{\max}} E\{E_r(Y_{mk} Y_{mk}^{*})\} \leqslant P_{PU}^{k} \tag{13.3}$$

$$\sum_{m=1}^{m} E\{E_r(Z_{mk} Z_{mk}^{*} \leqslant P_{SU}^{m})\} \tag{13.4}$$

在定义最优化问题时考虑等高线的累积信道容量（PU 和 SU）。系统总吞吐量可为

$$C_{\text{Tout}} = \sum_{m=1}^{M} \sum_{k=1}^{N} R_{m,k}(G_{m}^{-}) \tag{13.5}$$

式中

$$R_{m,k}(G_{mil}^{-}) = \sum_{m=1}^{M} \sum_{n=1}^{k} (C_{PU} C_{SU})_{\circ}$$

式中：C_{PU} 和 C_{SU} 分别为 PU 和 SU 的吞吐量。C_{PU} 和 C_{SU} 均基于标准化和改进的香农 – 哈特利容量公式，以容量（也称香农）为单位。

$$C_{PU} = \log_2\left(1 + \frac{h_{PU}^{m}(h_{PU}^{m})^{H} Y_{mk}(Y_{mk})^{H} G_{PU}^{k}(G_{PU}^{k})^{H}}{n_m}\right) \tag{13.6}$$

$$C_{SU} = \log_2\left(1 + \frac{h_{SU}^{m}(h_{SU}^{m})^{H} Z_{mk}(Z_{mk})^{H} G_{SU}^{k}(G_{SU})^{H}}{n_m}\right) \tag{13.7}$$

式中：G_{PU} 和 G_{SU} 分别为基于遗传算法的 PU 和 SU 功率分配系数。

PU 和 SU 的累积功耗如下：

$$P_{PU} = \sum_{m=1}^{M} \sum_{k=1}^{N} p_{PU} \tag{13.8}$$

$$\text{s. t. } \sum P_{PU} \leqslant 1$$

$$P_{\text{SU}} = \sum_{m=1}^{M} \sum_{k=1}^{N} p_{\text{SU}} \tag{13.9}$$

$$\text{s.t.} \sum P_{\text{PU}} \leq 1$$

式中:p_{PU}和p_{SU}分别表示 PU 和 SU 的功率分配系数。

因此,上述等高线的累计功耗可表示为

$$P_{\text{total}} = p_{\text{PU}} + p_{\text{SU}} \tag{13.10}$$

因此,能效表示为

$$\text{EE} = \frac{C_{\text{Tout}}}{P_{\text{total}}} \tag{13.11}$$

13.5 最优化问题

最优化问题可表示为

$$\max p_{\text{PU}}, p_{\text{SU}} \; C_{\text{Tout}} \tag{13.12}$$

$$\max \text{EE} p_{\text{PU}}, p_{\text{SU}} \tag{13.13}$$

s.t. P_1:

$$\sum_{m=1}^{M} \sum_{k=1}^{N} p_{\text{PU}} \leq P_{\text{PU}} \tag{13.14}$$

$$\sum_{m=1}^{M} \sum_{k=1}^{N} p_{\text{SU}} \leq P_{\text{SU}} \tag{13.15}$$

$$p_{\text{PU}} \leq 1 \tag{13.16}$$

$$p_{\text{SU}} \leq 1 \tag{13.17}$$

$$\sum_{m=1}^{M} \sum_{k=1}^{N} p_{\text{PU}} h_{\text{PU}} \leq J_{\text{th}}^{\text{PU}} \tag{13.18}$$

$$\sum_{m=1}^{M} \sum_{k=1}^{N} p_{\text{SU}} h_{\text{SU}} \leq J_{\text{th}}^{\text{SU}} \tag{13.19}$$

式中:$C_{\text{Tout}} = \sum_{m=1}^{M} \sum_{k=1}^{N} R_{m,k}(G_m^-)$ 为系统的总吞吐量;$J_{\text{th}}^{\text{PU}}$和$J_{\text{th}}^{\text{SU}}$为第 K 个 PU 和第 m 个 SU 链路的干扰阈。

13.6 最优解框架

假设将具有非凹分式目标函数和非线性约束条件的分式规划问题表示为 P_1,则很难求其最优解。因此,可将 P_1 转换为减法问题:

$$P_2 : \max(C_{\text{Tout}} - \lambda(p_{\text{PU}} + p_{\text{SU}} + \mu_{mk} C_{\text{Tout}})) \tag{13.20}$$

$$\text{s. t. } (C_{\text{PU}}, C_{\text{SU}}) \tag{13.21}$$

式中:$\lambda = (\lambda_{1_k}, \lambda_{2_k}, \lambda_{3_k}, \cdots, \lambda_{mk})$为拉格朗日乘数向量;$\mu_{mk}$为与两条链路上的第$m$个功率常数相关的拉格朗日乘数符号。

拉格朗日函数可表示为

$$L = \sum_{m=1}^{M} \sum_{k=1}^{N} \left[\log_2 \left(1 + \frac{h_{\text{PU}}^m (h_{\text{PU}}^m)^{\text{H}} Y_{mk} (Y_{mk})^{\text{H}} G_{\text{PU}}^k (G_{\text{PU}}^k)^{\text{H}}}{n_m} \right) \right.$$

$$+ \log_2 \left(1 + \frac{h_{\text{SU}}^m (h_{\text{SU}}^m)^{\text{H}} Z_{mk} (Z_{mk})^{\text{H}} G_{\text{SU}}^k (G_{\text{SU}}^k)^{\text{H}}}{n_m} \right)$$

$$\left. + \mu_{mk} P_{\text{Total}} \sum (p_{\text{PU}} - P_{\text{PU}}) \sum (p_{\text{SU}} - P_{\text{SU}}) \right] \tag{13.22}$$

为获得最优解,可采用 KKT 条件来求解问题的凹性。

求解$\frac{\partial L}{\partial p_{\text{PU}}} = 0$和$\frac{\partial L}{\partial p_{\text{SU}}} = 0$之后,可采用 KKT 条件来获得最优解:

$$p_{\text{PU}} = \mu_{mk} \left[\sum_{m=1}^{M} \sum_{k=1}^{N} \frac{(P_{\text{Total}} \mu_{mk} + G_{\text{PU}}^k - n_m)}{\sum P_{\text{PU}}} \right] \tag{13.23}$$

$$p_{\text{SU}} = \mu_{mk} \left[\sum_{m=1}^{M} \sum_{k=1}^{N} \frac{(P_{\text{Total}} \mu_{mk} + G_{\text{SU}}^k - n_m)}{\sum P_{\text{SU}}} \right] \tag{13.24}$$

13.7 结果与讨论

众所周知,5G 系统已成为下一代网络的基础。为实现下一代网络,人们已提出了许多技术。本章旨在研究如何利用遗传算法实现下一代网络,引入了认知无线电的概念,其中,五个认知信号充当五个 PU。此外,还考虑了五种场景,涉及"只使用信道中的一个时隙"以及"所有时隙都被用户占用"等场景,旨在提高网络的信道容量和频谱效率。本章尝试使用 eNB(增强节点 B)、放大转发中继和解码转发编码来提高频谱效率,并获得了满意的结果。为进一步提高频谱效率,本章还利用了遗传算法。在累积分布函数为 5% 和 50% 条件下计算了频谱效率,这种计算利用了 Matlab 软件中的仿生遗传算法。最后对仿真结果进行了讨论。

场景 1:只存在一个 PU 且所有其他时隙均为空(PAAAA)。

如图 13.4 所示,eNB 提供了最低频谱效率值。当采用放大转发中继技术(AF 中继技术)时,频谱效率会有所提高。而采用解码转发(DF)编码技术则可获得更高的频谱效率。在不同累积分布函数的条件下,遗传算法可提供更高的频谱效率值。在累积分布函数为5%时,解码转发编码技术提供的最大频谱效率为0.5(b/s)/Hz,而遗传算法提供的最大频谱效率为1.6(b/s)/Hz。在累积分布函数为50%时,解码转发编码技术提供的频谱效率为2(b/s)/Hz,而遗传算法提供的频谱效率为15(b/s)/Hz。在累积分布函数为50%时,频谱效率值的净增长为650%。

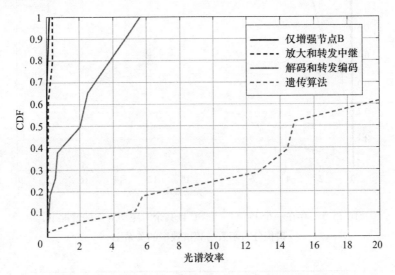

图13.4 只存在一个PU且其余时隙均为空的情况下,
累积分布函数与频谱效率的关系图

场景2:存在一个PU和一个SU且其余三个时隙均为空(PPAAA)。

SU可感知频谱,并占用所发现的空时隙。如图13.5所示,eNB提供了最低频谱效率值。当采用放大转发中继技术(AF中继技术)时,频谱效率有所提高。而采用解码转发编码技术可获得更高的频谱效率值。

在累积分布函数的多种百分位条件下,遗传算法可提供更高的频谱效率值。在累积分布函数为5%时,解码转发编码技术提供的最大频谱效率为6(b/s)/Hz,而遗传算法提供的最大频谱效率为32(b/s)/Hz。在累积分布函数为50%时,解码转发编码技术提供的频谱效率为18(b/s)/Hz,而遗传算法提供的频谱效率为200(b/s)/Hz。在累积分布函数为50%时,频谱效率值的净增长为1011%。

场景3:存在一个PU和两个SU且其余两个时隙均为空(PPPAA)。

SU可感知频谱,并占用所发现的空时隙。如图13.6所示,eNB提供了最低频谱效率值。当采用放大转发中继技术时,频谱效率有所提高。

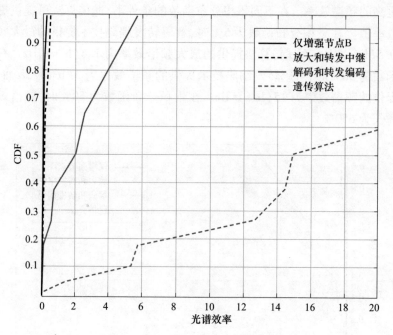

图 13.5　存在一个 PU 和一个 SU 且其余时隙均为空的情况下，
累积分布函数与频谱效率的关系图

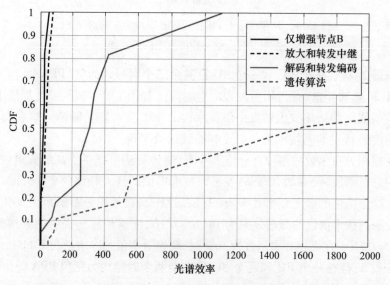

图 13.6　存在一个 PU 和两个 SU 且其余时隙均为空的情况下，
累积分布函数与频谱效率的关系图

一定程度上可获得更高的频谱效率值。而采用解码转发编码技术可获得更高的频谱效率值。在累积分布函数的多种百分位条件下,遗传算法可提供更高的频谱效率值。在累积分布函数为5%时,解码转发编码技术提供的最大频谱效率为40(b/s)/Hz,而遗传算法提供的最大频谱效率为90(b/s)/Hz。在累积分布函数为50%时,解码转发编码技术提供的频谱效率为300(b/s)/Hz,而遗传算法提供的频谱效率为1600(b/s)/Hz。在累积分布函数为50%时,频谱效率值的净增长为433%。

场景4:存在一个PU和三个SU,且剩余一个时隙为空(PPPPA)。

SU可感知频谱,并占用所发现的空时隙。如图13.7所示,eNB提供了最低频谱效率值。当采用放大转发中继技术时,频谱效率有所提高。

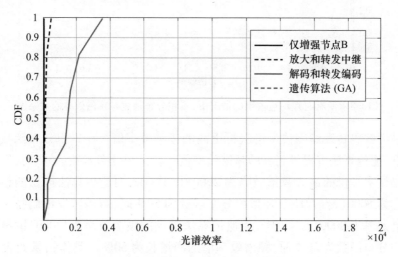

图13.7 存在一个PU和三个SU且有1个时隙为空的情况下,
累积分布函数与频谱效率的关系图

采用解码转发编码技术可获得更高的频谱效率值。在累积分布函数的多种百分位条件下,遗传算法可提供更高的频谱效率值。在累积分布函数为5%时,解码转发编码技术提供的最大频谱效率为300(b/s)/Hz,而遗传算法提供的最大频谱效率为500(b/s)/Hz。在累积分布函数为50%时,解码转发编码技术提供的频谱效率为800(b/s)/Hz,而遗传算法提供的频谱效率为1700(b/s)/Hz。在累积分布函数为50%时,频谱效率值的净增长为112%。

场景5:所有时隙均被占用(PPPPP)。

SU可感知频谱,并占用所发现的空时隙,所有时隙均被占用。如图13.8

所示,eNB 提供了最低频谱效率值。当采用放大转发中继技术时,频谱效率有所提高。

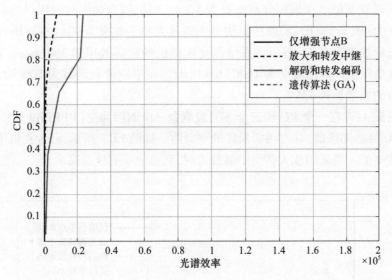

图 13.8 所有时隙均被占用的情况下,累积分布函数与频谱效率的关系图

采用解码转发编码技术可获得更高的频谱效率值。在累积分布函数的多条件下,遗传算法可提供更高的频谱效率值。在累积分布函数为5%时,解码转发编码技术提供的最大频谱效率为2000(b/s)/Hz,而遗传算法提供的最大频谱效率为5000(b/s)/Hz。在累积分布函数为50%时,解码转发编码技术提供的频谱效率为8000(b/s)/Hz,而遗传算法提供的频谱效率为12000(b/s)/Hz。在累积分布函数为50%时,频谱效率值的净增长为50%。具体结果如表13.1所列。

表 13.1 在采用解码转发编码技术获得的频谱效率增量仿真结果 单位:%

案例	累积分布函数	
	5%	50%
P A AAA	220	650
P P A AA	433	1011
P PP A A	125	433
P PPP A	66.6	112
P PPPP	150	50

13.8 结论与未来研究方向

本章全面讨论了未来5G网络的发展趋势,为了解未来5G网络的网络覆盖率和容量,目前已采取了各种措施予以应对。在未来的无线蜂窝系统中,通过开发新型和创新型资源分配方法,可实现高资源利用率并提高各种部署环境中的频谱效率。本章尝试使用认知无线电技术来提高多用户网络的频谱效率,并利用仿生遗传算法分配资源、求解最优化问题。遗传算法以达尔文的适者生存理论为基础,通过模仿众多生物适应环境的各种过程来模拟自然进化过程。遗传算法由父代染色体的初始种群组成,该种群可通过突变或交叉而产生子代染色体。本章计算了适应度函数,继续进行染色体配对,直到获得最佳适应度为止。将遗传类算子在前一个种群与最新种群的个体(旧到新)之间移动,可搜索最优化问题的最优解。采用遗传算法后的结果表明,频谱效率得到了成倍提高。研究还利用 Matlab 软件获得了计算结果,得到了一种数学模型的支持,该模型表明,与 eNB、放大转发中继技术或解码转发编码技术相比,遗传算法可为多用户网络提供更高的频谱效率。结果表明,在只存在一个 PU 的情况下,节点效率为 650%。若增加用户数量,并使用认知无线电技术和遗传算法,可将效率提高到 50%。

未来的研究方向:可利用其他仿生算法(如粒子群优化算法、博弈理论)来分配资源并求解最优化问题,同时考查其对各种多用户网络的频谱效率构成的影响。

参考文献

Andrews, Jeffrey G, Stefano Buzzi, Wan Choi, Stephen Hanly, Angel Lozano, Anthony CK Soong, and Jianzhong Charlie Zhang. 2014. "IEEE JSAC Special Issue on 5G Wireless Communication Systems What Will 5G Be?" *IEEE Journal on Selected Areas in Communications*, 32(6):1065-1082.

Badoi, Cornelia – Ionela, Neeli Prasad, Victor Croitoru, and Ramjee Prasad. 2011. "5G Based on Cognitive Radio." *Wireless Personal Communications* 57(3):441-464.

Buzzi, Stefano, Chih – Lin I, Thierry E Klein, H Vincent Poor, Chenyang Yang, and Alessio Zappone. 2016. "A Survey of Energy – Efficient Techniques for 5G Networks and Challenges Ahead." *EEE Journal on Selected Areas in Communications* 34(4):697-709. Ieeexplore. Ieee. Org.

Goldberg, DE, and JH Holland. 1988. "Genetic Algorithms and Machine Learning." *Machine*

Learning 3,95 – 99. doi:10. 1023/A:1022602019183.

Guvenc, Ugur, Bekir Emre Altun, and Serhat Duman. 2012. "Optimal Power Flow Using Genetic Algorithm Based on Similarity Power System Optimization View Project Optimal Power Flow Using Genetic Algorithm Based on Similarity." *Energy Education Science and Technology Part A:Energy Science and Research* 29:1 – 10.

Li, R, Z Zhao, X Zhou, G Ding, Y Chen. 2017. "Intelligent 5G:When Cellular Networks Meet Artificial Intelligence." *EEE Wireless Communications* 24(5):175 – 183. Ieeexplore. Ieee. Org.

Long, F, N Li, and Y Wang. 2017. "Autonomic Mobile Networks:The Use of Artificial Intelligence in Wireless Communications." 2017 *2nd International Conference on Advanced Robotics and Mechatronics(ICARM)*, Hefei, pp. 582 – 86, *Ieeexplore. Ieee. Org*.

Mata, SH. 2017. "A New Genetic Algorithm Based Scheduling Algorithm for the LTE Uplink." Mehboob, Usama, Junaid Qadir, Salman Ali, and Athanasios Vasilakos. 2016. "Genetic Algorithms in Wireless Networking:Techniques, Applications, and Issues." *Soft Computing* 20(6):2467 – 2501.

Mitola, J, and GQ Maguire. 1999. "Cognitive Radio:Making Software Radios More Personal." *IEEE Personal Communications* 6(4):13 – 18. Ieeexplore. Ieee. Org.

Mitra, RN, DP Agrawal, ICT Express. 2015. "5G Mobile Technology:A Survey." *ICT Express* 1(3):132 – 7.

Prathisha, R Raj. 2018. "A Study on Use of Artificial Intelligence in Wireless Communications." *Asian Journal of Applied Science and Technology(AJAST) (Open Access Quarterly International Journal)* 2(1):354 – 360.

Russel, S, and P Norvig. 2013. Artificial *Intelligence:A Modern Approach*. Harlow, UK:Pearson.

Walters, DC, and GB Sheble. 1993. "Genetic Algorithm Solution of Economic Dispatch with Valve Point Loading." *IEEE Transactions on Power Systems* 8(3):1325 – 1332. Ieeexplore. Ieee. Org.

Yao, Miao, Munawwar Sohul, Vuk Marojevic, and Jeffrey H Reed. 2019. "Artificial Intelligence – Defined 5G Radio Access Networks." *EEE Communications Magazine* 57(3):14 – 20. Ieeexplore. Ieee. Org.

第 14 章

准正交和旋转准正交空时分组码系统性能评估

印度北方邦普里扬卡·米什拉(Priyanka Mishra)
印度北方邦诺伊达国际大学
梅赫布·乌尔·阿门(Mehboob-ul-Amin)

14.1 引　言

　　无线互联网、蜂窝视频、电子邮件等应用都需要极高的传输速率,对于此类高速应用,无线网络已成为极具前景的一大现代工程领域。由于无线通信信道的严格限制,满足 5G 网络对高数据速率和容量的要求仍然是研究人员面临的一项重大挑战,该挑战是数量庞大的网络用户而造成。庞大的网络用户会导致发生用户间干扰和码间干扰,而在基站和移动用户之间使用额外的节点来减少路径损耗,会进一步导致额外干扰(称为模间干扰)。如何解决这些问题,使基站与用户之间的通信更加顺畅,是研究人员当下需要解决的问题。因此,研究人员需要解决通信信道中出现的各种问题,如多径传播衰落、码间干扰、自信号失真等。

　　在空间复用技术中,应以适当方式传输信号,使接收机在空间、频率和时间三个维度上接收原始信号的多个副本。这种技术可增加发射机和接收机之间的路径数量,并提高两条或多条路径同时经历衰落的概率。若某条路径正在经历衰落,则可将信号切换到另一条路径。因此,可增加空间分集增益,并减少多径衰落。若 MIMO 系统分别使用 N_t 和 N_r 根发射天线和接收天线,则可用独立衰落链路总数为 N_tN_r,空间复用增益意味着数据速率的线性增加。

为满足 MIMO 无线信道系统的要求,可在发射端利用多天线进行空时编码。这种系统可有效利用时间和空间提供的分集进行衰落抑制,以提高容量、数据速率和频谱效率。然而,这一愿景并不会轻松实现,因为增加发射端或接收端的天线单元,复杂度将以指数方式提高。

MIMO 方案主要分为空间复用方法、空间分集方法和波束赋形方法。波束赋形技术与智能天线的概念息息相关。空间分集方法通过降低比特误码率来降低信号衰落的影响,而空间复用方法则通过并行传输来提高数据比特传输速度,从而获得较高的数据速率。根据上述讨论,显然无法同时获得这两种益处,为达此目的,需借助二维编码技术,在 Tarokh 等(1998 年)提出的空时域中,生成不同时隙的多根发射天线所获得的信号之间的核心关系(称为空时码)。空时码主要分为空时分组码和空时格码,本章将重点研究正交空时分组码(OSTBC)。

空时分组码是正交码,即利用一种简单、最优的线性解码算法,使信道矩阵的各列在前端相互正交。Alamouti(1998 年)引入了唯一能实现全传输速率和全分集的标准空时分组码。在这种标准空时分组码中,系统后端部署了两根天线。此外,系统还在发射端使用了更多天线,进而对 Alamouti 空时分组码(STBC)进行了修改,但要实现 100% 的分集和码率还是非常困难。Tarokh 等(1999 年)通过计算和示例表明,在发射天线数量大于两根的情况下,空时分组码集无法实现 1 的码率,最多可实现¾的码率。为获得 100% 的分集增益,Jafarkhani 利用配对码元提出了一种广义方法,称为准正交空时分组码(QOSTBC),该方法在发射端设置了 4 根天线(Jafarkhani,2001 年)。但这种配对存在局限性,即发射端矩阵的列未遵循正交性原理,因此无法实现全分集。迄今为止,大多数无法在使用各种调相方法来选择同一星座相位码元的同时实现全分集。因此,必须使用各种旋转因子对码元进行旋转,以最小化空时域中的汉明距离,这些基于旋转的代码称为旋转准正交空时分组码(Ahmadi 等,2014 年)。

可采用最大似然(ML)技术对这些代码进行解码,这种技术的性能在所有传统解码器中极为出色(Alabed 等,2011 年)。本节首先从比特误码率和信噪比的角度回顾了具有最大似然检测器的各种 STBC MIMO 系统的实现情况。利用接收机的最大似然检测算法为发射机的两根天线生成了复杂的正交码。这种简单性主要源于正交码(Alamouti,1998年)。同样,研究也将这种技术用于带两根以上发射天线的高阶 STBC;对于新生成的码字,在 256 QAM、1024 QAM 和 OQAM 等 4G 和 5G 调制方法下,解码算法的计算复杂度有所提高。最后提出了几种解码方法,用于降低复杂度。

Wolniansky 等(1998 年)提出了一种替代方法,即在接收机上使用 V–BLAST 算法。这是一种简单的检测技术,即利用在前端和后端明确定义的天线系统,以提高下一代无线系统的频谱效率和容量。空间研究中心利用该算法,借助干扰抑制和串行干扰消除技术,实现了近 40(b/s)/Hz 的频谱效率。Foschini(1996 年)提出了一种贝尔实验室对角分层空时架构 D–BLAST,进一步提高了容量和信息速率。该架构为 MIMO 无线通信提供了基准,V–BLAST 架构是为降低 D–BLAST 系统的固有计算复杂度而提出的最简单版本。若将该结构实际应用于 MIMO 无线系统,可实现超过 40(b/s)/Hz 的频谱效率。因 V–BLAST 具有很高的频谱效率和简单性,且易于在任何测试平台或 VLSI 套件上实现,其在 MIMO 系统中得到了实际应用。在 V–BLAST 算法中,研究人员引入了大量基于编码理论和系统模型的概念来设计 BLAST 系统,其中包括空时分组编码。接收端使用了按序串行干扰消除(OSIC)方法和许多解码方法,如最大似然解码方法(Azzam、Ayanoglu,2009 年)。这种方法采用分层方式先后对接收机解码步骤中基于码元检测和码元解码的两个重要步骤进行了处理,大大提高了 V–BLAST 系统的性能。为避免并消除干扰,研究人员在接收机位置引入了串行干扰消除机制。

本章重点是基于球面解码器的解码算法,该算法由 Pohst 提出,随后由 Fincke 和 Pohst 进行了改进(Fincke、Pohst,1985 年),也称 Fincke–Pohst 算法。该算法已应用于具有更高调制技术(如 256 QAM)的基于 STBC 的 MIMO 系统中,旨在降低最大似然检测器的计算复杂度,其主要原理是选择最短的向量路径以减少汉明误差。在该算法中,利用各种编码器和编码技术引入特定的码字,并将这些码字约束在球体的内边界内,球体半径应等于接收信号向量。因此,为得到最大似然解向量,应使用最小度量法来选择发射信号向量(Agrell 等,2002 年)。

14.2　复用增益及其与分集的关系

可使用一种具有 M_T 根发射天线和 M_R 根接收天线的系统(Chang 等,2012 年),因此接收向量可表示为

$$R = Hs + n \qquad (14.1)$$

MIMO 系统信道可表示为 $N_R \times N_T$ 矩阵：

$$H = \begin{bmatrix} H_{1,1} & H_{1,2} & \cdots & H_{1,N_T} \\ H_{2,1} & H_{2,2} & \cdots & H_{2,N_T} \\ \vdots & \vdots & & \vdots \\ H_{N_R,1} & H_{N_R,2} & \cdots & H_{N_R,N_T} \end{bmatrix} \qquad (14.2)$$

可利用多根发射天线和接收天线来获得分集增益，因此，可通过增加信息速率来获得更高的频谱效率。分集与发射天线或接收天线的最小或最大数量成正比，增加系统任一端的天线数量，可提高已增加的比特率（Dalton、Georghiades，2005 年）。使用下列等式定义空间复用增益(SMG)：

$$\text{SMG} = \lim_{\gamma \to \infty} \frac{R}{\ln \gamma} \qquad (14.3)$$

式中：R 为速率，单位为比特/信道。

式(14.3)表明，空间复用增益、信息速率 R、分集增益 D 与信噪比的关系如下：

$$\lim_{\text{snr} \to \infty} R(\text{SNR}) \ln \text{SNR} = R \qquad (14.4)$$

误差概率可表示为

$$\lim_{\text{snr} \to \infty} P_e \ln \text{SNR} = -D \qquad (14.5)$$

因为 $P_e(\text{snr})$ 与 $\log(\text{snr})$ 相关，因此 D 和 r 同样相关。

对于复用增益，利用渐近分析法推导出中断容量的斜率，进一步利用线性对数尺度，刚改进的香农容量分析公式如下：

$$R_{\max} = \lim_{\rho \to \infty} \frac{C_{\text{out},\rho}(\rho)}{\log_2 \rho} \qquad (14.6)$$

$R_{\max} = \min(\max\{N_r, N_t\})$。可得出结论：信噪比每增加 3 dB，转发传输速率就以因数"$\min\{N_r, N_t\}$"提高。

所以，对于 FER 的信噪比斜率而取渐近线的负值，可获得最大分集增益如下：

$$D_{\max} = -\lim_{\rho \to \infty} \frac{\log_2 P_e(\rho, R)}{\log_2 \rho} \qquad (14.7)$$

$D = M_R M_T$，因此，误码率降低了 $2^{-M_R M_T}$。

14.3　系统模型

可使用一种发射端有 N_t 根天线、接收端有 N_r 根天线的系统。图 14.1 显示了空时分组码模型图,其中,发射端采用旋转准正交空时分组码(RQSTBC),而接收端则采用基于点阵的球面解码算法。采用点阵编码技术可对发射端的信息位进行交叉。使用位停用 K 根天线。可使用 OQAM 激活剩余的 $n_t - k$ 根天线(Damen 等,2000 年)。

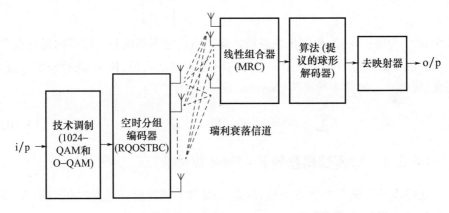

图 14.1　带超前检测方法的 RQOSTBC 的系统模型

该模型设计了一种检测器,其中,调制信号基于旋转准空时分组编码天线,且对码元位置进行了分组。与发射天线阶数对应的解码算法编排是可变的,即各根节点所产生的节点数不稳定(上三角矩阵不同于下三角矩阵)。提出的检测算法与传统的全天线分集算法不同,在全天线分集算法中,节点数量由每个根节点根据星座大小确定。

研究使用了一种空时编码 MIMO 系统,其中,将一个位流映射到一个码元流 $\{\tilde{x}_i\}_{i=1}^N$。图 14.1 显示了一个大小为 N 的码元流,该码元流被编码为 $\{x_k^{(t)}\}_{k=1}^{N_t}(k = 1, 2, \cdots, T)$,式中,$k$ 为天线索引,t 为时间索引。

将编码矩阵中的码元数量限制为 $N_tT(N = N_tT)$,也可表示为 $\{x_k^{(t)}\}_{k=1}^{N_t}(t = 1, 2, \cdots, T)$,从而形成一个空时码字。将码元速率定义为

$$R = \frac{N}{T}\left[\frac{\text{symbol}}{\text{channel}}u\text{sed}\right] \tag{14.8}$$

接收机使用接收信号向量 $\{y_j^{(t)}\}_{j=1}^{N_r}(t = 1, 2, \cdots, T)$ 来估计码元流 $\{\tilde{x}_i\}_{i=1}^N$。假设从第 K 根发射天线到第 J 根接收天线具有瑞利分布式信道增益 $H_{jk}^{(t)}$。这种增

益将在第 T 个码元周期内出现($K=1,2,\cdots,N_t; J=1,2,\cdots,N_r; T=1,2,\cdots,T$)。可认为信道增益在 T 时段内保持静态,因此可绕过码元时间索引。由此,可增大发射天线和接收天线的间距,进而实现 $N_r \times N_t$ 的衰落增益。

若为第 k 根发射天线在第 t 个码元周期内发射的信号,则前端第 j 根接收天线(Ding 等,2016 年)处的信号为

$$y_j^{(t)} = \sqrt{\frac{E_x}{N_1 N_t}} \left[H_{j1}^{(t)} H_{j2}^{(t)} \cdots H_{jN_t}^{(t)} \right] \begin{bmatrix} x_1^{(t)} \\ x_2^{(t)} \\ \vdots \\ x_{N_t}^{(t)} \end{bmatrix} + n_j^{(t)} \tag{14.9}$$

式中:$n_j^{(t)}$ 为噪声向量,根据加性高斯白噪声可确定噪声向量。噪声向量具有带一定正能量的单位方差。取第 t 个周期内能量的平均值,用 E_x 表示该平均值。因此,可将总发射功率约束为(Kostina、Loyka,2011 年)

$$\sum_{i=1}^{N_t} |x_i^{(t)}|^2 = N_t \quad (t=1,2,\cdots,T) \tag{14.10}$$

14.3.1 球面解码器的 K–Best 算法

在接收端生成 N 个独立子流,从输入端的不同发射天线发射每个子流;以向量的形式将输出表示为

$$O = X \cdot H + \mathcal{N} \tag{14.11}$$

式中:H 为信道增益矩阵;$\mathcal{N}$ 为加性高斯白噪声矩阵($1 \times M$)。

在式(14.11)中,对接收向量的实数和虚数需进行除法运算:

$$(\Re\{O\} \Im\{O\}) = (\Re\{X\} \Im\{X\}) \cdot \begin{pmatrix} \Re\{X\} & \Im\{H\} \\ -\Im\{O\} & \Re\{H\} \end{pmatrix} + (\Re\{\mathcal{N}\} \Im\{\mathcal{N}\}) \tag{14.12}$$

式(14.12)仅涉及实数,可用实矩阵表示为

$$O' = X' \cdot H' + \mathcal{N}' \tag{14.13}$$

式中

$O' = (\Re\{R\} \Im\{R\})$,$X' = (\Re\{X\} \Im\{X\})$,$N' = (\Re\{N\} \Im\{N\})$,且

$$H' = \begin{pmatrix} \Re\{H\} & \Im\{H\} \\ -\Im\{O\} & \Re\{H\} \end{pmatrix} \tag{14.14}$$

给定码元集生成晶格(Hassibi、Hochwald,2002 年):

$$\Lambda = \{(X \mid X) = X' \cdot H'\} \tag{14.15}$$

第14章 准正交和旋转准正交空时分组码系统性能评估

为便于计算,取 $N=M$。

对于 n 维晶格($n=1,2,\cdots,n$),晶格 Λ 将由矩阵 $\boldsymbol{G}:K_n \to K_n$ 进行定义。在 n 维空间 K_n 的平移晶格 $y-\Lambda$ 中,开始搜索长度最短的向量 k。因此,可将该问题归纳为

$$\min_{X \in \Lambda} \| Y - X \| = \min_{K \in y-\Lambda} \| K \| \tag{14.16}$$

已将原球体转换为一个具有平方半径 d、以接收点为中心的新球体。新系统将由 K_n 进行定义。因此

$$\| K \|^2 = Q(K_n) = \boldsymbol{K}_n \boldsymbol{GG}^{\mathrm{T}} \boldsymbol{K}_n^{\mathrm{T}} = \boldsymbol{K}_n \boldsymbol{GK}_n^{\mathrm{T}} \tag{14.17}$$

式中:$\boldsymbol{G}$ 为格拉姆矩阵 $\boldsymbol{G} = \boldsymbol{GG}^{\mathrm{T}}$ 的乔里斯基分解。

式(14.17)添加下列约束条件:

$$\sum_{i=1}^{n} G_i K_i \leq d \tag{14.18}$$

将 $\boldsymbol{K}$ 表示为上三角矩阵,并将 $\boldsymbol{G}$ 分解为

$$\boldsymbol{G} = \boldsymbol{K}_n^{\mathrm{T}} \boldsymbol{K}_n \tag{14.19}$$

则

$$Q(K_n) = \boldsymbol{K}_n \boldsymbol{K}_n^{\mathrm{T}} \boldsymbol{K}_n \boldsymbol{K}_n^{\mathrm{T}} = \| \boldsymbol{K}_n \boldsymbol{K}_n^{\mathrm{T}} \|^2 = \sum_{i=1}^{n} (Y_{ii} K_i + \sum_{i=j+1}^{n} Y_{ij} K_j)^2 \leq d \tag{14.20}$$

$i = 1 - n$ 代入上式可得

$$Q(K_n) = \sum_{i=1}^{n} r_{ii} ((K_i + \sum_{i=j+1}^{n} r_{ii} K_{j+1}))^2 \leq d \tag{14.21}$$

从分量 v_n 和 v_{n-1} 之间的域 K_n 开始:

$$\left[-\sqrt{\frac{d}{r_{nn}}} + \rho_n \leq v_n \leq \sqrt{\frac{d}{r_{nn}}} + \rho_n \right] - \left[\sqrt{\frac{d - r_{nn} K_{nn}^2}{r_{n-1,n-1}}} + \rho_{n-1} + r_{n-1,n} K_n \right]$$

$$\leq v_{n-1} \leq \left[\sqrt{\frac{d - r_{nn} K_{nn}^2}{r_{n-1,n-1}}} + \rho_{n-1} + r_{n-1,n} K_n \right] \tag{14.22}$$

式中:$\rho_n = \{\rho_1, \rho_2, \cdots, \rho_3\}$ 和 ρ_{n-1} 为与 n 和 $(n-1)$ 次迭代相关的拉格朗日系数。

将该解扩展到第 i 个整数分量,可得

$$\left[-\sqrt{\frac{1}{r_{ii}}(d - \sum_{l=i+1}^{n} r_{ll}(K_l + \sum_{j=l+1}^{n} r_{ij} K_j)^2)} + \rho_i + \sum_{j=i+1}^{n} r_{ij} K_j \right] \leq v_i$$

$$\leq \left[\sqrt{\frac{1}{r_{ii}}(d - \sum_{l=i+1}^{n} r_{li}(K_l + \sum_{j=l+1}^{n} r_{ij} K_j)^2)} + \rho_i + \sum_{j=i+1}^{n} r_{ij} K_j \right] \tag{14.23}$$

使用递归公式对球面解码器 S 的边界进行变量更新,可得

$$S_i = S_i(K_{i+1},\cdots,K_n) = \rho_i + \sum_{l=i+1}^{n} r_{il}K_l$$

$$T_{i-1} = T_{i-1}(K_i,\cdots,K_n) = d - \sum_{l=1}^{n} r_{ll}\left(K_l + \sum_{j=l+1}^{n} r_{lj}K_j\right)^2 = T_i - r_{ii}(S_i - v_i)^2$$

(14.24)

式中:T_i、T_{i-1} 为第 i 和第 $i-1$ 级数字 v_i 和 v_{i-1} 的部分欧几里得距离(PED)。因此,每次进位运算时,球面解码器的边界都会从一个数字变为另一个数字。取与接收点的距离 R 的平方,可得到球体内的球面解码器向量:

$$R^2 = D - T_i + r_{ii}(S_i - v_i)^2 \tag{14.25}$$

若 $R^2 < D$,则必须搜索最近的候选点,且只有在球体内所有向量的测试完成时才可终止搜索。图 14.2 显示了解码算法 RQOSTBC 的流程图。

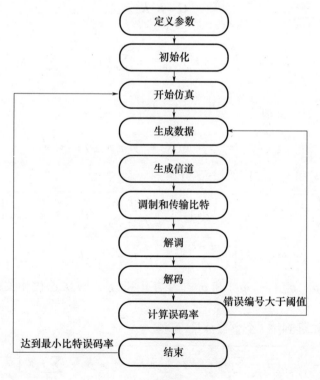

图 14.2 解码算法流程图

14.3.2 旋转准 Ostbc 信道的容量

接收端的信噪比表示为 $\left(\dfrac{\rho}{M_T}\right)\|H\|_F^2$，容量表示为

$$C_{\text{ROSTBC}} = r_s(1+\rho/M_T)\|H\|_F^2 \tag{14.26}$$

式中：r_s 为码率。

在发射端无信道状态信息的情况下进行容量分析（Hochwald 等，2000 年；Hochwald、Marzetta，2000 年）：

$$\begin{aligned}
C &= \log_2 \det\left(I_{M_R} + \dfrac{E_s}{M_T N_0} HH^H\right) \\
&= \log_2 \prod_{k=1}^{r}(1+\rho/M_T \lambda_k) \\
&= \log_2\left(1 + \dfrac{\rho}{M_T}\|H\|_F^2 + \dfrac{\rho^2}{M_T}(\cdot) + \cdots\right) \geqslant C_{\text{RQOSTBC}} \tag{14.27}
\end{aligned}$$

式中：λ_k 为 HH^H 的特征值。

正交空时分组码（OSTBC）信道的容量低于具有最优编码方法的信道，但 Alamouti 方法除外，在 Alamouti 方法中，$r_s=1$，导致 $C=C_{\text{RQOSTBC}}$（He、Ge，2003年）。但是，由于 RQOSTBC 可从根本上改善链路，因此 RQOSTBC 的中断特性优于在给定传输速率下利用最优编码方案获得的中断特性。

14.3.3 R – Qostbc 的解码

利用以下数学分析法对 R – QOSTBC 进行解码。使用 G_3 解码器最小化决策指标（Leuschner、Yousefi，2008a、2008b）：

$$\begin{aligned}
&\left|\left[\sum_{j=1}^{m}(r_1^j a_{1,j}^* + r_2^j a_{2,j}^* + r_3^i a_{3,j}^* + r_4^i a_{4,j}^* + (r_5^j)^* a_{1,j} + (r_6^j)^* a_{2,j} + (r_7^j)^* a_{3,j})\right] - s_1\right|^2 \\
&+ \left(-1 + 2\sum_{j=1}^{m}\sum_{i=1}^{3}|a_{i,j}|^2\right)|s_1|^2
\end{aligned} \tag{14.28}$$

为解码 s_1，决策指标为

$$\begin{aligned}
&\left|\left[\sum_{j=1}^{m}(r_1^j a_{2,j}^* - r_2^j a_{1,j}^* + r_4^i a_{3,j}^* + (r_5^j)^* a_{2,j} - (r_6^j)^* a_{1,j} + (r_8^j)^* a_{3,j})\right] - s_2\right|^2 \\
&+ \left(-1 + 2\sum_{j=1}^{m}\sum_{i=1}^{3}|a_{i,j}|^2\right)|s_2|^2
\end{aligned} \tag{14.29}$$

为解码 s_2，决策指标为

$$\left| \left[\sum_{j=1}^{m} (r_1^j a_{3,j}^* - r_3^j a_{1,j}^* - r_4^i a_{2,j}^* + (r_5^j)^* a_{3,j} - (r_7^j)^* a_{1,j} - (r_8^j)^* a_{2,j}) \right] - s_3 \right|^2$$

$$+ \left(-1 + 2 \sum_{j=1}^{m} \sum_{i=1}^{3} |a_{i,j}|^2 \right) |s_3|^2 \tag{14.30}$$

为解码 s_3,决策指标为

$$\left| \left[\sum_{j=1}^{m} (-r_2^i a_{3,j}^* + r_3^j a_{2,j}^* - r_4^i a_{1,j}^* - (r_6^j)^* a_{3,j} + (r_7^j)^* a_{2,j} - (r_8^j)^* a_{1,j}) \right] - s_4 \right|^2$$

$$+ \left(-1 + 2 \sum_{j=1}^{m} \sum_{i=1}^{3} |a_{i,j}|^2 \right) |s_4|^2 \tag{14.31}$$

用于解码 s_4。

使用 G_4 解码器最小化决策指标:

$$\left| \left[\sum_{j=1}^{m} \left(\begin{array}{c} r_1^j a_{1,j}^* + r_2^j a_{2,j}^* + r_3^i a_{3,j}^* + r_4^i a_{4,j}^* + (r_5^j)^* a_{1,j} \\ + (r_6^j)^* a_{2,j} + (r_7^j)^* a_{3,j} + (r_8^j)^* a_{4,j} \end{array} \right) \right] - s_1 \right|^2$$

$$+ \left(-1 + 2 \sum_{j=1}^{m} \sum_{i=1}^{3} |a_{i,j}|^2 \right) |s_1|^2 \tag{14.32}$$

为解码 s_1,决策指标为

$$\left| \left[\sum_{j=1}^{m} \left(\begin{array}{c} r_1^j a_{2,j}^* - r_2^j a_{1,j}^* - r_3^j a_{4,j}^* + r_4^j a_{3,j}^* + (r_5^j)^* a_{2,j} \\ - (r_6^j)^* a_{1,j} - (r_7^j)^* a_{4,j} + (r_8^j)^* a_{3,j} \end{array} \right) \right] - s_2 \right|^2$$

$$+ \left(-1 + 2 \sum_{j=1}^{m} \sum_{i=1}^{3} |a_{i,j}|^2 \right) |s_2|^2 \tag{14.33}$$

为解码 s_2,决策指标为

$$\left| \left[\sum_{j=1}^{m} \left(\begin{array}{c} r_1^j a_{3,j}^* + r_2^j a_{4,j}^* - r_3^i a_{1,j}^* - r_4^i a_{2,j}^* + (r_5^j)^* a_{3,j} \\ + (r_6^j)^* a_{4,j} - (r_7^j)^* a_{1,j} - (r_8^j)^* a_{2,j} \end{array} \right) \right] - s_3 \right|^2$$

$$+ \left(-1 + 2 \sum_{j=1}^{m} \sum_{i=1}^{3} |a_{i,j}|^2 \right) |s_3|^2 \tag{14.34}$$

为解码 s_3,决策指标为

$$\left| \left[\sum_{j=1}^{m} \left(\begin{array}{c} r_1^j a_{4,j}^* - r_2^j a_{3,j}^* + r_3^j a_{2,j}^* - r_4^j a_{1,j}^* + (r_5^j)^* a_{4,j} - (r_6^j)^* a_{3,j} \\ + (r_7^j)^* a_{2,j} - (r_8^j)^* a_{1,j} \end{array} \right) \right] - s_4 \right|^2$$

$$+ \left(-1 + 2 \sum_{j=1}^{m} \sum_{i=1}^{3} |a_{i,j}|^2 \right) |s_4|^2 \tag{14.35}$$

用于解码 s_4。

14.4 结果与讨论

可考虑采用天线数量 $n_t=6$ 和 $n_r=6$ 的 MIMO 系统的仿真设置。首先对于常规球面解码器,取 $K=0$。然后,根据各种拟定球面解码器用的球面解码算法改变 K 值。将 $K=0$ 代入球面解码器,将 $K=1,2,3,4$ 代入 K-Best 球面解码器。表 14.1 分别显示了 1024 QAM 和 OQAM 调制技术的最优旋转,表 14.2 显示了这两种调制技术的系统模型中所用的仿真参数值。

表 14.1 各种调制技术的最优旋转

调制技术	最优旋转
1024 - QAM	Π/4
O - QAM	Π/4

表 14.2 系统模型的仿真参数

参数名称	参数值
发射机数量	4
接收机数量	1
最大多普勒频移 f_m/Hz	200
采样频率 f_s/Hz	8000
载波调制	64 QAM
带宽/MHz	20
采样时间 t_s	$1/f_s$
多普勒频移次数 N_0	8
多普勒频率 f_d/Hz	926
导频副载波数量	无
窗型参数	未使用窗型参数

图 14.3 显示了在 1024 QAM 模式下,不同球面解码器组合在比特误码率方面的系统性能。原始球面解码器($K=0$)的比特误码率为 0.15。K 为 1 时,k_1 球面解码器使比特误码率降低至 0.08,K 为 2 时,比特误码率降低至 0.07,K 为 3 和 4 时,误码率分别降低至 0.065 和 0.06。

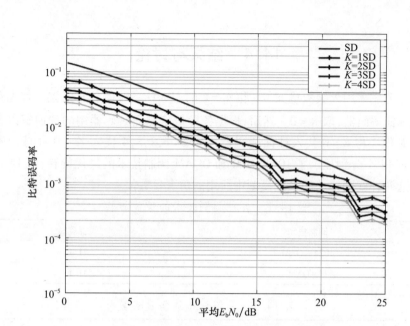

图 14.3 1024 QAM 调制模式下的频谱效率

图 14.4 显示了在 1024 QAM 调制模式下,不同球面解码器组合在发射端使用 RQOSTBC 所获得的频谱效率。所得结果与 14.3.1 节和 14.3.4 节讨论的分析方法结果相吻合。常规球面解码器的频谱效率最低,而在高 K 值条件下,频谱效率得到了提高。将累积分布函数为 5% 和 50% 用作计算效率的性能指标,5% 反映了蜂窝边缘用户的性能,50% 反映了中央蜂窝用户的性能。累积分布函数为 5% 时,球面解码器的频谱效率为 0.95(b/s)/Hz。K 为 1 时,球面解码器的频谱效率为 1.15。K 为 2、3、4 时,频谱效率分别达到 1.25、1.35 和 1.45。累积分布函数为 50% 时,常规球面解码器的频谱效率为 1。K 为 1、2、3、4 时,频谱效率分别达到 1.2、1.3、1.4 和 1.5。

图 14.5 显示了在 OQAM 模式下不同球面解码器组合在比特误码率方面的系统性能。原始球面解码器($K=0$)的比特误码率为 0.13。K 为 1 时,k_1 球面解码器使比特误码率降低至 0.06,K 为 2 时,比特误码率降低至 0.05,K 为 3 和 4 时,误码率分别降低至 0.04 和 0.0356。

图 14.6 显示了在 OQAM 调制模式下,不同球面解码器组合在发射端使用 RQOSTBC 所获得的频谱效率。累积分布函数为 5% 时,球面解码器的频谱效率为 1.15(b/s)/Hz。K 为 1 时,球面解码器的频谱效率为 1.35。K 为 2、3、4 时,频谱效率分别达到 1.45、1.55 和 1.65。累积分布函数为 50% 时,常规球面解码

器的频谱效率为 1.2。K 为 1、2、3、4 时,频谱效率分别达到 1.4、1.5、1.6 和 1.7。

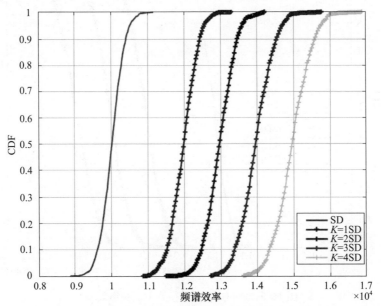

图 14.4 1024 QAM 调制模式下的比特误码率与信噪比

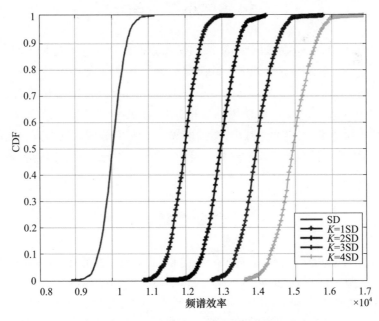

图 14.5 O-QAM 调制模式下的比特误码率与信噪比

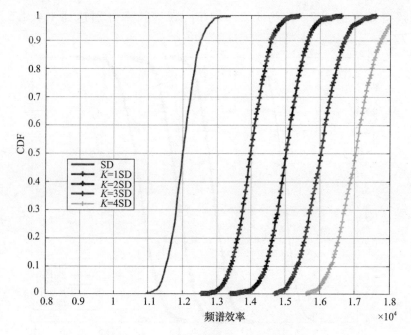

图 14.6　O-QAM 调制模式下的频谱效率

14.5　小　　结

本章利用 1024 QAM 和 OQAM 调制模式的各种解码技术对 RQOSTBC 的性能进行了评估，并使用了新型 K-Best 球面解码算法来提高常规解码器性能。K 值较高时，该算法可计算出更优结果。仿真结果与分析结果相结合，证明了该技术较为有效。该技术中使用的性能矩阵为比特误码率和频谱效率矩阵。比特误码率随 K 值的增大而减小，而频谱效率随 K 值的增大而增大。图形结果表明，OQAM 的性能优于 1024 QAM。因此，可将改进的球面解码器有效应用于 5G 和物联网设备。

参考文献

Agrell, Erik, Thomas Eriksson, Alexander Vardy, and Kenneth Zeger. 2002. "Closest Point Search in Lattices." *IEEE Transactions on Information Theory* 48(8):2201-2214.

Ahmadi, Adel, Siamak Talebi, and Mostafa Shahabinejad. 2014. "A New Approach to Fast Decode Quasi-Orthogonal Space-Time Block Codes." *IEEE Transactions on Wireless Communications*

14(1):165-176.

Alabed, Samer J, Javier M Paredes, and Alex B Gershman. 2011. "A Low Complexity Decoder for Quasi-Orthogonal Space Time Block Codes." *IEEE Transactions on Wireless Communications* 10(3):988-994.

Alamouti, Siavash M. 1998. "A Simple Transmit Diversity Technique for Wireless Communications." *IEEE Journal on Selected Areas in Communications* 16(8):1451-1458.

Azzam, Luay, and Ender Ayanoglu. 2009. "Real-Valued Maximum Likelihood Decoder for Quasi-Orthogonal Space-Time Block Codes." *IEEE Transactions on Communications* 57(8):2260-2263.

Chang, Ronald Y, Sian-Jheng Lin, and Wei-Ho Chung. 2012. "Efficient Implementation of the MIMO Sphere Detector: Architecture and Complexity Analysis." *IEEE Transactions on Vehicular Technology* 61(7):3289-3294.

Dalton, Lori A, and Costas N Georghiades. 2005. "A Full-Rate, Full-Diversity Four-Antenna Quasi-Orthogonal Space-Time Block Code." *IEEE Transactions on Wireless Communications* 4(2):363-366.

Damen, Oussama, Ammar Chkeif, and J-C Belfiore. 2000. "Lattice Code Decoder for Space-Time Codes." *IEEE Communications Letters* 4(5):161-163.

Ding, Yuehua, Nanxi Li, Yide Wang, Suili Feng, and Hongbin Chen. 2016. "Widely Linear Sphere Decoder in MIMO Systems by Exploiting the Conjugate Symmetry of Linearly Modulated Signals." *IEEE Transactions on Signal Processing* 64(24):6428-6442.

Fincke, U. and M. Pohst. 1985. "Improved Methods for Calculating Vectors of Short Length in a Lattice, Including a Complexity Analysis." *Mathematics of Computation*, 44(170):463-471.

Foschini, G. J. 1996. "Layered Space-time Architecture for Wireless Communication in a Fading Environment When Using Multielement Antennas." *Bell Labs Technical Journal* 1:41-59.

Hassibi, Babak, and Bertrand M Hochwald. 2002. "High-Rate Codes That Are Linear in Space and Time." *IEEE Transactions on Information Theory* 48(7):1804-1824.

He, Lei, and Hongya Ge. 2003. "A New Full-Rate Full-Diversity Orthogonal Space-Time Block Coding Scheme." *IEEE Communications Letters* 7(12):590-592.

Hochwald, Bertrand M, and Thomas L Marzetta. 2000. "Unitary Space-Time Modulation for Multiple-Antenna Communications in Rayleigh Flat Fading." *IEEE Transactions on Information Theory* 46(2):543-564.

Hochwald, Bertrand M, Thomas L Marzetta, Thomas J Richardson, Wim Sweldens, and Rüdiger Urbanke. 2000. "Systematic Design of Unitary Space-Time Constellations." *IEEE Transactions on Information Theory* 46(6):1962-1973.

Jafarkhani, Hamid. 2001. "A Quasi-Orthogonal Space-Time Block Code." *IEEE Transactions on Communications* 49(1):1-4.

Kostina, Victoria, and Sergey Loyka. 2011. "Optimum Power and Rate Allocation for Coded

V – BLAST:Average Optimization. " *IEEE Transactions on Communications* 59(3):877 – 887.

Leuschner,Jeff,and Shahram Yousefi. 2008a. "A New Sub – Optimal Decoder for Quasi – Orthogonal Space – Time Block Codes. " *IEEE Communications Letters* 12(8):548 – 550.

Leuschner,Jeff,and Shahram Yousefi. 2008b. "On the ML Decoding of Quasi – Orthogonal Space – Time Block Codes via Sphere Decoding and Exhaustive Search. " *IEEE Transactions on Wireless Communications* 7(11):4088 – 4093.

Tarokh,Vahid,Nambi Seshadri,and A Robert Calderbank. 1998. "Space – Time Codes for High Data Rate Wireless Communication:Performance Criterion and Code Construction. " *IEEE Transactions on Information Theory* 44(2):744 – 765.

Tarokh,Vahid,Hamid Jafarkhani,and A Rovert Calderbank. 1999. "Space – Time Block Codes from Orthogonal Designs. " *IEEE Transactions on Information Theory* 45(5),1456 – 1467.

Wolniansky,Peter W,Gerard J Foschini,Glen D Golden,and Reinaldo A Valenzuela. 1998. "V – BLAST:An Architecture for Realizing Very High Data Rates over the Rich – Scattering Wireless Channel. " In 1998 *URSI International Symposium on Signals, Systems, and Electronics. Conference Proceedings*,Pisa,Italy(Cat. No. 98*EX*167),295 – 300.